Lars Briem

Analyse von Störungen und Dispositionen im ÖPNV

Schriftenreihe des Instituts für Verkehrswesen
Band 80

Herausgeber: Prof. Dr.-Ing. Peter Vortisch

Eine Übersicht aller bisher in dieser Schriftenreihe erschienenen Bände finden Sie am Ende des Buchs.

Analyse von Störungen und Dispositionen im ÖPNV

von

Lars Briem

KIT Scientific Publishing

Karlsruher Institut für Technologie
Institut für Verkehrswesen

Analyse von Störungen und Dispositionen im ÖPNV

Zur Erlangung des akademischen Grades eines Doktor-Ingenieurs
von der KIT-Fakultät für Bauingenieur-, Geo- und Umweltwissenschaften
des Karlsruher Instituts für Technologie (KIT) genehmigte Dissertation

von Lars Briem, M.Sc.

Tag der mündlichen Prüfung: 15. Dezember 2022
Hauptreferent: Prof. Dr.-Ing. Peter Vortisch
Korreferent: Prof. Dr.-Ing. Markus Friedrich

Impressum

KIT Scientific Publishing

Karlsruher Institut für Technologie (KIT)
KIT Scientific Publishing
Straße am Forum 2
D-76131 Karlsruhe

www.ksp.kit.edu

Print on Demand 2025 – Gedruckt auf FSC-zertifiziertem Papier

ISSN 0341-5503
ISBN 978-3-7315-1359-9
DOI 10.5445/KSP/1000169913

Kurzfassung

Für ein Gelingen der Energiewende bzw. einer Steigerung des Klima- und Umweltschutzes muss sich das Verhalten in vielen Bereichen ändern. Im Verkehr ist dazu ein Wechsel auf klimafreundliche Verkehrsmittel wie den öffentlichen Verkehr unverzichtbar. Ein Wechsel kann über Restriktionen oder Anreize in Form einer Maut oder eines besseren Verkehrsangebots beeinflusst werden. Die Güte eines Verkehrsangebots wird dabei auch über seine Zuverlässigkeit bestimmt. Je zuverlässiger es ist, desto besser können Fahrgäste ihre Wege planen. Im öffentlichen Verkehr wird die Zuverlässigkeit durch verschiedene Einflüsse bestimmt. Ein Verständnis dieser ist damit notwendig für eine Verbesserung der Zuverlässigkeit. Diese Arbeit soll einen Beitrag zu diesem Verständnis leisten.

Zur Analyse eine Verkehrsangebots muss dieses im Betrieb gemessen werden. Die verbesserte Datenverfügbarkeit durch eine automatische Ortung hat in den letzten Jahren die Messung vereinfacht bzw. die Menge an verfügbaren Daten gesteigert. Dies führte zu einer detaillierteren Analyse. Noch vor einigen Jahren wurden in der Regel nur einzelne Haltestellen oder Fahrzeuge untersucht. Nun werden vermehrt ganze Linien oder mehrere Haltestellen einer Linie detaillierter untersucht. Analysen eines gesamten Verkehrsnetzes werden in der Regel aggregiert durchgeführt. Aufbauend auf der Analyse von Störungen werden in der Forschung aktuell optimale Dispositionsstrategien erforscht. Mithilfe vorgegebener Strategien soll auf einzelnen Linien ein möglichst zuverlässiges Angebot bereitgestellt werden.

Soll nun in die Zuverlässigkeit eines Angebots investiert werden, müssen die Maßnahmen vorher bewertet werden. Die Bewertung wird dabei häufig nur aus der Sicht der Betriebsgesellschaft durchgeführt. Dazu werden die für den Betrieb notwendigen Ressourcen berechnet. Diesen Kosten werden die Reisezeiten der Fahrgäste gegenübergestellt. Eine Verbesserung der Reisezeit führt zu einem größeren Nutzen für die Fahrgäste. Die Reisezeiten werden dabei dem Fahrplan entnommen. Eine Reduzierung der Fahrplanabweichung und somit eine Verbesserung der Zuverlässigkeit kann damit nicht bewertet werden. Ein Verständnis der Zusammenhänge ist daher für eine Bewertung unverzichtbar.

In der vorliegenden Arbeit wird ein Verständnis für die Abweichungen vom Fahrplan sowie die Reaktionen auf diese geschaffen. Zunächst werden Disponierende einer Leitstelle interviewt. Anschließend werden Vorgesetzte und Ausbildende mehrerer Leitstellen weltweit interviewt und deren Disponierende bei der Arbeit beobachtet. Daraus werden die generellen Prozesse und Abläufe des Störungsmanagements innerhalb einer Leitstelle aufbereitet.

Im Anschluss daran werden Ortungs- und Fahrgastzähldaten der Fahrzeuge eines Verkehrsbetriebes analysiert. Hierbei werden die realen Fahrzeiten mit den Fahrplanzeiten verglichen. Daraus resultierende Abweichungen werden den Fahrgastzahlen und den räumlichen Gegebenheiten gegenübergestellt, um mögliche Einflussfaktoren zu finden. Hierbei zeigt sich, dass die Nachfrage einen Einfluss auf die Fahrplanabweichung haben kann, aber sehr häufig die Interaktion mit dem motorisierten Individualverkehr wesentlich entscheidender ist.

Neben dem Einfluss von Störungen werden auch die stattfindenden Dispositionsmaßnahmen analysiert. Hierbei zeigt sich, dass sie weit seltener vorkommen als Störungen. Sie dienen im Wesentlichen dazu, die Fahrplanabweichung auf ein wirtschaftliches und für die Fahrgäste erträgliches Maß zu reduzieren.

Nach der Analyse der realen Gegebenheiten wird ein Bewertungskriterium für Fahrpläne eingeführt. Dieses wird in Simulationen mit dem geplanten, dem gefahrenen sowie zwei synthetischen Fahrplänen evaluiert. Im Vergleich des geplanten mit dem gefahrenen Fahrplan zeigt sich eine deutliche Abweichung in der Reisezeit der Fahrgäste. Die Evaluierung der synthetischen Fahrpläne zeigt, dass eine Modellierung der Fahrplanabweichung rein über Eigenschaften der Strecke nur einen geringen Teil der Abweichung abbildet. Werden zusätzlich auch

Informationen zur Linie berücksichtigt, sind die Abweichungen vergleichbar zum gefahrenen Fahrplan.

Es zeigt sich somit, dass die Zuverlässigkeit des öffentlichen Verkehrs in der Bewertung berücksichtigt werden kann. Die Untersuchung eines gefahrenen Fahrplans in der Simulation kann Planenden somit helfen, die Zuverlässigkeit des öffentlichen Verkehrs zu verbessern. Soll darüber hinaus ein neuer Fahrplan evaluiert werden, bieten die hier vorgestellten Modellierungsarten einen ersten Ansatz.

Vorwort

Die vorliegende Arbeit ist im Rahmen meiner Tätigkeit als akademischer Mitarbeiter am Institut für Verkehrswesen am Karlsruher Institut für Technologie entstanden. In meiner Zeit am Institut konnte ich neben dem Promotionsvorhaben in vielen verschiedenen Forschungs- und Industrieprojekten mitwirken. Sie haben mein Verständnis für die Zusammenhänge im Verkehr und den aktuellen Stand der Forschung wesentlich geprägt.

Während meines Promotionsvorhabens wurde ich von vielen Menschen unterstützt. Allen voran möchte ich meinen beiden Referenten Prof. Dr.-Ing. Peter Vortisch und Prof. Dr.-Ing. Markus Friedrich danken. Sie haben meine Arbeit wohlwollend begleitet und mir in ihrer thematischen Ausgestaltung viele Freiheiten gelassen. Der Dank an Prof. Dr.-Ing. Peter Vortisch gilt auch den Freiheiten, die ich als akademischer Mitarbeiter am Institut hatte. Sie haben einige interessante Nebenprojekte ermöglicht. Mein Dank gilt ebenso den Kolleginnen und Kollegen am Institut. Ihr habt die Zeit stressfreier und amüsanter werden lassen. Dieser Dank gilt insbesondere Sebastian Buck und Lisa Bönisch für die kritischen Anmerkungen zu meiner Forschung und meinem Manuskript. Teile dieser Arbeit wurden bereits in wissenschaftlichen Aufsätzen veröffentlicht. Mein Dank geht hierbeit an meine Koautoren Frederik Bachmann, Nicolai Mallig, Miriam Magdolen und Laura Lange. Ebenso möchte ich mich bei den Studierenden bedanken, die im Umfeld meiner Promotion ihre Abschlussarbeit verfasst haben. Auch möchte ich mich bei den VBK und allen besuchten Leitstellen bedanken. Ohne ihre Unterstützung wäre die Datenerhebung und -auswertung in dieser Art nicht möglich gewesen.

Ich danke auch meinen Eltern und Schwiegereltern für die Unterstützung während meiner Ausbildung und die vorzügliche Verköstigung während dieser Zeit. Ein großer Dank gilt meiner Frau Stefanie. Vielen Dank für deine Geduld mit mir und deine Unterstützung während der anstrengenden Zeit. Zuletzt möchte ich mich bei meiner Tochter Nora bedanken. Ohne dich hätte die Abgabe dieser Arbeit sicher noch einige Zeit gedauert und sie wäre zu einer *Doktorarbeit* geworden.

Karlsruhe, 2022 Lars Briem

Nur wer sein Ziel kennt, findet den Weg.

nach Laotse

Inhaltsverzeichnis

1 Einführung

Die Energiewende bzw. der Klima- und Umweltschutz ist eine der Herausforderungen der Zukunft. Dabei ist ein nachhaltiger Umgang mit den verfügbaren Ressourcen wichtig. Im Rahmen der EU-Strategie für nachhaltige Produkte wird bspw. der Produktlebenszyklus ganzheitlich gedacht, um die schädlichen Auswirkungen auf die Umwelt zu reduzieren, (Kommission 2022). Für den Verkehrssektor ist eine vergleichbar ganzheitliche Betrachtung ebenfalls sinnvoll. Während aktuell im Wesentlichen der Wandel der Antriebstechnologien im Fokus steht, existieren aber für jedes Verkehrsmittel noch viele weitere Einflussfaktoren, die eine Verkehrswende ermöglichen und daher betrachtet werden sollten. Durch eine Verlagerung des Verkehrs auf den Umweltverbund, bestehend aus Fuß-, Fahrrad- und öffentlichem Verkehr (ÖV), könnten Wege klimafreundlicher durchgeführt werden. Hierzu muss der Umweltverbund allerdings attraktiver sein als Verkehrsmittel, welche sich stärker negativ auf das Klima auswirken. Auf kurzen Distanzen ist eine Verlagerung hin zu mehr Fuß- oder Fahrradwegen eine geeignete Lösung. Der Aus- und Neubau von Radinfrastruktur zeigt hier bereits erste Erfolge. Auf mittleren und langen Distanzen bietet sich eine Verlagerung auf den ÖV an. Hierzu muss der ÖV gestärkt werden, um auf diesen Distanzen attraktiver als bspw. der motorisierte Individualverkehr (MIV) zu sein.

Eine ganzheitliche Betrachtung des ÖV beginnt auf der einen Seite bei der Herstellung der Fahrzeuge und der Infrastruktur sowie deren Wartung während dem Betrieb und endet bei deren Wiederverwendung am Ende des Lebenszyklus. Auf der anderen Seite spielt die Fahrgastakzeptanz eine wesentliche Rolle. Nur wenn ein Verkehrsangebot von den Fahrgästen angenommen wird, kann eine Verlagerung stattfinden. Dies bedeutet, dass ein Verkehrsangebot auch aus Sicht der Fahrgäste betrachtet werden muss. Die Zuverlässigkeit bzw.

Vorhersagbarkeit eines Verkehrsangebots ist dabei besonders wichtig. Menschen mögen Unvorhergesehens nicht, insbesondere wenn sie einem unvorhergesehenen Ereignis tatenlos ausgeliefert sind. Dies trifft im Verkehr besonders auf Fahrgäste im ÖV zu. Kommt ein Fahrzeug zu spät und ein Umstieg wird verpasst, bleibt dem Fahrgast oft nur die Möglichkeit auf das nächste Fahrzeug zu warten oder im Fall einer größeren Störung auf die Leitstelle des Verkehrsbetriebs zu hoffen. Dies ist mitunter für einige Menschen ein Grund, lieber das eigene Fahrzeug statt dem ÖV zu nutzen. Ein zuverlässigeres Angebot kann so bspw. auch zu einem Umstieg auf den ÖV beitragen. Während der Lebenszyklus von Fahrzeugen im ÖV sehr lang ist, können Änderungen im Betrieb oder im Fahrplan oft schneller durchgeführt werden. Eine Wende im Verkehr lässt sich daher mit Eingriffen in den Betrieb bzw. den Fahrplan frühzeitiger erreichen. Es ist daher wichtig den Betrieb des ÖV zu verstehen, um den ÖV stärken zu können.

1.1 Motivation

Eine Stärkung des ÖV bzw. eine Verlagerung hin zum ÖV kann durch die Beeinflussung der maßgeblichen Faktoren bei der Wahl des Verkehrsmittels erreicht werden. Mögliche Einflussfaktoren hierbei könnten z.B. die Reisezeit oder die Zuverlässigkeit der Reisezeit sein. Die Reisezeit zwischen zwei Orten ist dabei von den Wechselwirkungen zwischen Angebot und Nachfrage abhängig. So sorgt eine Umgehungstraße in der Regel für stabilere bzw. kürzere Fahrzeiten zwischen Orten, da der Verkehr freier fließen kann. Im MIV erkennen die Verkehrsteilnehmenden selbstständig die Unterschiede zwischen zwei Routen. Sie wählen entsprechend der Unterschiede die eine oder andere Route. Mit der Zeit sind sie erfahren genug, um alle alternativen Routen beurteilen zu können. Sie kennen die reale Reisezeit auf ihrer Route. Die Reisezeit ohne Verkehr spielt dabei keine Rolle. In der Verkehrsforschung wird dies für den MIV über das Nutzergleichgewicht nach Wardrop modelliert. Das Nutzergleichgewicht ist erreicht, sobald kein Nutzer durch eine Änderung seiner Route seine Reisezeit verbessern kann. Die Reisezeit auf den einzelnen Streckenabschnitten wird dabei im Wesentlichen über die MIV-Nachfrage bestimmt. Je höher die Nachfrage, desto größer ist die Reisezeit auf einem Streckenabschnitt. Die Zeit zum Passieren eines Knotenpunkts ist ebenfalls abhängig von der Nachfrage und zusätzlich von der Geometrie bzw. der Vorfahrtsregelung des Knotenpunkts. Im Falle eines durch eine Lichtsignalanlage (LSA) gesteuerten Knotenpunkts bestimmt die Nachfrage die Umlaufzeit. Diese wiederum beeinflusst die Wartezeit der einzelnen Verkehrströme. Im Falle eines Knotenpunkts ohne LSA ist die Wartezeit abhängig von den Zeitlücken der einzelnen Verkehrsströme bzw. den Nachfrageunterschieden zwischen den Verkehrsströmen der unterschiedlichen Ränge. Die Nachfrage als einzige Variable bestimmt damit die Streuung der Wartezeiten. Hiermit ist im Wesentlichen die MIV-Nachfrage für die Reisezeiten zwischen zwei Orten verantwortlich.

Im öffentlichen Personennahverkehr (ÖPNV) können sowohl die Betriebsgesellschaft wie auch die Fahrgäste auf Variabilität im Verkehrsangebot reagieren. Fahrgäste können vergleichbar zum MIV ihre Routenwahl anpassen, um verlässliche bzw. planbare Routen zu nutzen. Die Betriebsgesellschaft kann mithilfe dispositiver Maßnahmen den Betrieb stabilisieren. Eine Stabilisierung ist sinnvoll, da Störungen im Betriebsablauf zu Abweichungen von den Fahrplanzeiten führen. Störungen sorgen somit für Variabilität. Eine Stabilisierung des Betriebs trägt damit dazu bei, den ÖPNV für Fahrgäste planbarer zu betreiben. Planbare bzw. verlässliche Ankunftszeiten sind für Fahrgäste wichtig, um ihre Ziele möglichst pünktlich erreichen zu können.

Die Einflüsse auf die Verlässlichkeit der Ankunftszeit sind im ÖPNV abhängig von der Betriebsart. Verkehren die Fahrzeuge auf unabhängigem Bahnkörper, wie bei U-Bahnen, findet per Definition keine Interaktion mit anderen Verkehrsteilnehmenden statt, z.B. an Knotenpunkten mit dem MIV. Ist eine Interaktion notwendig, wird durch Infrastrukturmaßnahmen sichergestellt, dass eine Beeinträchtigung des Betriebsablaufs ausgeschlossen oder minimiert wird, bspw. durch Bahnübergänge. Damit bleibt neben technischen Defekten der Fahrgastwechsel und damit die Nachfrage der Haupteinflussfaktor für die Ankunftszeiten im U-Bahn-Betrieb.

Im Bus-Betrieb hingegen nehmen die Fahrzeuge wie alle anderen MIV-Fahrzeuge am Verkehr teil. Sie teilen sich damit die Fahrstrecke mit dem MIV. Busse sind damit sowohl unterschiedlichen Haltezeiten durch wechselnde Nachfrage ausgesetzt, wie auch der Beeinflussung durch die MIV-Nachfrage. Ein Stau im MIV führt damit auch zu Verspätungen im Busverkehr. Straßenbahnen sind zwischen U-Bahnen und Bussen einzuordnen. Hier verkehren die Fahrzeuge auf besonderen oder straßenbündigen Bahnkörpern. Dabei beeinflusst die ÖPNV-Nachfrage wie auch die Interaktion mit anderen Verkehrsteilnehmenden den Betrieb. Auf besonderen Bahnkörpern findet die Interaktion mit anderen Verkehrsteilnehmenden an Knotenpunkten statt. Auf straßenbündigen Bahnkörpern findet sie auch auf Streckenabschnitten statt. Busse und Straßenbahnen sind damit neben der eigenen Nachfrage auch Einflussfaktoren ausgesetzt, die von ihnen selbst nicht kontrolliert werden können. Eine Reihe von Maßnahmen sorgt daher dafür, dass dieser Einfluss verringert werden kann, wenngleich er nicht verschwindet. An Knotenpunkten besteht die Möglichkeit einer Priorisierung des ÖPNV. Fahrzeuge melden sich dabei am Knotenpunkt an. Die LSA-Steuerung passt das Signalprogramm entsprechend an, um die Signalgruppe mit dem ÖPNV-Fahrzeug möglichst zeitnah bedienen zu können. Im Busverkehr besteht zusätzlich die Möglichkeit einer eigenen Busspur. Dies ist dann wiederum vergleichbar zu besonderen Bahnkörpern, da die Interaktion mit anderen Verkehrsteilnehmenden nur an den Knotenpunkten stattfindet.

Es zeigt sich also, dass die Reisezeit im ÖPNV nicht wie im MIV nur von der eigenen Nachfrage abhängig ist, sondern auch von anderen Einflussfaktoren. Die Verlässlichkeit von Routen im ÖPNV kann somit unter anderem durch Maßnahmen im MIV verändert werden. Eine Reduzierung der MIV-Nachfrage an einem Knotenpunkt könnte die Verlässlichkeit von ÖPNV-Routen, die über diesen Knotenpunkt verlaufen, verbessern.

Die Fahrzeit bzw. die Reisezeit im ÖPNV ist damit nicht wie im Fahrplan angegeben statisch, sondern von den aktuellen Gegebenheiten abhängig. Planende sind sich dieser Tatsache bewusst und berücksichtigen dies bei der Erstellung des Fahrplans. Bei der Vergabe der Verkehrsleistung legen sie gegenüber dem Besteller bzw. der Aufsichtsbehörde einen Fahrplan vor, den sie für durchführbar halten. Dieser kann daher auch als *versprochener Sollfahrplan* bezeichnet werden. Aktuelle Verkehrsnachfragemodelle nutzen diese Tatsache. Sie gehen davon aus, dass der Fahrplan so betrieben wird, wie er geplant wurde.

Wie alle Ausgaben der öffentlichen Hand unterliegt auch der ÖPNV einem erheblichen Kostendruck. Investitionen in den ÖPNV werden nur getätigt, wenn diese wirtschaftlich sind. Infrastrukturmaßnahmen, wie Neu- und Ausbaumaßnahmen, lassen sich daher nur durchführen, wenn diese mithilfe der Standardisierten Bewertung bewertet und für wirtschaftlich befunden werden (Intraplan Consult GmbH 2016). Maßnahmen, die den ÖPNV attraktiver machen, aber schwer messbar sind, bleiben aktuell aber nur begrenzt berücksichtigbar. So lässt sich die Verlässlichkeit eines Verkehrsangebots Stand heute kaum feststellen oder messen. Der Einfluss eines verlässlicheren ÖPNV auf die Nachfrage und damit auf den Nutzen einer Infrastrukturmaßnahme ist somit nur schwer zu erfassen.

Die Zuverlässigkeit eines Angebots hat dabei zwei Seiten. Für die Betriebsgesellschaft bedeutet ein zuverlässiges Angebot, dass die Dienst- und Wartungspläne eingehalten werden können. Die Fahrzeuge können zu einem planbaren Zeitpunkt gewartet werden. Der zusätzlich vorzuhaltende Puffer an Personal und Fahrzeugen kann somit verringert werden. Es sind weniger Überstunden durch andere Fahrende notwendig. Alle drei Effekte zusammen verringern im Allgemeinen die Kosten.

Auf Seiten der Fahrgäste bietet ein zuverlässiger ÖPNV vorhersagbare Ankunftszeiten. Insbesondere bei Umsteigebeziehungen müssen Fahrgäste weniger Puffer einplanen. Sie sparen somit Zeit. Zusätzlich würde der ÖPNV dadurch wahrscheinlich auch positiver wahrgenommen werden, da Verspätungen oft dazu führen, dass der ÖPNV negativ wahrgenommen wird. Daraus folgend könnte ein zuverlässigeres Angebot den Modal Split zu Gunsten des ÖPNV verändern.

Verkehrsnachfragemodelle sind ein essentieller Bestandteil der Verkehrsplanung. Mit ihnen lassen sich Maßnahmen beurteilen und bewerten, bevor sie in der Realität umgesetzt werden. Dazu müssen Verkehrsnachfragemodelle die Realität hinreichend genau abbilden. Daher stellt sich die Frage, ob eine Abbildung der

Reisezeiten des ÖPNV durch einen statischen Fahrplan hinreichend genau ist, um die Zuverlässigkeit eines Angebots bewerten zu können.

1.2 Ziel der Arbeit

Ziel der Arbeit ist es die Entstehung von Unzuverlässigkeit bzw. die Abweichung vom Fahrplan und die Reaktionen auf diese zu verstehen. Der Fokus liegt auf der Sicht der Betriebsgesellschaft bzw. dem Einfluss von dieser auf die Zuverlässigkeit. Hierbei soll ein Verständnis für den Betrieb und die dabei herrschenden Einflüsse geschaffen werden. Welche Störungen kommen vor und mit welchen Dispositionsmaßnahmen wird auf diese reagiert. Das Zusammenspiel aus Störungen und Eingriffen der Betriebsgesellschaft sorgt für ein Verkehrsangebot, das vom versprochenen Sollfahrplan abweicht. Weiteres Ziel ist es, das Ausmaß dieser Abweichung zu verstehen. Damit soll eine Grundlage für eine Modellierung in Verkehrsnachfragemodellen gelegt werden. Anschließend soll mithilfe des am Institut für Verkehrswesen entwickelten agentenbasierten Verkehrsnachfragemodells mobiTopp die Robustheit eines Fahrplans gegenüber Abweichungen untersucht werden. Dabei wird das bisher bekannte Verhalten der Fahrgäste im Regelfall angewandt. Der Einfluss auf die Fahrgastnachfrage durch ein zuverlässigeres Angebot wird nicht betrachtet. Der Fokus liegt auch hier auf dem Einfluss der Betriebsgesellschaft.

1.3 Aufbau der Arbeit

Kapitel 2 gibt den Stand der Technik zur Analyse und Bewertung des Betriebs des ÖPNV wieder. Dabei wird zunächst auf die Analysemöglichkeiten von Störungen im ÖPNV eingegangen. Anschließend werden die Dispositionsmaßnahmen und der Dispositionsprozess zusammengefasst. Der Fokus liegt hierbei auf den möglichen Dispositionsmaßnahmen und dem generellen Ablauf. Zum Schluss wird ein Überblick über die Bewertung von ÖPNV-Systemen gegeben.

Kapitel 3 fasst die Integration von Störungen und Dispositionen in aktuelle Verkehrsnachfragemodelle zusammen. Anschließend wird das Verkehrsnachfragemodell mobiTopp beschrieben. Dieses wird genutzt, um die Auswirkungen verschiedener Fahrpläne auf die Fahrgäste zu untersuchen. Neben dem grundlegenden Aufbau von mobiTopp werden auch dessen Erweiterungen erläutert, insbesondere die Modellierung des ÖPNV.

Kapitel 4 beschreibt die Analyse des Betriebs des ÖPNV. Zunächst wird der Betrieb anhand von Informationen aus qualitativen Erhebungen analysiert. Hierbei wird insbesondere auf den Dispositionsprozess und dessen Einfluss auf den Betrieb näher eingegangen. Anschließend werden Daten eines Verkehrsbetriebs quantitativ auf Störungen und Dispositionsmaßnahmen untersucht.

Kapitel 5 untersucht den Einfluss von Fahrplanabweichungen auf die Reisezeiten von Fahrgästen. Hierzu wird die Modellierung von ÖV in mobiTopp erweitert.

Kapitel 6 diskutiert die Erkenntnisse der Analysen aus Kapitel 4 und Kapitel 5.

Kapitel 7 fasst die Erkenntnisse der Arbeit zusammen.

2 Analyse und Bewertung von ÖV-Systemen

Der ÖV wird als öffentlicher Dienstleistungsauftrag vergeben. Er kann laut PBefG auf zwei Arten finanziert werden: Eigenwirtschaftlich oder gemeinwirtschaftlich. Eine Verkehrsleistung wird eigenwirtschaftlich erbracht, wenn ihr Aufwand durch die Beförderungserlöse, Ausgleichsleistungen und sonstige Unternehmenserträge im handelsrechtlichen Sinne gedeckt sind. Ausgleichsleistungen beinhalten Leistungen im Sinne der Beförderungsgarantie, z.B. die Beförderung von Schülern. Kann eine Verkehrsleistung nicht eigenwirtschaftlich erbracht werden, kann sie laut Verordnung (EG) Nr. 1370/2007 gemeinwirtschaftlich erbracht werden. Der Besteller beteiligt sich hierbei an der Finanzierung der Verkehrsleistung. Der durchschnittliche Kostendeckungsgrad der Verkehrsunternehmen in Deutschland liegt bei ca. 75%. Die Verkehrsleistung wird damit teilweise eigenwirtschaftlich und teilweise gemeinwirtschaftlich erbracht.

In beiden Fällen wird im Rahmen des Verkehrsvertrags die zu erbringende Leistung messbar definiert (DIN 2002). Dem Besteller obliegt es anschließend die Leistung zu bewerten. Die Analyse und Bewertung von ÖV-Systemen dient daher auf der einen Seite der Prüfung der erbrachten Leistung durch den Besteller. Auf der anderen Seite dient sie auch der Verbesserung des Verkehrssystems aus Sicht des Nutzers, der Betriebsgesellschaft oder des Bestellers. Verstöße gegen den Verkehrsvertrag werden in aller Regel durch Maluszahlungen ausgeglichen. Die wichtigste Kenngröße hierbei ist die Einhaltung des Fahrplans in Form der Pünktlichkeit. Diese wird definiert über die Abweichung vom Fahrplan. Pünktliche Fahrzeuge verkehren nach Fahrplan. Ein Fahrplan kann hierbei auf zwei Arten definiert werden: nach absoluten Zeiten (fahrplanfein bzw.

fahrplanbasiert) und nach relativen Zeiten (taktfein bzw. taktbasiert). Beim fahrplanfeinen Betrieb, wird die Zeit innerhalb des Tages angegeben zu der ein Fahrzeug abfährt. Im taktfeinen Fahrplan wird lediglich der Takt angegeben, z.B. 10-Minuten-Takt. In diesem Fall kommt alle zehn Minuten ein Fahrzeug.

2.1 Störungen im ÖV

Aus Sicht eines Fahrgasts kann eine Störung im öffentlichen Verkehr als eine Abweichung vom Fahrplan betrachtet werden. Dies kann eine verspätete bzw. ausgefallene Fahrt oder eine Änderung der Route sein. Ursachen hierfür können nach (Woodhull 1987) externe und interne Einflüsse sein. Externe Einflüsse sind z.B. Staus, Lichtsignalanlagen oder parkende Fahrzeuge des MIV. Zu den internen Einflüssen gehören der Fahrstil, ein unpassender Fahrplan oder eine unterschiedlich starke Nachfrage. In allen Fällen muss der Fahrgast eine höhere Reisezeit in Kauf nehmen. Weitere Störungen aus Sicht des Fahrgäste sind technische Ausfälle verschiedener Anlagen, z.B. die Klimaanlage oder dynamische Fahrgastinformationssysteme. Diese beeinträchtigen in der Regel nur den Komfort und haben keine Auswirkung auf die Pünktlichkeit.

Aus Sicht einer Betriebsgesellschaft sind Ausfälle jedweder technischen Anlagen ebenfalls Störungen. Im Verkehrsvertrag sichert er die Funktionsfähigkeit dieser Anlagen zu. Er muss daher innerhalb der im Vertrag festgesetzten Fristen für eine Reparatur der Anlagen sorgen. Dies gilt insbesondere, wenn technische Anlagen betroffen sind, die indirekt auch den Fahrbetrieb beeinflussen. Eine ausgefallene Klimaanlage kann unter großer Hitze im Sommer zu einem Fahrzeugausfall führen, da es den Fahrenden oder den Fahrgästen nicht mehr zu zumuten ist, mit diesem Fahrzeug zu verkehren. Kann die Betriebsgesellschaft keinen Ersatz für das Fahrzeug bereitstellen, fällt das Fahrzeug und die nächsten Fahrten dieses Fahrzeugs aus.

Für die Besteller werden daher in regelmäßigen Abständen Pünktlichkeitsberichte erstellt. Diese enthalten im wesentlichen die verspäteten bzw. ausgefallenen

Fahrten in unterschiedlichen Aggregationsstufen. Die Berichte werden basierend auf Fahrzeugprotokollen erstellt. Fahrzeuge nutzen dazu ein automatisches Ortungssystem (AVL). Dieses protokolliert jeden Halt eines Fahrzeugs im Netz mit Zeitpunkt und Ort. Der Ort kann dabei hauptsächlich auf drei Arten gemessen werden: mithilfe von Ortsmarken, GPS oder über Weglängenmessungen. Ortsmarken sind fest im Netz verankterte Positionsmarken mit einer eindeutigen Kennung. Ein Fahrzeug kann diese beim Vorbeifahren erkennen und sich orten. Die GPS-Ortung funktioniert analog zur Ortung im privaten Gebrauch. Bei der Weglängenmessung bestimmt das Fahrzeug anhand der Radumdrehungen die zurückgelegte Fahrstrecke. Zusammen mit einer Haltestellenerkennung basierend auf Ortsmarken oder GPS kann dann die Position des Fahrzeugs im Netz bestimmt werden.

Zusätzlich zur Ortung der Fahrzeuge können ebenfalls Informationen zu den Fahrgästen erhoben werden. Ein Fahrzeug, das ein automatisches Fahrgastzählsystem (AFZS) nutzt, zählt jede ein- bzw. aussteigende Person. Alle Informationen der Fahrzeuge können dabei zusätzlich auch regelmäßig an die Leitstelle übertragen werden. Diese erhält somit einen Überblick über das aktuelle Verkehrsgeschehen.

2.1.1 Analyse von Störungen im ÖV

Die kontinuierliche Erfassung und Speicherung der Fahrzeugdaten ermöglicht im Nachgang neben einer Pünktlichkeitsstatistik noch deutlich detailliertere Analysen. (Abkowitz u. Engelstein 1983a) zeigen eine der ersten Analysen der Fahrzeugfahrzeit und der Fahrzeitabweichung basierend auf historischen Daten. Sie untersuchen zwei Buslinien aus Cincinnati, welche beide etwa zehn Meilen lang sind. Von diesen werden Daten über zehn bzw. zwölf Tage automatisiert aufgezeichnet. Analysiert wird die Fahrzeit in Abhängigkeit von verschiedenen Charakteristiken des ÖV-Systems. Dazu gehören physische Eigenschaften, wie Streckenlänge, Lichtsignalanlagen, Parkrestriktionen, Stopp- bzw. Vorfahrt-Gewähren-Schilder und nicht signalisierte Knotenpunkte. Ebenso gehören dazu dynamische Eigenschaften, wie durchschnittliche Ein- und Aussteigende, durchschnittliche Anzahl an Halten, Fahrzeit und Fahrtrichtung. Berechnet wird sowohl die Fahrzeit pro Streckenabschnitt wie auch die Abweichung der Fahrzeit entlang der Route. Das Verhalten des Fahrenden und das Wetter sind nicht bekannt und werden nicht verwendet. Sie kommen zum Schluss, dass Probleme mit der Straße die Verspätung beeinflussen, aber nicht die Abweichung. Daraus folgern sie, dass es sinnvoller ist, während des Betriebs dispositiv einzugreifen anstatt die Eigenschaften der Strecke zu ändern. Die durchschnittliche Fahrzeit hängt im wesentlichen von der Länge, der Anzahl an ein- bzw. aussteigenden Passagieren und der Anzahl an signalisierten Knotenpunkten ab. Weniger Einfluss haben die Parksituation entlang der Strecke, das Zeitsegment sowie die Fahrtrichtung. Die Abweichung der Fahrzeit zu Beginn der Route hat einen starken Einfluss auf die Fahrzeitabweichung im weiteren Verlauf der Route. Ebenfalls hat die Länge einer Route einen Einfluss auf die Fahrzeitabweichung. Dies könnte durch die Planung kürzerer Linien berücksichtigt werden. Eingriffe sind ebenfalls effizienter als die Änderung von Streckeneigenschaften.

Horbury (1999) beschreibt ein Verfahren basierend auf historischen AVL-Daten. Ziel der Arbeit ist es, Streckenabschnitte zu identifizieren, auf denen Priorisierungsmaßnahmen für Busse den größten Effekt haben. Dazu werden die Fahrgeschwindigkeiten von Bussen auf den Streckenabschnitten mithilfe der AVL-Daten bestimmt. Zusammen mit Hochrechnungen der Fahrgastzahlen werden dann die Streckenabschnitte bestimmt, deren Verspätung in Kombination mit der Anzahl der Fahrgäste, den größten Nutzen durch eine Priorisierung erfahren könnten.

Muller u. Furth (2000, 2001) beschreiben darüber hinaus zwei Arten der Auswertung. Erstens, können Auswertungen während des Betriebs zur Überwachung und Vorbereitung von dispositiven Eingriffen durchgeführt werden. Zweitens, können Auswertungen während der Planung genutzt werden, um die Situation im Gesamten zu optimieren. Sie nutzen in ihren Analysen die selbst entwickelte Software TRITAPT (TRIp Time Analysis in Public Transport). Dabei ist sowohl die Analyse wie auch deren grafische Aufarbeitung relevant. Ihre Analysen konzentrieren sich auf die Fahrplanabweichung zu unterschiedlichen Zeitpunkten und der Verspätung auf Streckenabschnitten. Sie benennen die Vorteile ihres Systems mit der Überwachung der aktuellen Situation, der Verbesserung bzw. Optimierung des Fahrplans sowie der Untersuchung von Problemen während des Betriebs und den eingesetzten dispositiven Maßnahmen. Sie bauen dabei auf AVL und AFZS auf, grenzen sich aber auch klar von diesen ab.

Wile (2003), Cham (2006) und Wilson u. a. (2009) beschreiben Datenauswertungen aus Boston und Chicago. Sie zeigen die Potentiale von automatisch erfassten Daten auf. Ihrer Ansicht nach gehören dazu die Evaluierung und Verbesserung der Zuverlässigkeit eines ÖV-Systems. Dies kann sowohl während der Planung wie auch des Betriebs möglich sein. Sie definieren daher ein Vorgehen zur Verbesserung mit mehreren Schritten. Im ersten Schritt werden Pünktlichkeitsberichte erstellt. Im zweiten Schritt werden die Ursachen von Zuverlässigkeitsproblemen identifiziert. Im dritten Schritt werden Maßnahmen zur Behebung der Ursachen von Störungen ausgewählt.

Eine der umfangreichsten Datenauswertungen liegt für die Metropolregion Portland und dessen Verkehrsbetriebsgesellschaft TriMet vor. Strathman u. Hopper (1993) beschreiben die Einflüsse auf die Verspätung der Fahrzeuge. Ein Fahrzeug ist verspäteter in der Nachmittagsspitzenstunde, bei größeren Fahrzeugabständen, bei einer größeren Nachfrage und je weiter ein Bus seine Linienroute bereits abgefahren hat. Die Art der Beschäftigung des Fahrpersonals hat ebenfalls einen Einfluss auf die Pünktlichkeit. Teilzeitkräfte sind tendentiell weniger pünktlich im Vergleich zu Vollzeitkräften.

Bertini u. El-Geneidy (2003) arbeiten auf den gleichen Daten und beschreiben ein System zur Auswertung dieser auf unterschiedlichen Ebenen. Die Ebenen sind dabei über die geografische Ausdehnung definiert. Die erste Ebene ist die Systemebene. In ihr werden Metriken zum kompletten Verkehrssystem zusammengefasst. Auf der zweiten Ebene, der Routenebene, sind Auswertungen zu einzelnen Routen und deren Verlauf zu finden. Die dritte Ebene beschreibt Auswertungen zu einzelnen Streckenabschnitten. Die vierte Ebene wiederum beschreibt Auswertungen an einzelnen Orten im Netz, wie z.B. Haltestellen. Die Systemebene wird dabei nicht direkt berücksichtigt, da alle Auswertungen der darunterliegenden Ebenen auf die Systemebene aggregiert werden können. Auf den darunter liegenden Ebenen werden dann Statistiken zur Anzahl haltender Fahrzeuge sowie ein- und aussteigender Passagiere gegeben. Zusätzlich werden die Daten bzgl. der Fahr- und Haltezeiten sowie der Pünktlichkeit ausgewertet.

Kimpel (2007) und Kimpel u. a. (2008) arbeiten ebenfalls auf den TriMet Daten und beschreiben ein Auswertesystem für zwei Anwendungsgruppen: Planung und Disposition. Das System ist dabei in zwei Anwendungsbereiche unterteilt: Statische Berichte und benutzerdefinierte Auswertungen. Die Inhalte statischer Berichte werden einmal definiert und regelmäßig erstellt bzw. ausgewertet. Benutzerdefinierte Auswertungen sind interaktiv und können vom Benutzer jederzeit erstellt und angepasst werden. Der Fokus der Auswertungen liegt dabei auf der Auslastung der Fahrzeuge und der Anzahl pünktlicher Fahrzeuge.

Während die bisher beschriebenen Arbeiten mit dem TriMet-Datensatz den Fokus auf die inhaltliche Auswertung der Daten legen, beschreiben Berkow u. a. (2009), Feng u. Figliozzi (2012) und Figliozzi u. a. (2011) Techniken und Methoden zur allgemeinen Datenvisualisierung im öffentlichen Verkehr. Sie zeigen verschiedene Arten, die Daten zu aggregieren bzw. deren Inhalt für Praktizierende erfassbar zu machen. Sie entwickeln dabei Darstellungsformen für einzelne Haltepunkte, Streckenabschnitte und Linien sowie das Verkehrssystem im Gesamten.

Neben der reinen deskriptiven Auswertung der Daten, gehen El-Geneidy u. a. (2011) einen Schritt weiter und analysieren gezielt Performanceprobleme basierend auf AVL- und AFZS-Daten. Ausgewertet wird der Verkehr auf einer Route von Ende September bis Anfang Dezember. Die Route führt einmal durch Minnesota. Mithilfe verschiedener Modelle wird die Fahrplantreue und Verlässlichkeit der Fahrzeuge auf der Route sowohl an Zeitpunkten von Abschnitten wie auch im Gesamten untersucht. Die Modelle berücksichtigen dabei den Einfluss verschiedener Routeneigenschaften, wie die Länge, die Anzahl bedienter Haltestellen und die Passagieraktivitäten auf die Fahrzeit und Fahrplantreue. Der Fahrplan ist nur zu manchen Zeitpunkten definiert. Die Fahrplantreue wird nur zu diesen Zeitpunkten gemessen. Insgesamt werden ca. 2200 Fahrten sowohl in als auch außerhalb der Hauptverkehrszeiten untersucht. Die Analyse wird sowohl für die gesamte Route durchgeführt wie auch abschnittsweise zwischen den Zeitpunkten. Vor der Analyse wurden extreme Abweichungen aus den Daten entfernt. Bei den Auswertungen kommen die Autoren zum Schluss, dass die Busse im Durchschnitt verspätet sind, aber der Takt eingehalten wird. Wie bereits Strathman u. Hopper (1993) kommen auch El-Geneidy u. a. (2011) zu dem Schluss, dass die Erfahrung der Fahrenden die Fahrzeiten reduziert. Die Auswertung der Variation zeigt, dass Abschnitte mit längeren Strecken eine geringere Variation der Fahrzeit zur Folge haben. Fahrzeiten der Busse in der morgendlichen Spitzenstunde haben eine größere Variation als Busse abseits der Spitzenstunden. Die geplanten Fahrzeiten während der Spitzenstunden sind geringer als der Median der gefahreren Fahrzeiten. Dadurch ist die Pufferzeit an den Endhaltenstellen zu kurz und es kommt zu Folgeverspätungen.

Tahmasseby u. a. (2008) haben ein vergleichbares Ziel, untersuchen allerdings den schienengebundenen Verkehr. Hierbei fokussieren sie sich auf die Einflüsse der Infrastruktur auf die Verlässlichkeit. Sie identifizieren als Probleme des ÖV vorallem Verkehrsunfälle, Signalstörungen und Stromausfälle. Für schienengebundenen Verkehr ist dies noch einmal deutlich schwieriger, da es weniger Ausweichmöglichkeiten gibt. Zum Wenden des Fahrzeugs wird zusätzliche Infrastruktur benötigt, die nicht überall verfügbar ist. Für die Planung des Netzwerks ist daher ein Kriterium, ob und an welchen Stellen Abkürzungen, Wendeschleifen und Beipässe eingebaut werden sollen. Dazu wird zunächst untersucht, wo im Netzwerk besonders verletzliche Stellen sind. Anschließend wird zusätzliche Infrastruktur hinzugefügt und die Auswirkungen hinsichtlich der Verlässlichkeit von Verbindungen und den Reisekosten untersucht. Die Verlässlichkeit von Verbindungen ist definiert als die Wahrscheinlichkeit, dass Knoten im Netzwerk verbunden bleiben (Iida u. Wakabayashi 1989, Carey 1999, Bell 2000, Al-Deek u. Emam 2006). Die Verlässlichkeit kann dabei abhängig von der Art der Vorfahrt des Verkehrsmittels sein. Die Untersuchungen werden auf dem Straßenbahnnetz von Den Haag durchgeführt. Die Nachfragemuster sind aus einer Befragung bekannt. Insgesamt werden ca. 140 Millionen Reisen durchgeführt. Die Häufigkeit und Dauer der Ereignisse wird basierend auf realen

Daten abgeschätzt. Es kann daher vorkommen, dass mehrere Ereignisse zur gleichen Zeit stattfinden. Die Robustheit des Netzwerks wird definiert über die Häufigkeit von Reiseabbrüchen pro Quelle. Mit einem Beipass an einer zentralen Stelle reduzieren sich die Auswirkungen von Störungen auf die Strecke mit Beipass sowie auf die betroffenen Haltestellen und korrespondierenden Linien. Mit ihrer Methodik identifizieren sie Strecken, die häufig für Beipässe genutzt werden und diejenigen, die selten oder nicht für Beipässe genutzt werden. Weiterhin fügen sie einen Beipass in das Netzwerk ein. Sie zeigen mit diesem, wie sich die Robustheit des Netzwerks in der Simulation partiell verbessert.

Yap u. a. (2018b) betrachten Störungen aus Fahrgastsicht und versuchen die Nutzung der Fahrzeuge in Störungssituationen mithilfe von Smart-Card-Daten vorherzusagen. Die Vorhersage basiert dabei auf dem Value-of-Time. Der Value-of-Time beschreibt die vom Fahrgast wahregenommene Zeit und wird berechnet über die Zeit im Fahrzeug, die Wartezeit, die Fußwegzeit, die Anzahl an Umstiegen und die zurückgelegte Distanz. Jeder Teil kann dabei unterschiedlich gewichtet werden. Wartezeit wird hierbei typischerweise länger wahrgenommen als Zeit im Fahrzeug. Bei Störungen identifizieren sie verschiedene Möglichkeiten, wie Passagiere auf längere Reisezeiten reagieren. Sie können sie hinnehmen oder auf ein anderes Verkehrsmittel oder sogar ein anderes Ziel wechseln. Sollte eine Strecke komplett gesperrt sein, könnte es sogar sein, dass Passagiere ihre Reise verschieben bis der Normalbetrieb wieder hergestellt ist. Störungen bzw. Ersatzverkehre können einen weiteren Einfluss auf den Value-of-Time haben. Es ist möglich, dass Wartezeiten für Ersatzverkehr negativer wahrgenommen werden, als für normalen Verkehr. Ein Grund dafür könnte sein, dass als Ersatzverkehr typischerweise Busse anstelle von Zügen genutzt werden und deren Komfort typischerweise geringer wahrgenommen wird. Im Gegensatz wirkt sich die Umwandlung einer Busstrecke in eine Schienenstrecke positiv auf den Value-of-Time aus (Bunschoten u. a. 2013). Es wird weiterhin festgestellt, dass Zeit im Fahrzeug in Ersatzbussen und die Wartezeit negativer wahrgenommen wird als in normalen Zügen. Passagiere nehmen eine höhere Frequenz des Ersatzverkehrs nicht als Vorteil wahr. Bei ihren Untersuchungen kommen sie zum Schluss, dass ihr Modell während der Hauptverkehrszeit am Morgen die Anzahl an wechselnden Passagieren unterschätzt, wohingegen es sie während der Hauptverkehrszeit am Nachmittag überschätzt. Es wird vermutet, dass morgens mehr Pendelnde und Geschäftsleute unterwegs sind und diese sensitiver auf Störungen reagieren. Nachmittags sind vermutlich mehr Personen zu Freizeitaktivitäten unterwegs. Diese reagieren vermutlich weniger sensibel auf Störungen.

Während Yap u. a. (2018b) versuchen das Verhalten von Fahrgästen in Störungssituationen vorherzusagen, beschreiben Luckner u. Karwowski (2017) einen Ansatz zur Vorhersage von kritischen Situationen im Allgemeinen. Ihr System basiert auf verschiedenen Technologien zur Verarbeitung großer Datenmengen in Echtzeit. Neben Fahrplan- und Echtzeitdaten des öffentlichen Verkehrs analysieren sie ebenfalls statische Daten eines Mobilfunkanbieters zur Abschätzung der Nachfrage. Die ausgewerteten Daten werden auf der einen Seite auf unterschiedliche Arten dargestellt. Dies ist vergleichbar mit der Darstellung in einem aktuellen Intermodal Transport Control System (ITCS). Auf der anderen Seite erkennt das System allerdings auch eine kritische Situation, bevor das Maximum an Verspätung erreicht ist.

2.1.2 Zusammenfassung von Störungen im ÖV

Störungen werden in der Literatur bereits schon lange untersucht. Störungen können dabei sowohl interne wie auch externe Ursachen haben. Externe Ursachen sind bspw. die Fahrgäste und die Interaktion mit anderen Verkehrsmitteln. Interne Ursachen sind technische Störungen an den Fahrzeugen und Anlagen oder fehlendes Personal. Sowohl interne wie auch externe Ursachen können dabei zu kleineren oder größeren Störungen führen. Zu den kleinen Störungen gehören unter anderem leichte Verspätungen. Ist ein Streckenabschnitt hingegen über eine längere Zeit blockiert, ist dies eine größere Störung. Neue Technologien, wie z.B. ITCS, stellen der Leitstelle Informationen zur Verfügung, um die Auswirkungen der Störungen auf die Fahrgäste und den Betrieb besser beurteilen und verringern zu können. Sie erlauben aber auch eine immer detailliertere Analyse von Störungen, wie einzelne Quellen bereits auf einzelnen Linien zeigen.

2.2 Dispositionen im ÖV

Im ÖV existieren unterschiedliche Arten der Disposition: Fahrzeug-, Personal- und Störungsdisposition. Die Fahrzeugdisposition ist zuständig für die Zuordnung eines Fahrzeugs zu einem Umlauf. Ein Umlauf wiederum ist eine Abfolge von Fahrten aus dem Fahrplan. Ein Umlauf startet und endet immer in einem Betriebshof. Dies muss nicht zwingend der gleiche Betriebshof sein. Die Personaldisposition weißt einem Fahrenden einen Dienst zu. Ein Dienst ist eine Abfolge von Fahrten oder Fahrtteilen aus dem Fahrplan. Die Zuordnung eines Fahrenden zu einem Fahrzeug entsteht durch die Kombination beider Dispositionen. Beides wird während der Planung durchgeführt und ist im Normalfall eine definierte Zeit vor dem Start der Fahrten bzw. Dienste verfügbar.

Im Gegensatz dazu findet die Störungsdispositions während des Betriebs statt. Tritt im Einsatzgebiet der Fahrzeuge eine Störung oder eine signifikante Fahrzeitabweichung vom Fahrplan auf, greift die Störungsdisposition ein. Störungen treten zu unterschiedlichen Tageszeiten, an unterschiedlichen Tagen, in unterschiedlichem Ausmaß und in unterschiedlicher Häufigkeit auf. Störungen haben damit unterschiedliche Fahrzeiten auf einem Streckenabschnitt zur Folge. Die Fahrzeiten auf einem Streckenabschnitt sind somit stochastisch verteilt. Je schmaler die Verteilung ist bzw. je geringer die Fahrzeit auf einem Streckenabschnitt streut, desto homogener sind die Fahrzeiten und desto weniger Störungen treten aus Sicht des Fahrgasts auf. Die Fahrgäste nehmen den Streckenabschnitt somit als zuverlässiger wahr. Die Aufgabe einer Leitstelle im ÖV ist es den Fahrgästen ein möglichst zuverlässiges ÖV-Angebot bereitzustellen und gleichzeitig einen sicheren Betrieb zu gewährleisten. Daher ist es wichtig, die Streuung möglichst gering zu halten. Die Fahrzeuge kommen damit zwar immer noch zu spät, aber die Verspätung wird für die Fahrgäste planbar.

2.2.1 Dispositionsmaßnahmen

Die Disponierenden in der Leitstelle können mithilfe von Dispositionsmaßnahmen in den Betrieb eingreifen, um die Auswirkungen von Störungen zu reduzieren und damit die Streuung der Fahrzeit zu verringern. Turnquist u. a. (1980) unterteilen Dispositionsmaßnahmen in planerische Maßnahmen und Echtzeitstrategien. Abkowitz u. a. (1978) hingegen unterteilt die Maßnahmen in drei Kategorien: Priorisierung (priority), Kontrolle (control) und Planung (operational). Die Priorisierung und Planung erfolgt vorher. Kontrollmaßnahmen erfolgen während des Betriebs und beinhalten das Halten von Fahrzeugen, die Kurzwende, das Vorbeifahren an Haltestellen und die Geschwindigkeitsänderung. (VDV 2015) definiert nachfolgend vorgestellten Dispositionsmaßnahmen.

2.2.1.1 Ersatzverkehr

Können ein oder mehrere Streckenabschnitte einer Linie nicht bedient werden, werden die Fahrgäste auf diesem Streckenabschnitt nicht wie geplant befördert. In diesem Fall sollte ein Ersatzverkehr mit einem anderen Verkehrsmittel eingerichtet werden. In der Regel sind dies Busse, Taxis oder beides zusammen. Dabei ist zu berücksichtigen, dass die Kapazität der Ersatzfahrzeuge in der Regel niedriger ist, als die der Originalfahrzeuge. Zur Bewältigung der gleichen Nachfrage ist die Frequenz des Ersatzverkehrs daher höher. Wie (Yap u. a. 2018b) darstellen, wird dies von den Fahrgästen allerdings nicht als Vorteil wahrgenommen. Ebenfalls notwendig ist ein geeigneter Hinweis für die Fahrgäste. Ein Umstieg von einem schienengebundenen Transportmittel auf den Bus bzw. auf Taxis wird von diesen nicht erwartet und muss klar kommuniziert werden. Befinden sich die Ersatzhaltestellen zudem nicht in Sichtweite zu den planmäßigen Haltestellen, ist der Ersatzverkehr auch nach der Behebung der Störung noch für eine ausreichende Zeit aufrecht zu erhalten.

2.2.1.2 Kurzwende (Fahrtverkürzung)

Haben Fahrzeuge eine starke Verspätung, kann eine Fahrt verkürzt werden, um Verspätung abzubauen. Neben Verspätungen ist die Pulkbildung ein weiterer häufiger Einsatzfall für eine Kurzwende. Fährt ein Fahrzeug verspätet an einer Haltestelle ab, warten an der nächsten Haltestelle mehr Fahrgäste. Durch den Zustieg einer erhöhten Zahl von Fahrgästen erhöht das Fahrzeug seine Verspätung zusätzlich. Auf das darauffolgende pünktliche Fahrzeug warten weniger Fahrgäste und es kann daher unter Umständen leicht vor seiner Zeit abfahren. Wiederholt sich dieses Szenario mehrfach an aufeinanderfolgenden Haltestellen, kann die Verspätung des ersten Fahrzeugs so groß werden, dass es direkt vor dem nachfolgenden Fahrzeug fährt. Die Fahrzeuge fahren somit im *Pulk*. In diesem Fall sollte eines der beiden Fahrzeuge kurz gewendet werden, um den Pulk aufzulösen. Ist ein Streckenabschnitt blockiert, kann dieser von den Fahrzeugen nicht befahren werden. In diesem Fall kann die Kurzwende nicht nur für ein einzelnes Fahrzeug, sondern serienmäßig für alle Fahrzeuge einer Linie eingerichtet werden.

Bei einer Kurzwende beenden Fahrzeuge vor dem Erreichen der geplanten Endhaltestelle an einer geeigneten Stelle ihre aktuelle Fahrt. Sie beginnen die nächste Fahrt in Gegenrichtung an der Wendestelle. Die Kurzwende ist somit eine doppelte Fahrtverkürzung. Im straßengebunden Verkehr können Fahrzeug an jeder Haltestelle gewendet werden. Im schienengebunden Verkehr ist hier entsprechende Infrastruktur notwendig. Die Kurzwende kann auf einzelne Fahrzeuge (Einfache Kurzwende) oder auf alle Fahrzeuge, welche einen Streckenabschnitt befahren, (Serienmäßiges Kurzwenden) angewendet werden.

Die Kurzwende ist eine einfache Möglichkeit Verspätung abzubauen und in der Gegenrichtung wieder pünktlich einzusetzen. Allerdings hat sie auch den Nachteil, dass Fahrgäste vor dem Erreichen ihres Ziels aus dem Fahrzeug aussteigen und auf das nächste warten müssen. Ihre Route enthält somit einen Umstieg mehr. Disponierende müssen dies bei ihrer Entscheidung daher berücksichtigen. Dauert das Aussteigen der Fahrgäste zu lange, sollte von einer Kurzwende abgesehen werden.

2.2.1.3 Langwende (Fahrtverlängerung)

Das Gegenstück zur Kurzwende ist die Langwende. Statt einer Fahrtverkürzung werden hier Fahrten verlängert. Ein Fahrzeug fährt nach seiner geplanten Endhaltestelle weiter bis zu einer neuen Endhaltestelle. Diese Maßnahme kann eingesetzt werden, um ein stark verspätetes Fahrzeug einer anderen Linie zu ersetzen. Die Reisezeit der Fahrgäste verringert sich somit. Fahrgäste, die an der geplanten Endhaltestelle hätten umsteigen müssen, können durch eine Langwende evtl. sogar ohne Umstieg an ihr Ziel fahren. Die Langwende bietet für Fahrgäste damit einen Vorteil. Sie ist allerdings nicht nur für die Fahrgäste von Vorteil. Die Langwende bietet auch für die Betriebsgesellschaften die Möglichkeit, Fahrzeuge wieder in die richtige Reihenfolge zu bringen. Dies kann notwendig werden, wenn die Reihenfolge durch andere Dispositionsmaßnahmen geändert wurde. Statt ein Fahrzeug im Netz zu parken, wird es so produktiv eingesetzt.

2.2.1.4 Umleitung

Ist der Linienweg eines Fahrzeugs blockiert ist, sollte eine Umleitung eingerichtet werden. Ist eine Umfahrung des blockierten Streckenabschnitts nicht möglich, kann eine Umleitung auch zu einer alternativen Wendestelle führen, siehe auch Fahrtänderung. Dies ist der Fall, wenn auf dem geplanten Linienweg vor der Blockade keine (Kurz-)Wende möglich ist. Das Fahrzeug setzt dann in Gegenrichtung wieder ein. In beiden Fällen sollte ein Ersatzverkehr auf dem nicht bedienten Streckenabschnitt eingesetzt werden.

2.2.1.5 Auftrennen der Linie

Eine Auftrennung der Linie kann notwendig werden, wenn beide Richtungen eines Streckenabschnitts blockiert sind und eine Umleitung mit Rückkehr auf den geplanten Linienweg nicht möglich ist. Bei einer Auftrennung der Linie werden Fahrzeuge vor und nach einem blockierten Streckenabschnitt gewendet. Auf beiden Seiten des blockierten Streckenabschnitts verkehren die Linien wie geplant. Durch die Auftrennung entstehen für die Dauer der Störung zwei Linien. Auf dem nicht bedienten Streckenabschnitt sollte ein Ersatzverkehr eingerichtet werden.

2.2.1.6 Linien(äste) anders verknüpfen (Fahrtänderung)

Wird ein Streckenabschnitt komplett gesperrt und kann weder umfahren werden, noch ist eine geeignete Möglichkeit zur Kurzwende vorhanden, so können Linienäste auch anders miteinander verknüpft werden. In diesem Fall verkehren Fahrzeuge einer Linie ab kurz vor dem gesperrten Streckenabschnitt auf der Linienroute einer anderen Linie und umgekehrt. Solange die Fahrzeuge weiter im Takt fahren, bleibt die Bedienung der Haltestellen gleich oder erhöht sich evtl. Dies ist vergleichbar zu einer Langwende, wird allerdings nicht nur für ein einzelnes Fahrzeug eingerichtet, sondern für mehrere Fahrzeuge verschiedener Linien.

2.2.1.7 Verwaisten Linienast mitbedienen

Bei Störungen gegen Ende einer Linienroute kann es vorkommen, dass durch eine Streckensperrung kein Fahrzeug auf einem Linienast verfügbar ist oder der verbleibende Abschnitt zu kurz ist. Fahrgäste sollten an diesen Haltestellen allerdings trotzdem bedient werden. Hierzu kann der verwaiste Linienast von Fahrzeugen einer anderen Linie mitbedient werden. Hierbei verkehrt jedes zweite Fahrzeug auf dem geplanten Linienweg und die anderen Fahrzeuge bedienen den verwaisten Linienast.

2.2.1.8 Verstärkerfahrten / Zusatzwagen

Als Reaktion auf eine ungeplant hohe Nachfrage kann eine Verstärkerfahrt eingesetzt werden. Hierzu wird ein zusätzliches Fahrzeug auf einer Teilstrecke einer Linie eingesetzt. Fahrgäste, welche nicht in den geplanten Fahrzeugen platz finden, können mit der Verstärkerfahrt transportiert werden. Dies kann bspw. während großen Veranstaltungen wie Messen oder Sportereignissen notwendig sein.

2.2.1.9 Regulieren des Takts

Kann ein Fahrzeug nicht wie geplant eingesetzt werden, z.B. aufgrund von Material- oder Personalmangels, kann der Takt der verbleibenden Fahrzeuge reguliert werden. Die Fahrten des ausgefallenen Fahrzeugs erzeugen somit keine Lücke von der doppelten Taktzeit, sondern die Taktzeit wird auf die verbleibenden Zeiten zwischen den Fahrzeugen aufgeteilt. Die Fahrgäste erhalten damit nach wie vor ein gleichmäßiges Angebot. Dies kann ebenso notwendig werden, wenn sich die Umlaufzeit einer Linie aufgrund anderer Dispositionsmaßnahmen deutlich verlängert. Eine dadurch entstehende Lücke zwischen Fahrzeugen könnte schnell zu weiteren Verspätungen der Fahrzeuge führen. Auch in diesem Fall ist es sinnvoll vom geplanten Takt abzuweichen und die Fahrzeuge gleichmäßig auf die Umlaufzeit zu verteilen. Darüber hinaus ist die Regulierung des Takts bei einer hohen Anzahl an Fahrzeugen bzw. einem kurzen Abstand zwischen diesen eine einfache Möglichkeit für ein geplantes regelmäßiges Angebot. Dem Fahrgast werden dann keine konkreten Abfahrtszeiten mehr bereitgestellt, sondern lediglich die Taktzeit. Dies unterstützt die Aussage von Turnquist (1978) und Bowman u. Turnquist (1981). Diese beschreiben, dass die Fahrplantreue bei großen Taktzeiten wichtig ist. Passagiere kommen hier sehr pünktlich an die Haltestelle. Bei Takten unter 10 Minuten ist die Einhaltung des Takts am wichtigsten, denn Passagiere kommen hier zufällig an die Haltestelle.

2.2.1.10 Fahrt ohne Fahrgäste

Kommt ein Fahrzeug mit erheblicher Verspätung an der Endhaltestelle an, nimmt es dort keine Fahrgäste auf und verkehrt bis zu einer Haltestelle auf dem Linienweg ohne Fahrgäste. Es hält unterwegs an keiner Haltestelle und kann unter Umständen sogar eine kürzere Route wählen. Ab dort setzt es wieder deutlich pünktlicher ein. Dies ist möglich, wenn an der Endhaltestelle das Folgefahrzeug bereits kurz danach pünktlich abfahren würde.

2.2.1.11 Fahren ohne Halt (mit Fahrgästen)

Fahren Fahrzeuge im Pulk, können als weitere Dispositionsmaßnahme einzelne Halte ausgelassen werden. Ein Fahrzeug hält hierbei mit Fahrgästen nicht an allen Haltestellen, sondern lässt einzelne aus. Die Fahrenden informieren dazu die Fahrgäste. Fahrgäste, welche an den ausgelassenen Haltestellen aussteigen wollen, müssen vorher das Fahrzeug wechseln.

2.2.1.12 Abkürzen

Zum Abbau von Verspätungen kann auch eine Abkürzung gewählt werden. Eine Abkürzung ist vergleichbar zu Fahren ohne Halt. Allerdings wird hier auch der geplante Linienweg verlassen. Fahrende wählen eine deutlich kürzere Route. Wie beim Fahren ohne Halt informieren die Fahrenden vor dem Verlassen der Route die Fahrgäste darüber. Fahrgäste, welche an einer der nicht angefahrenen Haltestellen aussteigen wollen, müssen in das Folgefahrzeug umsteigen.

2.2.1.13 Überholen

Je größer die Verspätung eines Fahrzeugs ist bzw. je länger der Abstand zum vorausfahrenden Fahrzeug wird, desto eher steigt die Verspätung weiter an und es kann zur Pulkbildung kommen. Ein nachfolgendes Fahrzeug kann somit das vorausfahrende Fahrzeug überholen, um die Verspätung dessen zu begrenzen. Hierbei nutzt wird die Tatsache genutzt, dass Fahrgäste immer in das erste Fahrzeug einer Linie einsteigen. Auf langen Linienrouten kann diese Maßnahme auch mehrfach angewendet werden.

2.2.1.14 Eingleisiger Betrieb

Ist nur eine von zwei Richtungen blockiert, kann im schienengebundenen Verkehr auf einen eingleisigen Betrieb umgestellt werden. In diesem Fall verkehren die Fahrzeuge in beide Richtungen auf dem gleichen Gleis. Hierzu sind entsprechende Weichen notwendig. Die Leistungsfähigkeit des Streckenabschnitts und des Gesamtsystems kann hierbei stark abnehmen. Je nach Zielhaltestelle der Fahrgäste kann dies für diese aber immer noch schneller als eine Umleitung sein.

2.2.1.15 Kreuzungsverlegung

Auf eingleisigen Streckenabschnitten sind Kreuzungspunkte eingeplant, an denen Fahrzeuge aus entgegengesetzten Richtungen aneinander vorbeifahren können. Sollte ein Fahrzeug aus einer Richtung zu stark verspätet sein, kann der Kreuzungspunkt auf einen anderen Streckenabschnitt verlegt werden. Dies ist allerdings erst sinnvoll, wenn die Verspätung mindestens so groß wie Fahrzeit zwischen den Kreuzungspunkten ist.

2.2.1.16 Gestörten Linienast isolieren

Beim Auftreten einer großen Störung auf einem Linienast kann dieser isoliert werden, um die Auswirkungen auf den Rest der Linie zu verringern. Dies ist sinnvoll, wenn auf einem kleinen Abschnitt am Ende der Linie Fahrzeuge nur stark verspätet verkehren können, der Rest der Linie aber störungsfrei ist. Für die Fahrgäste des isolierten Linienastes ist dies zwar von Nachteil, der große Teil der Fahrgäste kann aber ungestört fahren.

2.2.1.17 Anschluss sichern

Umsteigebeziehungen sind für einen wirtschaftlichen Betrieb des ÖV essentiell. Sie ermöglichen eine effiziente Routenplanung für die Fahrgäste bei gleichzeitig geringeren Kosten. Umsteigeknotenpunkte sind daher Haltestellen, an denen mehrere Linien verkehren. Zwischen diesen Linien existieren geplant oder ungeplant Anschlussbeziehungen. Bei einer hohen Taktfolge werden Anschlüsse erreicht, ohne diese explizit sichern zu müssen. Beim Umstieg von einer hohen Taktdichte auf eine niedrigere Taktdichte kann eine Anschlusssicherung sinnvoll sein. Dies ist bspw. auf einem Weg aus der Stadt auf das Land beim Umstieg von der Straßenbahn in den Bus relevant, wenn dieser deutlich seltener verkehrt als die Straßenbahn. Die Anschlusssicherung ist in aller Regel vorher geplant, kann bei besonderen Ereignissen aber auch durch die Leitstelle angeordnet werden.

2.2.1.18 Kurstausch

Ein Kurs im ÖPNV entspricht einer Fahrt eines Fahrzeugs durch das Netz. Durch eine Betriebsstörung kann es vorkommen, dass die Reihenfolge der Kurse nicht mehr stimmt. Ist das Wiederherstellen der Reihenfolge durch andere Dispositionsmaßnahmen nicht sinnvoll möglich, kann die Leitstelle die Kurse den Fahrzeugen neu zuordnen.

2.2.1.19 Tausch des Fahrpersonals

Wechselt ein Fahrzeug durch einen Kurstausch seinen Kurs, so fahren Fahrende nicht mehr die Kurse, die sie ursprünglich fahren sollten. Passt dies nicht zu ihren Tagesdiensten, weil bspw. Pausenzeiten und die Arbeitszeiten verletzt werden, können die Fahrenden die Fahrzeuge wechseln. Dazu wird entweder an der Endhaltestelle oder an einer geeigneten Stelle im Netz eine Übergabe zwischen den Fahrenden definiert. An der Endhaltestelle funktioniert dies ohne zusätzlichen Fahrenden, unterwegs oft nicht.

2.2.2 Dispositionsanalyse

Nach der Definition verschiedener Dispositionsmaßnahmen folgt nun ein Überblick über den Einsatz von Dispositionsmaßnahmen. Wie bereits erwähnt, wird mithilfe von Dispositionsmaßnahmen in den realen Betrieb eingegriffen, um die Auswirkungen von Störungen zu verringern. Der Ursprung der Dispositionsanalyse liegt laut Strathman u. a. (2000) dabei, dass Störungen Kosten verursachen. Fahrgäste müssen längere Fahr- und Wartezeiten hinnehmen. Verkehrsbetrieben müssen eine niedrigere Produktivität verkraften. Das Ziel von Dispositionsmaßnahmen und -systemen ist es daher, das ÖV-System zu optimieren, wenn Störungen auftreten (Wilson u. a. 1992).

Strathman u. a. (2000) analysiert verschiedene Ansätze zur Disposition und teilt diese in verschiedene Generationen ein. Die Generationen unterscheiden sich dabei in den eingesetzten Methoden und dem Umfang der Analyse. In der ersten Generation wird hauptsächlich das Halten der Fahrzeuge an Kontrollpunkten untersucht. Kontrollpunkte sind vorher definierte Haltestellen entlang einer Linienroute. Eingriffe werden nur an Kontrollpunkten durchgeführt. Dazu werden mithilfe von analytischen Methoden und Simulationen verschiedene Szenarien evaluiert. Die Untersuchungen beschränken sich auf Simulationsdaten, da Daten aus dem realen Betrieb noch nicht zur Verfügung standen. (Osuna u. Newell 1972) untersuchen die Auswirkungen der Haltezeit eines Busses auf die Regularität des Angebots. (Barnett u. Kleitman 1973) untersuchen verschiedene Strategien zur Minimierung der Wartezeit der Fahrgäste. Dazu können Fahrzeuge an zwei Kontrollpunkten gehalten werden. Mit ihrer Methodik können sie optimale Strategien für Linien mit einer Endhaltestelle bestimmen. Für Systeme mit zwei Endhaltestellen kann eine näherungsweise optimale Strategie bestimmmt werden. (Barnett 1974) untersucht daraufhin den Einfluss der Position des Kontrollpunkts auf die Wartezeit bzw. die zusätzliche Fahrzeit für Passagiere, die bereits im Fahrzeug sind. (Koffman 1977) analysiert vier Dispositionsmaßnahmen in der Simulation einer Busroute: Halten von Fahrzeugen, Vorbeifahren an Haltestellen, Priorisierung an LSA und die Reduzierung der Unsicherheit bei der Disposition. Dabei werden verschiedene Eingangsgrößen betrachtet, z.B.

die Signalisierung des Verkehrs, unterschiedliche Ein- und Aussteigeraten, Verspätung beim Beschleunigen/Abbremsen und variable Nachfrage. Er kommt zu dem Schluss, dass das Halten von Fahrzeugen die Wartezeit nur wenig reduziert, dafür aber die Reisezeit verlängert. (Turnquist u. a. 1980) untersuchen die optimale Position des Kontrollpunkts. Dieser liegt an Haltestellen, an denen nur wenige Passagiere im Fahrzeug sind und viele an den nachfolgenden Haltestellen warten.

Generell lässt sich sagen, dass das Halten von Fahrzeugen die Reisezeit von Passagieren im Fahrzeug erhöht und damit ihre Kosten erhöht. Es erhöht ebenfalls die Kosten für die Betriebsgesellschaften durch längere Laufzeiten der Fahrzeuge und Fahrenden. Der größte Vorteil des Haltens von Fahrzeugen entsteht bei der Reduzierung von Wartezeiten an Haltestellen direkt nach einem Kontrollpunkt. Die Positionierung des Kontrollpunkts entlang der Route ist wichtig zur Minimierung der Wartezeit. Eine Haltestelle mit geringer Nachfrage hat sich als idealen Kontrollpunkt zur Kontrolle des Takts herausgestellt, wenn an der darauffolgenden Haltestelle eine hohe Nachfrage existiert.

In die zweite Generation ordnen Strathman u. a. (2000) Simulationsstudien ein, welche auf Daten von Verkehrsbetrieben aufbauen oder mit Daten dieser validiert werden. Turnquist u. a. (1980) nutzen Verteilungen der Fahrzeugabstände, welche aus realen Daten generiert werden können. Sie kommen zum Schluss, dass Halten basierend auf dem Fahrplan gut bei großen Takten funktioniert. Abkowitz u. Engelstein (1984) beschreiben, dass bei taktbasiertem Halten die Position des Kontrollpunkts abhängig ist von der Anzahl an Passagieren im Fahrzeug und der Anzahl an Passagieren an nachfolgenden Haltestellen. Sie zeigen, dass die Effekte hauptsächlich von Passagieren an direkt nachfolgenden Haltestellen wahrgenommen werden. Abkowitz u. a. (1986) stellen fest, dass die Variation des Takts nicht linear auf der Route zunimmt, sondern bei kleinen Abweichungen der Fahrzeit stark zunimmt. Sie verschärft sich bei Busbunching bzw. Pulkbildung weiter. Turnquist (1982) untersucht Halten sowohl fahrplanbasiert wie auch taktbasiert. Unterschieden wird dabei zwischen den verfügbaren Informationen. Sind nur die Informationen des aktuellen Fahrzeugs verfügbar, wird es bis zur planmäßigen Abfahrt gehalten. Ist auch eine

Prädiktion der Ankunftszeit des nachfolgenden Fahrzeugs möglich, wird der Takt zum nachfolgenden Fahrzeug eingehalten. Die erste Strategie funktioniert schlechter, wenn der Fahrplan der Fahrzeuge nur wenig aufeinander abgestimmt ist. Wenn die Takte stärker aufeinander abgestimmt sind, steigt die Effektivität der ersten Strategie. Die Haltestrategien sind dabei abhängig von drei Charakteristiken des Kontrollpunkts. Erstens die aktuelle Unzuverlässigkeit, zweitens die Abhängigkeit von aufeinanderfolgenden Takten und drittens das Verhältnis der Passagiere im Fahrzeug gegenüber den Passagieren, die an nachfolgenden Haltestellen warten. Wilson u. a. (1992) untersuchen Halten von Fahrzeugen, Kurzwende, Expressbetrieb (Fahren ohne Halt) und Deadheading (Fahren ohne Fahrgäste) als Dispositionsmaßnahmen. Sie kommen zu dem Ergebnis, dass die Disponierenden ihre Entscheidungen basierend auf Beobachtungen, Kommunikation und durch Intuition treffen. Manche der Dispositionsentscheidungen haben dabei die durchschnittliche Wartezeit erhöht, hauptsächlich, weil zu wenig Informationen während der Entscheidungsfindung zur Verfügung standen. Beim Fahren ohne Halt reduziert sich die Reisezeit des Fahrzeugs und der Abstand zum vorausfahrenden Fahrzeug wird kürzer. Die Reise- und Wartezeit von Passagieren im Fahrzeug kann sich verkürzen. Die Wartezeit von Passagieren an den nächsten Haltestellen, an denen noch gehalten wird, verkürzt sich ebenfalls. Die Wartezeit von Passagieren im Fahrzeug, die an einer der ausgelassenen Haltestellen aussteigen wollen, verlängert sich. Ebenso verlängert sich die Zeit der wartenden Passagiere an den ausgelassenen Haltestellen. Ideal ist diese Dispositionsmaßnahme daher bei großem Abstand zum vorausfahrenden Fahrzeug, einem geringer Abstand zum nachfolgenden Fahrzeug und einer hohen Nachfrage nach den ausgelassenen Haltestellen. Eine abgeschwächte Form davon erlaubt lediglich das Aussteigen an Haltestellen. Es wird keine klare Empfehlung für die Verwendung von Fahren ohne Halt ausgesprochen. Fahren ohne Halt, Fahren ohne Fahrgäste und Kurzwende werden durch die Beeinträchtigung der Passagiere im Fahrzeug eher ungern durch Verkehrsbetriebe genutzt. Abkowitz u. Lepofsky (1990) untersuchen taktbasierte Dispositionsmaßnahmen in drei Experimenten. Die Daten wurden dabei manuell gesammelt. Zusammen mit Fehlern der Disponierenden hat dies die Experimente erschwert. Bspw. haben die Disponierenden nur einen Teil der Busse an Haltestellen gehalten. Sie kommen daher zum Schluss, dass menschliche Eingriffe die Effektivität von Maßnahmen verringern und lediglich eine der Strategien die Taktzeiten stabilisiert. Welding (1957), Abkowitz u. Engelstein (1983b) und Khasnabis u. a. (1999) beschreiben die Priorisierung an Lichtsignalanlagen als weitere Dispositionsmaßnahme. Diese kann die Verspätungen an Knotenpunkten reduzieren. Dafür wird entweder eine zusätzliche Grünphase für ÖPNV-Fahrzeuge integriert oder die aktuelle Grünphase verlängert. Im Vergleich zum Halten des Fahrzeugs verringert die Signalpriorisierung die Reisezeit aller Passagiere. Die Reisezeit des MIV bzw. von Passagieren in anderen Fahrzeugen am gleichen Knotenpunkt kann sich jedoch erhöhen.

Abschließend können die mit Betriebsdaten validierten Simulationsstudien der zweiten Generation wie folgt zusammengefasst werden. Untersucht wird häufig das Halten von Fahrzeugen an Kontrollpunkten. Dieses ist an früheren Punkten auf einer Strecke effektiver. Bei der Umsetzung der Dispositionsmaßnahmen ist der Einfluss von Disponierenden relevant. Disponierende sollten daher mit Entscheidungsregeln unterstützt werden. Getroffene Dispositionsmaßnahmen sollten basierend auf echten Daten analysiert werden. Dadurch kann eine Rückkopplung zwischen den Auswirkungen von Dispositionsmaßnahmen und den Disponierenden ermöglicht werden. Dispositionsmaßnahmen, welche den Fahrgast zum Umstieg zwingen, werden von Fahrgästen nur ungern gesehen. Dazu gehören die Kurzwende, das Fahren ohne Halte und das Fahren ohne Fahrgäste. Die Auswirkungen dieser Dispositionsmaßnahmen auf die Fahrgäste sollten demnach so gering wie möglich gehalten werden. Dispositionsmaßnahmen, welche andere Verkehrsteilnehmende benachteiligen, sind dabei aus Fahrgastsicht besser geeignet. Hierzu zählt die Priorisierung an einer LSA. Bei dieser steigen die Kosten im MIV wohingegen sie im ÖV eher sinken. Wilson u. a. (1992) berücksichtigt dies als einzige Studie.

Die Nutzung von Betriebsdaten in Leitstellen lässt sich noch weiter verbessern. So wäre es für Disponierende durchaus auch interessant, die Anzahl wartender Passagiere an Haltestellen zu kennen. Diese könnte einen Einfluss auf die Entscheidung haben. Sollten diese nicht in Echtzeit verfügbar sein, könnten bereits Ein- Aussteigeprofile, welche auf historischen Daten der AFZS berechnet werden, helfen. Dies beschreibt Levinson (1991). Levinson (1991) beschreibt aber auch, dass Daten aus AFZS in Nord Amerika noch nicht flächendeckend für eine genaue Berechnung der Fahrgastzahlen verfügbar sind.

In die dritte Generation der Dispositionsanalysen ordnen Strathman u. a. (2000) Studien ein, welche die Wartezeit von Passagieren näher untersuchen und die Kapazität von Fahrzeugen berücksichtigen. Kemp (1973), Lago u. a. (1981) und Mohring u. a. (1987) beschreiben, dass Passagiere die Zeit unterschiedlich wertschätzen. Eine Minute Wartezeit entspricht nicht einer Minute Fahrzeit. Genauso ist eine Wartezeit von fünf Minuten nicht gleichbedeutend mit fünf mal einer Minute Wartezeit. Abkowitz u. Tozzi (1987) beschreiben die Kapazität von Fahrzeugen als weitere Einflussgröße auf die Wartezeit. Ein volles Fahrzeug führt dazu, dass weitere Passagieren nicht einsteigen können. Diese haben dadurch eine höhere Wartezeit. Wie (Strathman u. a. 2000) beschreiben, werden in Chicago und Paris erste Projekte durchgeführt, bei denen Fahrenden die Abweichung vom Takt zum vorausfahrenden Fahrzeug angezeigt wird. In heutigen ITCS ist diese Anzeige standardmäßig eingebaut. Die Fahrenden können dadurch ihr Fahrverhalten anpassen. Dies ist eine dezentrale Dispositionsmaßnahme, bei der die Leitstelle nicht eingreifen muss. Fahrende können so auch selbstständig präventiv handeln und mögliche Störungen verhindern, bevor sie entstehen. Hundenski (1998) beschreibt, dass in San Francisco ein genauer Fahrplan durch einen reinen Takt abgelöst wurde. Das Konzept ist grundsätzlich geeignet. Im Ergebnis hat dieses Projekt jedoch nicht funktioniert, es nicht richtig umgesetzt werden konnte. Sind Umsteigepunkte bzw. Anschlussbeziehungen definiert, so ist ein reiner taktbasierter Betrieb nicht möglich. Die Anschlussbeziehung kann mit einem Taktbetrieb nicht aufrecht erhalten werden. Durch einen fahrplanbasierten Betrieb kann die Wartezeit an Umsteigepunkten minimiert werden. Allerdings wurde dies nie empirisch untersucht.

Die dritte Generation von Dispositionsanalysen ermöglicht es daher, durch die unterschiedliche Gewichtung der Zeit beim Warten und im Fahrzeug, die Kosten und Nutzen von Dispositionsmaßnahmen realistischer zu bestimmen. Die gesamten Auswirkungen der Wartezeiten können nur unter Berücksichtigung der Kapazität berechnet werden. Echtzeitdaten aus AFZS liefern wichtige

Informationen für Disponierende. Zusätzlich können über historische Daten Ein- und Aussteigeprofile für Haltestellen definiert werden. Durch Echtzeitinformationen für Fahrende können diese dezentral Dispositionsmaßnahmen durchführen. Taktbasierter Betrieb kann bei kurzem Takt vorteilhaft sein. Ob dieser die Wartezeiten an Umsteigepunkten verringert oder vergrößert muss noch untersucht werden.

Abschließend untersuchen (Strathman u. a. 2000) das Taktverhältnis an Haltestellen und Kontrollpunkten. Das Taktverhältnis ist definiert als der gemessene Takt gegenüber dem geplanten Takt. Die Varianz des Taktverhältnisses nimmt bei der Implementierung von Halten insgesamt um 3,8% ab und an Kontrollpunkten um 15,8% ab. Die Verbesserung ist damit an Kontrollpunkten signifikanter als an anderen Punkten. An den ersten Haltestellen einer Linie ist der Takt zudem regelmäßiger. Die Autoren schließen aus den Experimenten, dass ein automatisches System in der Realität helfen kann. Dafür genügt ein einfaches auf Entscheidungsregeln basierendes System. Sie belegen dies unter anderem mit Aussagen von Disponierenden. Diese besagen, dass für manche Probleme nicht genügend Zeit zur Verfügung stand.

Ein mögliches automatisches Dispositionssystem zeigen Hadas u. Ceder (2010) in einer Simulationsstudie. In dieser werden verschiedene Möglichkeiten untersucht, die Umsteigebeziehungen in einem Fahrplan zu optimieren. Die verschiedenen Strategien werden dafür in Simulationsexperimenten evaluiert und miteinander verglichen. Dem System stehen die folgenden Dispositionsmaßnahmen zur Verfügung: Fahrzeug an einer Haltestelle oder unterwegs Warten lassen, Fahren ohne Halt, Geschwindigkeit ändern (bis zur erlaubten Geschwindigkeit) und Kurzwende. Die Simulationsexperimente werden mit diskreten Simulationsschritten durchgeführt. Eine globale und lokale Optimierung wird jeweils mit einem Basisszenario verglichen. Dabei wird sowohl der zeitliche wie auch der räumliche Aspekt betrachtet. Die Experimente werden auf einem kleinen Netz mit 14 Segmenten, drei Buslinien und einer Zuglinie durchgeführt. Es wird gezeigt, dass in der Regel eine globale Optimierung bessere Ergebnisse liefert als eine lokale. Im Schnitt kann je nach Szenario eine Verbesserung von 3% bis 17% erzielt werden. Dies zeigt, dass ein automatisches Dispositionssystem die

Auswirkungen auf die Fahrgäste verringern kann und Disponierende automatische Systeme benötigen. Wie (Strathman u. a. 2000) bereits darlegen, wünschen Disponierende dies auch.

2.3 Bewertung von ÖV-Angeboten

Die Qualität eines ÖV-Systems lässt sich zunächst einmal auf den Fahrplan- und Nachfragedaten bewerten. Hierüber lässt sich z.B. die Abdeckung der Nachfragen oder die Erreichbarkeit verschiedener Ziele messen. Die von den Fahrgästen wahrgenommene Qualität wiederum hängt allerdings vom realen Angebot ab. Für die Fahrgäste ist dabei unter anderem die Verlässlichkeit, die Verwundbarkeit und die Robustheit des Systems relevant. Die Verlässlichkeit stellt die Sicht des Fahrgastes auf das ÖV-System dar. Sie kann mittels Fahrgasterhebungen ermittelt werden. Wird die Verlässlichkeit in Erhebungen ermittelt, kann diese als empfundene Verlässlichkeit betrachtet werden. Alternativ dazu lässt sich die Verlässlichkeit auch basierend auf historischen Daten der Verkehrsbetriebe ermittelt. Hierzu werden die reale mit geplanten Fahrzeiten verglichen. Die Verwundbarkeit beschreibt die Anfälligkeit eines Systems gegenüber seltenen größeren Störungen. Nach de Oliveira u. a. (2016) ist die Robustheit bzw. Widerstandsfähigkeit als die Inverse der Verwundbarkeit definiert. Die Verwundbarkeit lässt sich mithilfe von Simulationen näherungsweise ermitteln, in der Regel werden dazu gezielt einzelne oder alle Streckenabschnitte in der Simulation gestört.

2.3.1 Verlässlichkeit

Nach Koenig (1980) und Murray u. Wu (2003) ist ein Angebot für einen Fahrgast verlässlich, wenn folgende Kriterien erfüllt sind.

1. Das Angebot ist an Start und Ziel einfach erreichbar

2. Fahrzeuge kommen vorhersagbar an und Fahrgäste können damit die Wartezeit minimieren
3. Der Fahrgast ist nur eine kurze Zeit im Fahrzeug
4. Die Fahrzeit hat eine geringe Varianz

Betrachtet man die Definition von Koenig (1980) und Murray u. Wu (2003) genau, fällt auf, dass das zweite und vierte Kriterium in Zusammenhang zueinander stehen. Die Ankunftszeit eines Fahrzeugs bestimmt sich aus den Fahr- und Haltezeiten der vorherigen Halte. Eine geringe Varianz der Fahrzeiten trägt damit entscheidend zu einer vorhersagbaren Ankunftszeit bei. Man könnte das zweite Kriterium daher auch umformulieren in: Haltezeiten haben eine geringe Varianz. Die Aussagekraft wäre damit immer noch gleich.

In einer Studie von Chang u. Stopher (1981) bewerten Teilnehmer die Verkehrsmittel MIV und ÖV auf einer Likert-Skala bezüglich deren Verlässlichkeit. Die häufigste Zustimmung für den ÖV haben folgende Aussagen erhalten:

1. Erlaubt mir an meinem Ziel zur gewünschten Zeit anzukommen
2. Unannehmlichkeiten durch zu frühes Abfahren
3. Die Reisezeit unterscheidet sich sehr stark von Tag zu Tag
4. Ist häufig von Fahrzeugausfällen betroffen

Diese Definition ist teilweise vergleichbar mit der nach Koenig (1980) und Murray u. Wu (2003). Zu frühes Abfahren und Reisezeitunterschiede sind vergleichbar zu Vorhersagbarkeit der Ankunftszeit bzw. geringen Varianzen der Fahr- und Haltezeiten. Chang u. Stopher (1981) betrachtet allerdings die Reisezeit und nicht nur die Ankunftszeit. Damit ist auch die Abfahrtszeit in der Betrachtung enthalten. Zusätzlich zur Variabilität der Zeiten betrachten (Chang u. Stopher 1981) auch explizit die Fahrtausfälle. Diese fehlen bei Koenig (1980) und Murray u. Wu (2003).

Bates u. a. (2001) bauen auf Chang u. Stopher (1981) und anderen Arbeiten auf. Ihr Ziel ist die Erstellung einer generellen Theorie der Verlässlichkeit der Reisezeit bzw. deren Bewertung aus Sicht von Reisenden. Die Verlässlichkeit im ÖV kann aus ihrer Sicht unterschiedlich definiert sein. Meistens wird sie aber über die Verspätung der Fahrzeuge definiert. Normalerweise benötigt die Bestimmung der Verlässlichkeit ein gewisses Maß an Wiederholungen oder Regelmäßigkeit. Verlässlichkeit korreliert daher stark mit der Variabilität. Zur Bestimmung der Verlässlichkeit ist es daher notwendig, dass die zu vergleichenden Fahrten zu vergleichbaren Bedingungen stattfinden. Es kann davon ausgegangen werden, dass Reisende den Einfluss der Variation in der Nachfrage vorhersagen können. Allerdings variiert diese Fähigkeit zwischen den einzelnen Passagieren. Basierend auf dieser Definition kann im ÖV auch ein Passagier, der nur einmal reist die Verlässlichkeit bestimmen, da die Ankunftszeit vorher bekannt ist. Jede Abweichung von der geplanten Zeit kann als Unzuverlässligkeit wahrgenommen werden. Wenn ein Fahrzeug allerdings immer die gleiche Zeit zu spät kommt, gibt es keine Variabilität in der Ankunftszeit. Wird nun die Verlässlichkeit bezogen auf die geplante Ankunftszeit berechnet, muss die durchschnittliche Verspätung miteinbezogen werden.

Bates u. a. (2001) sehen die Variabilität der Fahrzeit als wichtig für das Verhalten der Fahrgäste an, weil Fahrgäste empfindlich gegenüber längeren Wartezeiten, verpassten Anschlüssen und zu früher oder zu später Ankunft reagieren. Zusätzlich planen Fahrgäste eine gewisse Grundunzuverlässigkeit bei Fahrzeiten mit ein, unabhängig von deren Start und Ziel. Ein weiterer Einflussfaktor ist der Unterschied zwischen der subjektiven Verteilung der Reisezeiten und der objektiv gemessenen Verteilung.

Mahmassani u. Chang (1986) und Mahamassani u. Chang (1986) bewerten die Verlässlichkeit über eine Mischung aus revealed- und stated-preference Erhebung. Sie erstellten ein Simulationsmodell und rekrutierten 100 Freiwillige. Jedem dieser Freiwilligen repräsentierten sie 20 Fahrzeuge in der Simulation. Den Teilnehmern wurden verschiedene Startpunkte zugeteilt. Sie bekamen die Freifahrtgeschwindigkeiten genannt und eine feste Arbeitsstartzeit. Daraufhin sollten sie eine Abfahrtszeit für ihre Reise wählen. Die Antworten wurden in die Simulation integriert und eine Ankunftszeit für jeden berechnet. An den folgenden Tagen erhielten die Freiwilligen die simulierte Reisezeit des vorherigen Tages. Sie sollten daraufhin eine Abfahrtszeit für den aktuellen Tag nennen. Dieses Experiment wurde solange wiederholt, bis ein Gleichgewicht hergestellt war. Nach 25 Tagen änderte kein Teilnehmer mehr seine Abfahrtszeit. 25 Tage entspricht dabei etwas mehr als einem Arbeitsmonat. Dies zeigt, dass Pendelnde bereits eine verhältnismäßig kurze Zeit ausreicht, um ihr langfristiges Verhalten zu finden.

2.3.2 Verwundbarkeit bzw. Robustheit

Yeung u. a. (2017) beschreiben einen Ansatz zur Messung der Widerstandsfähigkeit bzw. Robustheit eines ÖV Netzes in Bezug auf Ausfälle einer Linie. Ziel ist es, Pendelde und Entscheidenden die Vorteile eines widerstandsfähigen Netzes begreiflich zu machen. Es sollen Stellen im Netz gefunden werden, die während Störungen keine oder nur schlechte Anbindungen bieten. Laut Milakis u. a. (2015) ist die akzeptierte Reisezeit abhängig von dem Verkehrsmittel und den soziodemographischen Eigenschaften der Person. Die ideale Pendelzeit liegt nach ihren Untersuchungen im Mittel im ÖV bei 25 Minuten, die akzeptierte bei 60 Minuten. D.h. die akzeptierte Zeit mit Verspätung ist etwa doppelt so groß wie der Idealzustand. Zusätzlich werden maximal 90 Minuten Reisezeit im Störungsfall akzeptiert. Dies entspricht der längsten gewöhnlichen Reisezeit zwischen zwei Zielen. Nach Yeung u. a. (2017) berechnet sich der *Resilience Index (Widerstandsindex)* aus dem Anteil der Personen, die nicht innerhalb der doppelten normalen Pendelzeit oder nicht innerhalb der 90 Minuten am Ziel ankommen. Dies wird für alle Pendelnden, die von einer Station abfahren, definiert (*Station Resilience Index*) und für alle Pendelnden im Netz (*Network Resilience Index*). Mithilfe von Simulationsexperimenten werden anschließend die Resilience Indizes berechnet. Dabei wird eine OD Beziehung als resilient (widerstandsfähig) angesehen, wenn die maximale Pendelzeit auf einer OD-Beziehung unterhalb des doppelten der normalen Pendelzeit und unterhalb der 90 Minuten liegt. Die Untersuchungen zeigen, dass der *Resilience Index* Lücken im Angebot aufzeigt, in denen die Pendelbeziehungen schlecht sind bzw. nur wenige Alternativen im Störungsfall existieren.

Goerigk u. Schöbel (2010) untersuchen die Robustheit von Fahrplänen bezüglicher zweier Szenarien mit Hilfe von Simulationsstudien. Erstens, werden alle Verbindungen zwischen zwei Haltestellen leicht verspätet. Dies simuliert Konditionen, wie sie bspw. bei schlechtem Wetter vorkommen. Zweitens, werden einzelne wenige Verbindungen zwischen zwei Haltestellen stark verspätet. Dies entspricht einem technischen Defekt oder einem blockierten Streckenabschnitt. Eine Verbindung führt ohne Zwischenhalt von einer Haltestelle zu einer anderen und enthält eine definierte Abfahrts- und Ankunftszeit. Mehrere Verbindungen ergeben somit die Fahrt eines Fahrzeugs auf einem Linienweg. Sie untersuchen dabei drei Arten von Robustheit: *strikte*, *leichte* und *wiederherstellbare* Robustheit. *Strikte Robustheit* ist nur gegeben, wenn in beiden Szenarien ein Fahrplan exisitert, bei dem die Nachfrage komplett bedient wird. Dies führt dazu, dass jede Verbindung den maximal möglichen Puffer erhält. Bei *leichter Robustheit* wird von dem harten Kriterium abgewichen und eine Qualität des Angebots definiert. Abhängig von der gewählten Qualität sind damit auch Fahrpläne robust, welche nicht die gesamte Nachfrage bedienen. Die *wiederherstellbare Robustheit* ist gegeben, wenn ein Fahrplan im Störungsfall durch Eingriffe korrigiert werden kann. Sie kommen zum Ergebnis, dass die Kosten für strikt robuste Fahrpläne deutlich zu hoch sind, während diese für leicht robuste bzw. wiederherstellbare robuste Fahrpläne akzeptabel sind.

Yap u. a. (2018a) untersuchen die Verlässlichkeit und Verwundbarkeit von mehrschichtigen ÖV-Netzwerken. Mehrschichtig bedeutet eine Kombination aus Zug-, Metro- und Straßenbahnverkehr. Dadurch können auch Effekte beim Umstieg zwischen den Verkehrssystemen berücksichtigt werden. Wichtig dafür ist die Frequenz und Dauer von Störungen, um deren Einfluss auf die Fahrgäste messen zu können. Bei der Berechnung der Verlässlichkeit und Verwundbarkeit halten sich die Autoren an de Oliveira u. a. (2016). In diesem ist die Verlässlichkeit über die Performance bei täglich wiederkehrenden stochastischen Fluktuationen in Angebot und Nachfrage definiert. Die Verwundbarkeit ist definiert über die Performance bei seltenen nicht wiederkehrenden großen Störungen. Ziel der

Arbeit von Yap u. a. (2018a) ist es, die verwundbarsten Streckenabschnitte zu identifizieren und die Verwundbarkeit für diese zu bestimmen. Die *Link Vulnerability* wird berechnet über die erwartete Anzahl an Störungen und der erwarteten Dauer der Störungen, sowie der Differenz der gesellschaftlichen Kosten zwischen dem gestörten und dem Basisszenario. Zur Identifikation von verwundbaren Streckenabschnitten können zwei Ansätze genutzt werden. Erstens, es werden alle Streckenabschnitte einzeln gestört und die Auswirkungen daraus bestimmen. Zweitens, über Kriterien wird eine kleine Anzahl von Links ausgewählt und nur diese werden gestört. Hierfür werden zur Identifikation von Streckenabschnitten vier Kriterien verwendet. Erstens, die Wahrscheinlichkeit für eine Störung auf diesem Streckenabschnitt. Zweitens, die Wahrscheinlichkeit für verschiedene Störungsarten bzw. -typen auf Streckenabschnitten. Drittens, die Auswirkungen eines Vorfalls basierend auf der Anzahl an Fahrgästen. Viertens, nachgelagerte Effekte von Störungen auf anderen Streckenabschnitten. Diese sind, verglichen mit nachgelagerten Effekten im MIV, statischer. Die Untersuchungen wurden in Randstad Zuidvleugel durchgeführt. Eine Region mit ca. 2,2 Millionen Einwohnern und den Städten Den Haag und Rotterdam. Zur Routenwahl wird eine frequenzbasierte Umlegung verwendet. Eine fahrplanfeine Umlegung ist durch die Dichte des Takts nicht zwingend notwendig. Komfort oder Überfüllung werden bei der Routensuche bzw. den generalisierten Kosten nicht berücksichtigt. Insbesondere im gestörten Fall kennen die Fahrgäste die Auslastung der Fahrzeuge nicht. Es ist dabei deutlich zu sehen, dass nachgelagerte Effekte einen großen Einfluss auf die Verwundbarkeit haben. Es ist daher wichtig sowohl die generelle Wahrscheinlichkeit einer Störung zu berücksichtigen, wie auch die Auswirkungen jeder einzelnen Störung. Zugstrecken sind sehr verwundbar durch die erwarteten hohen Auswirkungen einer Störung. Metro- und Stadtbahnstrecken sind hauptsächlich durch die Kombination aus vielen Störungen und vielen Fahrgästen verwundbar. Für die Messung von mehrschichtigen ÖV Netzen ist es wichtig, die Verteilungen der finanziellen und gesellschaftlichen Kosten zwischen den Beteiligten zu berücksichtigen. Der Ansatz berücksichtigt nicht die Kosten für die Disposition bzw. das Wiederherstellen des geplanten Fahrplans sowie die Fahrzeug- und Personaldisposition. Die berechneten Kosten können daher als untere Schranke angesehen werden. Die verwundbarsten Strecken liegen auf der

Pareto-Front und werden bisher qualitativ ausgewählt. Eine quantitative Auswahl kann noch ergänzt werden. Weiterhin wird eine dynamische Routenwahl mit der Wahl neuer Routen im Störungsfall empfohlen. Bisher werden die Routen unter vollem Wissen aller Störungen bestimmt.

Yan u. a. (2016) beschreiben einen Ansatz zur Bewertung basierend auf AVL. Durch den vermehrten Einsatz von AVL erhoffen sich die Autoren Engpässe und Gründe für Verspätungen zu finden. Sie wollen damit die Eingriffe während des Betriebs minimieren. Dazu untersuchen sie eine Busroute aus Suzhou in China. Es werden AVL-Daten von drei Tagen verwendet. Die Route fährt über die am meisten durch Staus belasteten Strecken. An sieben Knotenpunkten sind Buspriorisierungen im Einsatz. Zusätzlich existiert auf einem Teilstück eine abgetrennte Busspur. Allerdings wird diese nicht immer von allen beachtet, was zusätzliche Einflüsse auf die Busse ausübt. 25 Busse sind mit AVL ausgestattet.

Basierend auf ihren Analysen entwickeln sie Indizes für Betriebsgesellschaften und Aufsichtsbehörden. Die Indizes werden dafür zunächst auf Tages-, Tageszeiten- und Streckenebene erstellt. Für Betriebsgesellschaften schlagen sie als Indizes die durchschnittliche Fahrzeit und deren Standardabweichung vor. Weitere wichtige Indizes sind die Perzentile der Fahrzeit, der Variationskoeffizient, die durchschnittliche Geschwindigkeit und die Fahrzeitverteilung. Den Hauptfokus legen sie dabei auf die Fahrzeitverteilung, da diese Unterschiede am deutlichsten zeigt.

Für Aufsichtsbehörden werden drei Indizes verwendet: die *Einhaltung des Fahrplans (Pünktlichkeit)*, die *Regelmäßgkeit des Takts* und die *Korrelation von Abweichungen*. Die Einhaltung des Fahrplans wird dabei sowohl auf der gesamten Route wie auch auf Teilstücken der Route untersucht. Die Korrelation der Abweichung wird aus der Korrelation der Abweichung des Takts und der Korrelation der Fahrzeit berechnet. Die Korrelation der Abweichung des Takts wird aus der Abweichung an der aktuellen Haltestelle und der Abweichung an der vorhergehenden Haltestelle berechnet. Die Korrelation der Fahrzeit beschreibt den Zusammenhang zwischen der Abweichung der Fahrzeit und der Abweichung des Takts.

Bei ihren Auswertungen zur Variation der Reisezeit an unterschiedlichen Tagen stellen sie nur eine geringe Varianz fest. Aus der Breite der Verteilungen schließen sie allerdings darauf, dass die Fahrzeiten innerhalb des Tages unterschiedlich sind. Innerhalb des Tages unterscheiden sie zwischen den Zeiträumen: Vor der Hauptverkehrszeit morgens, Hauptverkehrszeit morgens, zwischen den Hauptverkehrszeiten, Hauptverkehrszeit nachmittags und abends nach der Hauptverkehrszeit. Die durchschnittliche Fahrzeit in diesen Zeiträumen variiert um fast 40%. Als Ursache nennen sie unterschiedliche Stauzuständen innerhalb des Tages.

Die Route wird ebenfalls in Abschnitte unterteilt und diese bewertet. Die Unterteilung orientiert sich dabei an den Eigenschaften der Strecken, z.B. Busspur und ÖV-Priorisierung. Die Bewertung der Abschnitte am Anfang einer Route fällt besser aus als am Ende. Die Bewertung wird von Abschnitt zu Abschnitt schlechter. Auf dem letzten Abschnitt fällt die Bewertung trotz Busspur am schlechtesten aus.

Zusätzlich zeigen sie, dass sich die Regelmäßigkeit des Takts zwischen den einzelnen Zeiträumen stark unterscheiden. Während der Hauptverkehrszeit nachmittags weicht ein großer Teil der Fahrten mehr als die Hälfte vom Takt ab. Die große Variation der Takte deutet auf sehr instabile Takte in. Dabei stellen sie ebenfalls fest, dass die Abweichungen an aufeinanderfolgenden Haltestellen stark miteinander korrelieren. Sie schließen daraus, dass der Takt an der ersten Haltestelle einen großen Einfluss auf die Regelmäßigkeit des Takts auf der gesamten Route hat.

Mazloumi u. a. (2008) analysieren Maße zur Untersuchung der Reisezeitverlässlichkeit und der Reisezeitvariation. Die Maße werden für verschiedene Zeitintervalle ausgewertet, um den Effekt dieser zu ermitteln. Sie halten sich dabei an die Definition der Pünktlichkeit nach Board u. of Sciences, Engineering, and Medicine (2013) und Manual (2010). In diesen wird die Pünktlichkeit als Metrik für die Verlässlichkeit verwendet. Ziel ist es aus den analysierten Maßen sensiblere Informationen für die Nutzer zu generieren.

Für ihre Untersuchungen definieren sie zwei Maße: *Variation der Reisezeit* und *Verlässlichkteit der Reisezeit*. Die Variation der Reisezeit der gleichen Fahrt auf einem Abschnitt wird zu verschiedenen Tagen, Tageszeiten oder mit verschiedenen Fahrzeugen analysiert. Gemessen wird diese über die Standardabweichung, den Variationskoeffizient und die Breite einer Verteilung. Die Verlässlichkeit der Reisezeit der gleichen Fahrt wird über verschiedene Tage analysiert. Gemessen wird diese über den *Buffer Index*, die *Florida Verlässlichkeit* und den *Misery Index*.

Der *Buffer Index* beschreibt die relative Abweichung des 95. Perzentils vom Mittelwert. Er berechnet sich aus dem 95. Perzentil und dem Mittelwert. Im Idealfall liegt der Buffer Index bei 0%. In der Regel sollte er auch nur positiv sein. Unter bestimmten Umständen kann er jedoch auch negativ werden. Werden z.B. 100 Fahrten ausgewertet, wovon 99 eine Minute dauern und eine Fahrt dauert zwei Minuten. Dann ist der Buffer Index leicht negativ. Er signalisiert damit, dass weniger als 5% der Fahrten länger als der Mittelwert dauern.

Die *Florida Verlässlichkeit* gibt den Anteil der Fahrten an, die maximal so lange dauern wie der Mittelwert der Fahrzeit. Je höher der Wert ist, desto besser. Dauern alle Fahrten exakt gleich lange, ist der Florida Index bei 100%. Der Florida Index kann für zwei vergleichbare Angebote allerdings auch sehr unterschiedlich ausfallen. In beiden Fällen werden zehn Fahrten bewertet, wovon neun Fahrten jeweils zwei Minuten dauern. Im ersten Fall dauert die zehnte Fahrt eine Minute. Der Florida Index wäre damit bei 10%. Im zweiten Fall dauert die zehnte Fahrt drei Minuten. Der Florida Index wäre dann bei 90%. Betrachtet man jedoch die Fahrten im gesamten bzw. die Verteilung der Fahrzeiten, so sind beide Angebote sehr ähnlich. Beide Fälle sind dabei durchaus realistisch. Im ersten Fall ist ein Streckenabschnitt über den ganzen Tag gleichmäßig hoch ausgelastet. Nur nachts ist die Auslastung auf wenigen Fahrten niedriger. Dies ist häufig im Innenstadtbereich zu erwarten. Im zweiten Fall ist ein Streckenabschnitt über den ganzen Tag gleichmäßig niedrig ausgelastet. Nur wenige Fahrten während der Hauptverkehrszeit sind deutlich stärker ausgelastet. Sie dauern dementsprechend länger. Dies kann bei Haltestellen in der Nähe von Veranstaltungszentren passieren. Nach Veranstaltungen ist die Nachfrage kurzfristig sehr hoch. Die Haltezeiten weniger Fahrten sind deutlich länger. Beide Angebote sind aber vergleichbar verlässlich.

Der *Misery Index* vergleicht die Fahrzeit der längsten Fahrten mit allen Fahrten. Die Fahrzeit der längsten Fahrten berechnet sich aus dem Mittelwert der 20% längsten Fahrten. Je höher dieser ist, desto stärker weichen Ausreißer vom Normalbetrieb ab. Ein hoher Misery Index deutet damit auf eine kritische Stelle im Netz hin. Die Auswirkungen eines gestörten Streckenabschnitts sind somit vergleichsweise hoch.

Die Maße werden auf eine Straßenbahnroute in eine Richtung über einen Zeitraum von acht Monaten angewendet. Feiertage und Wochenenden werden nicht berücksichtigt. Die Fahrzeiten werden in 15-Minuten-Intervallen und Stunden-Intervallen gemittelt. Der Vergleich erfolgt gegenüber den Verteilungen innerhalb der 15 Minuten Intervalle.

Sie kommen bei ihren Untersuchungen zu dem Schluss, dass die verwendeten Indizes unterschiedliche Ergebnisse hervorbringen. Im Zeitraum zwischen 12:30 und 13:30 zeigt die *Florida Verlässlichkeit* ein Tal, wohingegen der *Misery Index* und der *Buffer Index* konstant bleiben. Dies liegt daran, dass die *Florida Verlässlichkeit* die Anzahl an Elementen berücksichtigt und nicht deren Ausprägung bzw. Größe. Die Untersuchung der Variation der Reisezeit anhand des Variationskoeffizienten wird anhand der Perzentile durchgeführt. Die Betrachtung des 99. Perzentils ist dabei deutlich sensitiver gegenüber dem 90. oder 95. Perzentil. Sie folgern daraus, dass der Ausschluss von Ausreißern die Hauptursache dafür ist. Der Startzeitpunkt der Intervalle hat keinen Einfluss auf die Ergebnisse. Der *Buffer Index* wird als für Fahrgäste intuitiver beschrieben, da er den Durchschnitt und einige Ausreißer abbildet. Bei der Verlässlichkeit der Fahrzeit wird bisher eine Verfrühung allerdings nicht mit berücksichtigt.

Generell lässt sich die Aussage treffen, dass die Indizes sehr ähnlich und nur leicht unterschiedlich sind. Die Unterschiede liegen meist in der Sensitivität der einbezogenen Daten. Den wohl größeren Einfluss hat aber die Intervallgröße, wobei eine 15-Minuten-Intervalle besser geeignet sind als Stunden-Intervalle. Die Variation und Verlässlichkeit zu Stoßzeiten liegt niedriger als außerhalb.

Dies könnte erklärt werden durch mehr Eingriffe durch Disponierende, durch allgemein geringere Geschwindigkeiten und Variation durch zu viel Verkehr auf der Straße oder durch eine gleichmäßig große Anzahl an ein- und aussteigenden Passagieren.

De-Los-Santos u. a. (2012) beschreiben Robustheitsmaße für Schienennetzwerke. Die Maße werden aus der Sicht des Fahrgasts definiert. Die durchschnittliche Reisezeit sollte ihrer Ansicht nach bei Störungen nicht signifikant steigen. Dafür wird die Reisezeit des ganzen Systems gemessen und für jeden Link eine Störung im Modell eingebaut. Unterschieden wird dabei zwischen Störungen mit und ohne Ersatzverkehr. Das Robustheitsmaß wird basierend auf einer OD-Matrix berechnet. Bei Störungen ohne Ersatzverkehr muss ein Fahrgast sich eine neue Route mit den verbleibenden Verkehrsmitteln suchen. Dies kann die Auswahl deutlich einschränken. Beim Einsatz von Ersatzverkehr liegen in der Regel mehr Möglichkeiten vor. Ein Fahrgast kann nach wie vor auf seiner geplanen Route verkehren. Es ändern sich in aller Regel aber die Ankunftszeiten. Alternativ kann er trotzdem eine andere Route wählen.

Cats u. Jenelius (2014) untersuchen das Risiko einer großen Störung im ÖV-Netzwerk. Berdica (2002) definiert dies als Anfälligkeit. Zur Auswertung werden verschiedene Metriken definiert. Die Metriken beziehen sich auf die Auswirkungen auf das Netzwerk, die Fahrzeuge und die Fahrgäste. Als erstes Maß definieren sie die *Network Centrality*. Sie wird über den Anteil an Pfaden, die über eine zentrale Strecke gehen, definiert. Dazu werden alle kürzesten Wege zwischen allen Knotenpaaren berechnet. Dies ist jedoch sehr unrealistisch, da nicht jedes Knotenpaar gleich häufig genutzt wird. Es wird ebenfalls nur die kürzeste Route betrachtet.

Basierend auf der *Network Centrality* definieren sie eine Erweiterung aus Sicht der Betriebsgesellschaft, die *Centrality for Vehicles*. Sie berücksichtigt die Anzahl an Fahrzeugen, die die einzelnen Strecken bedienen. Diese Metrik ist abhängig von der Tageszeit, da nicht zu jeder Tageszeit gleich viele Fahrzeuge unterwegs sind. Die Auswirkungen auf Fahrzeuge werden über die Kosten der Fahrzeuge berechnet. Da sich Warte- und Fahrzeiten stochastisch bzw.

nachfrageabhängig verhalten, sind die Kosten von den Störungen abhängig. Die Dauer einer Störung spielt dabei ebenfalls eine Rolle.

Sie definieren ebenfalls eine Erweiterung aus Sicht der Fahrgäste, die *Centrality for Passengers*. Sie berücksichtigt die Anzahl an Fahrgästen, die auf einer Strecke fahren. Auch diese Metrik ist von der Tageszeit abhängig, da nicht zu jeder Zeit gleich viele Fahrgäste im ÖV unterwegs sind. Die Auswirkungen auf Fahrgäste werden als Änderungen im Wohlbefinden der Person definiert. Das Wohlbefinden wird dabei über alle Fahrgäste berechnet. Störungen können das Wohlbefinden ändern. Im wesentlichen ist Wohlbefinden als Kostenfunktion definiert. Diese besteht aus den Faktoren: Zeit im Fahrzeug, Wartezeit, Fußwegzeit und Anzahl an Umstiegen. Zur Berechnung der *Centrality for Passengers* ist die Nachfrage notwendig. Diese liegt in zeitabhängigen OD-Matrizen vor. Fahrgäste wählen eine Route abhängig von ihren Präferenzen. Die Ankunftszeit eines Fahrgasts an einer Haltestelle wird basierend auf einer Poisson-Verteilung bestimmt.

Cats u. Jenelius (2014) werten diese Metriken für die Schnellverbindungen in der Innenstadt von Stockholm aus. Diese beinhalten sieben Metro Linien, vier hochfrequentierte Hauptbuslinien und eine Stadtbahn. Die Nachfrage für die Experimente wird aus Daten an den Ein- und Ausgängen von Metrostationen, Fahrgastzählungen bei Umstiegen an Haltestellen und automatischen Fahrgastzählungen in den Bussen generiert. Die Haltestelle zu Haltestelle OD-Matrix wird durch Iterativ-Proportional-Fitting bestimmt.

In den Szenarien werden den Fahrgästen unterschiedliche viele Informationen zur aktuellen Verkehrslage zur Verfügung gestellt. Die Störungen werden basierend auf der *Centrality for Vehicles* und der *Centrality for Passengers* ausgewählt. Bei ihren Experimenten kommen sie zum Schluss, dass Fahrgäste in Störungssituationen komplexere Routen wählen. Es zeigt sich ebenfalls, dass bereits ohne Störung Unterschiede erkennbar sind. Diese führen sie auf die Dynamik des Systems bzw. die Interaktion zwischen Angebot und Nachfrage zurück.

2.3.3 Zusammenfassung und Resüme der Metriken

Die vorgestellten Metriken lassen sich auf unterschiedlichen Ebenen einsetzen. Die räumliche Ausdehnung spielt dabei ein wesentlicher Faktor. Die meisten Metriken lassen sich auf Systemebene, auf Ebene der Routen, Fahrten, Streckenabschnitte oder Haltestellen berechnen. Dazu gehören: die Fahrplantreue, die Regelmäßigkeit des Takts, die Variation der Reise- bzw. Fahrzeit und die Verlässlichkeit der Reise- bzw. Fahrzeit. Die durchschnittliche Geschwindigkeit lässt sich auf allen Ebenen mit Ausnahme der Haltestellen ermitteln. Die meisten Metriken verlieren allerdings auf höheren Ebenen und damit bei stärkerer Aggregation an Aussagekraft. Die durchschnittliche Geschwindigkeit auf Systemebene bietet deutlich weniger Information als auf Streckenebene.

Ein großer Mehrwert der meisten Metriken ist deren flexible Anwendbarkeit. Sie können sowohl in der Simulation wie auch auf reale Daten angewendet werden. Damit lässt sich ein neues Verkehrsangebot für der Umsetzung in der Simulation testen. Nach der Umsetzung lässt sich das Simulationsergebnis mit den gleichen Metriken wieder evaluieren. Einzige Ausnahme hiervon bildt die *Network Centrality* und die darauf aufbauenden Metriken *Centrality for Vehicles* und *Centrality for Passengers*. Diese dienen zur Identifikation von kritischen Stellen im Netz. Sie helfen bei der Beurteilung von Maßnahmen zur Stabilisierung des Verkehrsnetzes in Störungssituationen. In der Realität wären die Folgen einer Sperrung von Streckenabschnitten zu Untersuchungszwecken zu hoch.

Die gezeigten Metriken sind ebenfalls für unterschiedliche Anwender interessanter oder uninteressanter. Für Betriebsgesellschaften liefern alle Metriken auf geeigneter Aggregationsebene Hinweise auf problematische oder gut funktionierende Stellen im Netz. Betriebsgesellschaften können dabei in der Planung entsprechend eingreifen. Für Aufsichtsbehörden bzw. die Besteller des Verkehrs ist im Wesentlichen die Fahrplantreue und die Regelmäßigkeit des Takts relevant. Abhängig davon werden in der Regel die Zahlungen an das Verkehrsunternehmen gesteuert. Die Fahrplantreue bzw. die Regelmäßigkeit des Takts sind ebenfalls für die Fahrgäste relevant. Die Fahrplantreue ist dabei allerdings nur eingeschränkt relevant. Wichtiger für die meisten Fahrgäste ist die Verlässlichkeit des Angebots. Eine Abweichung vom Fahrplan wird von ihnen eher toleriert, wenn sie vorhersagbar ist. Daraus lässt sich schlussfolgern, dass die mittlere Abweichung vom Fahrplan eher akzeptiert wird, wenn die Streuung der Abweichung gering ist. Häufiger verkehrende Fahrgäste können dann einfacher mit dem gefahrenen Fahrplan planen.

Bei der Bewertung von Angeboten fällt auf, dass der Großteil der Metriken angebotsorientiert ausgewertet wird, da die Fahrzeugfahrzeiten genutzt werden. Nur in wenigen Studien wird die Reisezeit und damit die Nachfrage berücksichtigt. Beispiele hierfür sind der *Commuter-Centric Resilience Index* und die *Centrality for Passengers*. In beiden Fällen wird die Gewichtung anhand der Nachfrage vorgenommen.

Bei den gezeigten Metriken und Ansätzen zeigt sich, dass sowohl Störungen wie auch Dispositionen untersucht werden. Die Untersuchung konzentriert sich dabei im Wesentlichen auf den Bus- und Metrobetrieb. Der Straßenbahnbetrieb liegt jedoch zwischen dem Bus- und Metrobetrieb. Im Straßenbahnbetrieb finden wie im Busbetrieb Interaktionen mit anderen Verkehrsmittel statt, aber die Infrastruktur ist wie im Metrobetrieb begrenzt. Eine Analyse des Straßenbahnbetriebs könnte daher die Einflüsse auf Störungen in dieser Betriebsart veranschaulichen. Der Untersuchungszeitraum und das Untersuchungsgebiet sind bei den bisherigen Untersuchungen häufig noch begrenzt, z.B. auf eine Linie oder eine Auswahl von Haltestellen. Eine detaillierte Analyse eines Verkehrsnetzes eines Verkehrsmittels würde hier noch weitere Erkenntnisse zu den Zusammenhängen von Störungen liefern. Die Leitstelle eines Verkehrsbetriebs sorgt im Störungsfall für die Aufrechterhaltung des Betriebs, aber auch bereits bei kleineren Abweichungen kann die Leitstelle bereits eingreifen. Sie hat damit einen Einfluss auf das von den Fahrgästen wahrgenommene Angebot. Eine Analyse der Prozesse in Leitstellen und des Einsatzes von Dispositionsmaßnahmen im Betrieb kann daher helfen, den Einfluss der Leitstelle besser verstehen zu können.

3 Verkehrsnachfragemodelle

Nach Heggie (1978) und Mallig (2019) sind die Hauptaufgaben von Verkehrsmodellen, das Verkehrsverhalten zu verstehen, die Auswirkungen von Maßnahmen abzuschätzen und bei der Bemessung und Bewertung verschiedener Alternativen zu unterstützen. Mithilfe von Verkehrsmodelle können damit verschiedene Varianten evaluiert werden, bevor diese in der Realität umgesetzt werden. In der Vergangenheit wurde dafür das Vier-Stufen-Modell McNally (2000) zur Verkehrsnachfragemodellierung eingesetzt. Das Vier-Stufen-Modell besteht aus den Komponenten: Verkehrserzeugung, Verkehrsverteilung, Verkehrsaufteilung und Verkehrsumlegung.

Laut Mallig (2019) sind die Hauptkritikpunkte am Vier-Stufen-Modell die Aggregation auf Verkehrszellen und die fehlende Verhaltensorientierung. Aufgrund dessen wurde es, insbesondere im Forschungsumfeld, durch neuere Modellierungsarten abgelöst. Disaggregierte Verkehrsnachfragemodelle betrachten einzelne Personen und ihre Wechselwirkungen mit dem Verkehrssystem anstelle von ganzen Personengruppen. Durch die Modellierung einzelner Personen lassen sich diese auch räumlich disaggregiert betrachten. Verkehrliche Kenngrößen werden anschließend durch die Integration über die gesamte Bevölkerung ermittelt. Aktivitätenbasierte Verkehrsnachfragemodelle berücksichtigen das Verhalten der Personen indem sie Bedürfnisse in Form von Aktivitäten abbilden (Mallig 2019, Stopher u. a. 1996). Aktivitäten wiederum führen zu Ortsveränderungen. Die mikroskopische Verkehrsnachfragemodellierung erweitert den aktivitätenbasieten Ansatz durch die sequentielle Ausführung der Aktivitätenprogramme (Poeck u. Zumkeller 1976). Für jede Aktivität werden durch Individuen verschiedene Wahlentscheidungen getroffen. Zunächst werden nur die Zielwahl und Verkehrsmittelwahl durchgeführt. In späteren Modellen werden weitere Entscheidungen ergänzt, z.B. die Routenwahl.

3.1 Störungen und Dispositionen in Verkehrsnachfragemodellen

Verkehrsnachfragemodelle sind zur Bemessung bzw. Bewertung verkehrlicher Maßnahmen oder eines Verkehrssystems konzipiert. Dazu müssen sie die Verkehrssituation in ausreichender Detailtiefe abbilden. Störungen bzw. Abweichungen vom Idealzustand sind hauptsächlich durch die Interaktionen der Verkehrsteilnehmenden miteinander bedingt. Sie resultieren in längeren oder unzuverlässigeren Reisezeiten. Auswirkungen davon sind hauptsächlich in der Verkehrsmittel und Routenwahl entscheidend. Längere Reisezeiten können zur Wahl eines weniger betroffenen Verkehrsmittels führen. In der Routenwahl kann durch lange Reisezeiten auf einem Streckenabschnitt eine andere Route gewählt werden.

Die Interaktionen im MIV werden bereits durch verschiedene Modellierungsarten abgebildet. In makroskopischen Verkehrsmodellen werden Reisezeiten auf Strecken durch CR-Funktionen abgebildet. Je mehr Fahrzeuge sich auf einer Strecke befinden, desto höher ist die Reisezeit. Der Zusammenhang wird dabei exponentiell modelliert. Ist die Kapazität der Strecke erreicht, wird die Reisezeit extrem hoch. In mikroskopischen Verkehrsmodellen werden dazu Warteschlangen genutzt. Jede Strecke hat eine Kapazität in Form der Aufstellfläche für Fahrzeuge. Einfahrende Fahrzeuge werden zur Warteschlange hinzugefügt und in regelmäßigen Abständen verlässt ein Fahrzeug die Strecke bzw. Warteschlange. Die Verweildauer auf der Strecke wird dabei über die Länge, die Geschwindigkeit und die Anzahl an Fahrzeugen, welche die Strecke innerhalb einer definierten Zeit verlassen können, bestimmt. In makroskopischen und mikroskopischen Modellen lassen sich damit Stauzustände modellieren. Eine höhere Nachfrage führt zu längeren Reisezeiten. Streckensperrungen verhalten sich dabei vergleichbar zu einem Stau. Eine gesperrte Strecke kann nicht befahren werden. Die Reisezeit ist damit extrem hoch. Die Fahrzeuge vermeiden in der Routenwahl automatisch diese Strecke. Diese Art der Modellierung wird heute nicht nur in der Forschung sondern auch in der Planung eingesetzt.

Die Interaktionen im ÖV sind dabei komplexer. Im MIV ist die reine MIV-Nachfrage für die Reisezeit auf einer Strecke bestimmend. Im ÖV hat die Nachfrage in Form der Fahrgäste zwar einen Einfluss auf die Reisezeit in Form der Haltezeit, die Fahrzeit auf den Strecken ist aber nicht von dieser abhängig. Je nach Verkehrsmittel und Bevorrechtigung im Verkehr beeinflussen auch andere Verkehrsmittel die Fahrzeit. Busse fahren typischerweise im MIV. Ihre Fahrzeit ist damit abhängig von der Nachfrage im MIV. Die Komplette Reisezeit bestehend aus Fahrzeit und Haltezeit ergibt sich damit aus der Nachfrage im MIV und ÖV.

In Verkehrsnachfragemodelle werden die Reisezeiten im ÖV daher meist aus dem Fahrplan entnommen. In diesem werden die Fahr- und Haltezeiten entsprechend der Nachfrage definiert. Anschließend wird meist nach Fahrplan geplant ohne weitere Rückkopplung mit der MIV-Nachfrage. Ausnahmen hiervon bilden die Modellierung des öffentlichen Verkehrs in MATSim (Horni u. a. 2016) und BusMezzo (Cats u. a. 2010). Rieser (2016) beschreiben die Modellierung des öffentlichen Verkehrs in MATSim. Hierbei können Fahrzeuge des öffentlichen Verkehrs mit den Fahrzeugen des MIV zusammen umgelegt werden. Busse werden dadurch in Staus entsprechend verzögert. Dispositive Eingriffe beschränken sich auf die Regulierung der Zeiten. Neumann u. Nagel (2010) beschreiben eine Studie zum Halten von Bussen, allerdings ohne Interaktion mit dem MIV. BusMezzo wurde zur Evaluierung von Entscheidungen im Betrieb und der Planung entwickelt. Es erlaubt daher neben der Modellierung von Störungen auch dispositive Eingriffe (Cats u. a. 2010).

Die Betrachtung der realen Dynamik des ÖV aus Sicht der Betriebsgesellschaften ist dabei allerdings nur ein Aspekt. Ein weiterer wichtiger Aspekt ist die Auswirkungen der Verlässlichkeit auf die Entscheidungen der Personen. König u. Axhausen (2002) beschreiben die Problematik der Verlässlichkeit in einigen

Wahlmodellen, wie der Zielwahl oder der Verkehrsmittelwahl. In diesen Modellen geht typischerweise die durchschnittliche Reisezeit ein. Fahrgäste betrachten allerdings auch die Zuverlässigkeit der Ankunftszeit. König u. Axhausen (2002) führen verschiedene Stated-Preference Befragungen durch und stellen fest, dass die Verspätung an sich und ihre Dauer getrennt betrachtet werden müssen. Das Auftreten einer Verspätung unabhängig von ihrer Dauer hat einen größeren Einfluss als die Dauer der Verspätung. Sie legen allerdings auch dar, dass es bei der empirischen Erhebung der Zuverlässigkeit nach wie vor offene Fragestellungen gibt. Die Reaktion der Fahrgäste auf die Unzuverlässigkeit von Routen ist ein Beispiel hierfür. Fahrgäste können ihren Weg zuverlässiger gestalten, indem sie z.B. ihre Abfahrtszeit verschieben. Eine vergleichbare Fragestellung untersuchen Schreiber (2018) und Jensen (2021) mit unterschiedlichen Methodiken. Sie führen Revealed-Preference und Stated-Preference-Erhebungen zum Einfluss der Zuverlässigkeit in der Routenwahl durch. Dabei wird ersichtlich, dass die Erfahrung mit Störungen einen Einfluss auf das Wahlverhalten hat. Weitere Erhebungen zur genauen Spezifikation und damit zur Integration in die Modellierung des Verkehrs sind allerdings noch notwendig.

3.2 mobiTopp und die ÖV-Erweiterung

mobiTopp ist ein agentenbasiertes Verkehrsnachfragemodell und modelliert jede Person, jeden Haushalt und jeden Pkw in einem Planungsgebiet (Mallig u. a. 2013, Mallig u. Vortisch 2017). Personen werden dabei als Agenten repräsentiert, welche selbstständig Entscheidungen treffen. Die Entscheidungen werden abhängig von der aktuellen Situation, den Eigenschaften des Agenten und in der Interaktion mit anderen Agenten getroffen. mobiTopp ist damit ein agentenbasiertes Verkehrsnachfragemodell wie von Bonabeau (2002) definiert. Agenten in mobiTopp folgen einem Aktivitätenprgramm, welches sie sequentiell ausführen. Während der Ausführung des Aktivitätenprogramms wählen die Agenten für jede Aktivität einen Ort und ein Verkehrsmittel aus. In der Regel werden hierzu in beiden Fällen Discrete-Choice-Modelle genutzt.

mobiTopp besteht aus einem Langzeitmodul und einem Kurzzeitmodul. Im Langzeitmodul werden langfristige Entscheidungen der Agenten getroffen. Dazu wird im ersten Schritt eine Bevölkerung erzeugt. Personen und Haushalte werden abhängig von gegebenen Strukturdaten aus einer Stichprobe der Bevölkerung erzeugt. Die Eigenschaften der Personen und Haushalte – Alter, Einkommen, usw. – werden dabei aus der Stichprobe übernommen. Der Wohnort ergibt sich aus den Strukturdaten. Im zweiten Schritt wird jeder Person ein Aktivitätenprogramm zugewiesen. Dies kann entweder ein erhobenes Aktivitätenprogramm oder ein synthetisch erzeugtes Hilgert u. a. (2017) sein. Aktivitätenprogramme können von beliebiger Länge sein, müssen aber immer montags starten. Typischerweise werden Aktivitätenprogramme für einen Tag oder eine Woche erzeugt. Im dritten Schritt werden Ziele für Aktivitäten gewählt, die immer am selben Ort stattfinden. Dies ist prinzipiell für alle Aktivitätstypen möglich. Normalerweise wird dies allerdings nur für Arbeit und Bildung durchgeführt. Im abschließenden vierten Schritt werden die Mobilitätswerkzeuge zugewiesen. Dazu gehören der Pkw-Besitz im Haushaltskontext, der ÖV-Zeitkartenbesitz und die Mitgliedschaft bei Sharinganbietern. Die Reihenfolge der Modellierung beeinflusst die zur Verfügung stehenden Eigenschaften in den nachfolgenden Wahlmodellen. Wird bspw. zu erst der Pkw-Besitz bestimmt, kann das anschließende ÖV-Zeitkartenbesitzmodell diese Information nutzen.

Mithilfe des Langzeitmoduls wird eine Bevölkerung generiert und der Untersuchungsraum definiert. Im anschließenden Kurzzeitmodul werden alle Agenten chronologisch simultan verarbeitet. Jeder Agent führt sein Aktivitätenprogramm aus und wählt nacheinander ein Ziel und ein Verkehrsmittel für seine nächste Aktivität. In der Zielwahl wählt ein Agent zunächst aus allen Verkehrszellen seine Zielzelle aus. Innerhalb der Zielzelle wird dann eine der Örtlichkeiten als konkretes Ziel gewählt. In der Verkehrsmittelwahl wählt der Agent aus den ihm in der aktuellen Situation zur Verfügung stehenden Verkehrsmitteln. In der Basisversion unterstützt mobiTopp die fünf Verkehrsmittel: Fuß, Fahrrad, Pkw (fahrzeugführend), Pkw (mitfahrend) und ÖV. Fahrrad und Pkw (fahrzeugführend) sind als feste Verkehrsmittel definiert. Einem Agenten stehen diese Verkehrsmittel nur zur Verfügung, wenn er zu Hause ist und ein Pkw im

Haushalt verfügbar ist oder der Agent bereits auf dem vorhergehenden Weg dieses Verkehrsmittel genutzt hat. Ein Pkw ist verfügbar, wenn der Haushalt mindestens einen Pkw besitzt und die anderen Haushaltsmitglieder nicht bereits alle Pkw des Haushalts nutzen. Wählt ein Agent auf dem ersten Weg von zu Hause Fuß, Pkw (mitfahrend) oder ÖV kann er auf allen weiteren Wegen bis zu Hause beliebig zwischen diesen Verkehrsmitteln wechseln. Ein Wechsel auf Fahrrad oder Pkw (fahrzeugführend) ist nicht möglich, da der Agent das entsprechende Fahrzeug nicht von zu Hause mitgenommen hat. Eine Routenwahl findet in der Basisversion nicht statt. Die Agenten werden unter Berücksichtigung der Reisezeit ohne Interaktion mit anderen Agenten an ihr Ziel befördert. Die Reisezeit stammt dabei aus Reisezeitmatrizen.

Abbildung 3.1 zeigt das Verhalten eines Agenten als Zustandsgraph. Nach dem Einlesen der Eingabedaten befinden sich alle Personen in dem Zustand *not yet initialized.* Sie werden daher alle initial einmal bearbeitet. Dazu beginnt jede Person die erste Aktivität ihres Aktivitätenprogramms *execute activity.* Aus der Dauer der Aktivität wird der Zeitpunkt des nächsten Zustandswechsels bestimmt. Nach dem Ende der Aktivität findet der nächste Zustandswechsel zu *make trip* statt. Hierbei wird wie beschrieben die Ziel- und Verkehrsmittelwahl durchgeführt. Sollte ein Weg mit einem Fahrzeug stattfinden, wird dieses zu Beginn dieses Zustands für die Person festgelegt. Es steht ab diesem Zeitpunkt bis zur Rückgabe anderen Personen nicht mehr zur Verfügung. Die Reisezeit aus der Reisezeitmatrix bestimmt die Dauer des Wegs und damit den Zeitpunkt des nächsten Zustandswechsels. Nach Beendigung des Wegs ist die Person am Ort der nächsten Aktivität angekommen. Sie führt dieses nun aus. Zwischen diesen beiden Zuständen wird solange gewechselt, solange noch Aktivitäten im Aktivitätenprogramm existieren. Nach dem Ausführen der letzten Aktivität wechselt eine Person in den Zustand *finished.* Sie wird nun nicht mehr weiter vom Kurzzeitmodul verarbeitet.

Durch die festen Zeiten von Aktivitäten und den vordefinierten Reisezeiten aus Matrizen steht jeweils während des Zustandswechsels bereits der Zeitpunkt des nächsten Zustandswechsels fest. Die Zustandswechsel sind damit unabhängig von der Interaktion mit anderen Personen. Für den jeweils nächsten Zustandswechsel

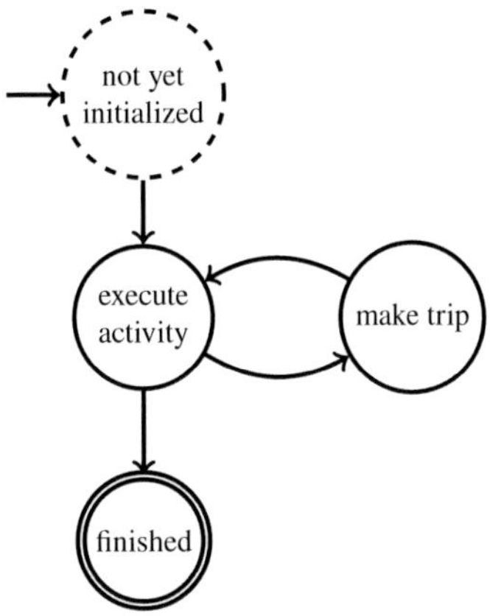

Abbildung 3.1: Zustandsgraph zur Beschreibung des Verhaltens von Personen in mobiTopp nach Mallig u. Vortisch (2015)

wird der Zeitpunkt und die Person in einer globalen Warteschlange abgelegt. Die Warteschlange wird chronologisch im Minutenraster abgearbeitet. Abbildung 3.2 zeigt dies.

mobiTopp ist modular aufgebaut. Dies ermöglicht ein Austauschen sämtlicher Entscheidungsmodelle sowie eine Erweiterung mit neuen Funktionen. Als Entscheidungsmodelle werden in aller Regel Logit-basierte Discrete-Choice-Modelle verwendet. Diese können aber durch regelbasierte Ansätze ergänzt werden. In (Schlaich u. a. 2011) wird die Stabilität in der Zielwahl erhöht, indem abhängig von einer Wahrscheinlichkeit zwischen einem bereits besuchten und einem neuen Ziel unterschieden wird. Puhe u. a. (2020) erhöhen ebenfalls die Stabilität in der Zielwahl. Sie schränken die Anzahl der zur Verfügung stehenden Ziele in der Zielwahl regelbasiert über die Soziodemographie ein.

Zur Basisversion von mobiTopp existieren auch eine Reihe von Erweiterungen. Mallig u. a. (2015) und Weiss u. a. (2017) erweitern mobiTopp um Elektromobilität. Dabei werden Elektro- und Hybridfahrzeuge sowie Ladestationen ergänzt. Ein Fahrzeug kann an öffentlichen, teil-öffentlichen oder privaten Ladestationen geladen werden. Das Modell berechnet als Ergebnis die Ladeleistung der einzelnen Ladestationen und Fahrzeuge.

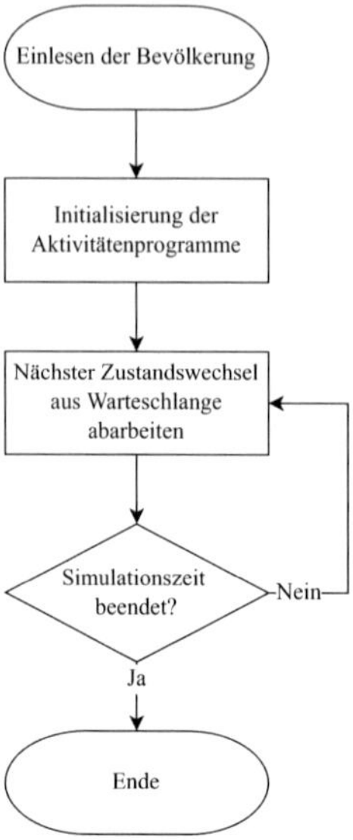

Abbildung 3.2: Abarbeitung der Aktivitätenprogramme in mobiTopp.

Heilig u. a. (2015, 2018) beschreiben die Modellierung von Carsharing als zusätzliches Verkehrsmittel. Dabei werden die beiden Carsharingarten stationsbasiert und free-floating umgesetzt. Für stationsbasiertes Carsharing wird das Modell um Stationen erweitert. Carsharingfahrzeuge werden zu Simulationsstart einer Station zugewiesen. Stationen sind genau einer Verkehrszelle zugewiesen. Free-floating Fahrzeuge werden zu Simulationsstart einer Verkehrszelle zugewiesen. Personen können bei beiden Arten Fahrzeuge ausleihen, solange diese in ihrer Zelle verfügbar sind. Diese Erweiterung ergänzt auch die Interaktion zwischen den Agenten. Während in der Basisversion Interaktionen nur bei der Pkw-Nutzung innerhalb des Haushalts stattfinden, werden Carsharingfahrzeuge von Personen unterschiedlicher Haushalte ausgeliehen. Personen unterschiedlicher Haushalte beeinflussen damit gegenseitig die Alternativen in der Verkehrsmittelwahl. Carsharingstationen und -fahrzeuge können zusätzlich unterschiedlichen Betriebsgesellschaften zugeordnet werden. Die Mitgliedschaft einer Person bei einem Carsharinganbieter beeinflusst damit, ob Carsharing zur Verfügung steht.

Die Modellierung von Bikesharing als zusätzliches Verkehrsmittel funktioniert analog zur Carsharingmodellierung.

Mallig u. Vortisch (2015) modelliert das Verkehrsmittel Pkw (mitfahrend) detaillierter. Abgebildet werden gemeinsame Fahrten mit gleichem Start und Ziel. Über eine Vermittlungsplattform werden Mitfahrwünsche an Fahrende vermittelt. Bei entsprechender zeitlicher Übereinstimmung wird das Aktivitätenprogramm des Mitfahrenden an die Zeiten des Fahrenden angeglichen. Die Fahrt kann gemeinsam stattfinden.

Wilkes u. a. (2019) setzen auf dem Sharinggedanken von Carsharing und des Mitfahrens auf und fügt Ride-Hailing und Ride-Pooling als Verkehrsmittel hinzu. (Klein-) Busse mit einstellbarer Kapazität verkehren eigenständig im Netz. Personen stellen Mitfahrwünsche für eine Fahrt alleine in einem Fahrzeug (Ride-Hailing) oder gemeinsam mit anderen (Ride-Pooling). Sollte ein passendes Fahrzeug verfügbar sein, kann der Mitfahrwunsch erfüllt werden. Dazu wird die Route des Fahrzeugs entsprechend angepasst. Die Reisezeit der Personen im Fahrzeug kann sich dadurch bis zu einer konfigurierbaren Größe erhöhen. Bei Ride-Pooling wird versucht die Fahrzeuge möglichst effizient zu nutzen und damit einen sinnvollen Besetzungsgrad zu erreichen. Es kann aber trotzdem vorkommen, dass Fahrgäst trotzdem alleine verkehren.

Mit Bikesharing, Carsharing, Ride-Hailing und Ride-Pooling wird mobiTopp um alle aktuell relevanten Verkehrsmittel erweitert, einzig E-Scooter sind noch nicht detailliert modelliert. Hierfür kann aber bei Bedarf die Modellierung von Bikesharing und Carsharing entsprechend ergänzt werden. Wörle u. a. (2021) erweitern mobiTopp um intermodalen Verkehr. Dieser wird bestimmt über mehrere verschiedene Verkehrsmittel auf einem Weg. So kann bspw. der Zugangsweg zum ÖV mit dem Fahrrad durchgeführt werden und der Abgangsweg mit Bikesharing. Hierzu sind die verfügbaren Verkehrsmittelkombinationen und deren Umsteigepunkte vor Beginn der Simulation zu konfigurieren. mobiTopp führt dann entsprechend der Verkehrsmittelkombination Teilwege mit den einzelnen Verkehrsmitteln durch. Dabei wird zu Beginn des Wegs sicher gestellt, dass alle Verkehrsmittel auf dem Weg verfügbar sind. Wird Bikesharing auf dem Abgangsweg gewählt, wird bereits zu Beginn des Gesamtwegs ein Fahrrad reserviert.

Je nach Untersuchungsgebiet wird die Verkehrsnachfrage nicht nur durch die Einwohner des Planungsraums definiert, sondern auch durch einreisende Personen. Ulrich u. a. (2022) erweitert mobiTopp um verschiedene Arten von einreisenden Personen. Dabei wird zwischen Eintagestouristen, Mehrtagestouristen, Eintagesgeschäftsreisenden und Mehrtagesgeschäftsreisenden unterschieden. Das Langzeitmodul wird hierzu um weitere Entscheidungsmodelle ergänzt. Für die Einreisenden wird zusätzlich die Anreisezelle, der Anreisezeitpunkt und die Unterkunftszelle bestimmt. Während dem Kurzzeitmodul können die Einreisenden im Wesentlichen wie die Einwohner behandelt werden. Eine Unterscheidung in der Ziel- oder Verkehrsmittelwahl ist jedoch möglich.

Reiffer u. a. (2021a) und Reiffer u. a. (2021b) kombinieren den Personenverkehr mit dem Wirtschaftsverkehr. Ihr Ansatz umfasst die Zustellung von Paketen. Personen aus dem Planungsraum werden zu Arbeitnehmenden von Paketdienstleistern. Ihr Arbeitsaktivität wird in Auslieferaktivitäten unterteilt. Die Auslieferung kann an den Arbeits- oder Wohnort erfolgen. Eine Zustellung an den Arbeitsort ist erfolgreich, wenn die Person gerade arbeitet. Eine Zustellung an den Wohnort ist erfolgreich, wenn die Person oder ein Haushaltsmitglied gerade zu Hause sind. Sollte dies nicht der Fall sein, kann das Paket bei Nachbarn abgegeben werden. Sind auch diese nicht zu Hause, wird das Pake in eine Packstation gebracht.

Wie bereits beschrieben existiert in der Basisversion von mobiTopp keine Routenwahl. Briem u. a. (2019) koppelt daher mobiTopp mit der MIV-Umlegung von MATSim. Aufgrund der unterschiedlichen Methodiken wird dafür zunächst das komplette Kurzzeitmodul von mobiTopp ausgeführt. D.h. es werden alle Aktivitäten im Untersuchungszeitraum ausgeführt. Anschließend wird das Untersuchungsgebiet und die MIV-Wege der Agenten in MATSim überführt. In MATSim wird die Routenwahl durchgeführt und anschließend neue Reisezeitmatrizen für mobiTopp berechnet. Mit diesen kann anschließend wiederum das Kurzzeitmodul von mobiTopp ausgeführt werden. Diese Schleife wird solange iteriert, bis sich die Nachfrage oder die Reisezeiten auf den Relationen nicht mehr ändern.

Seit Briem u. a. (2017) und Briem u. a. (2020b) steht eine ÖV-Routenwahl für mobiTopp zur Verfügung. Hierbei wird sowohl das Fahrzeug wie auch das Fahrgastverhalten abgebildet. Der Fahrplan in mobiTopp besteht aus den Komponenten *stop*, *connection* und *journey*. Haltestellen (*station*) werden als eine Menge von *stops* modelliert, welche wiederum als Bahn- bzw. Bussteigkanten betrachtet werden können. Umsteigebeziehungen zu anderen *stops* werden als Nachbarschaft modelliert. Eine Nachbarschaft ist eine Menge von Fußwegen zu anderen *stops*. Haltestellen dienen lediglich als Einstiegspunkt in die Routensuche. Eine *connection* ist die direkte Verbindung zwischen zwei *stops* mit einer festen Abfahrts- und Ankunftszeit. Eine *journey* ist eine Menge von *connections* und charakterisiert eine Fahrt zwischen zwei Endhaltestellen. Eine *journey* wird durch die Kapazität und ein Verkehrssystem definiert. Für jede *journey* wird im Kurzzeitmodul ein Fahrzeug mit den entsprechenden Eigenschaften erzeugt. Aus den *connections* einer *journey* werden die Reihenfolge der anzufahrenden *stops* und die Fahrzeit zwischen diesen für das Fahrzeug ausgelesen. Aus der Differenz zwischen der Ankunfts- und der Abfahrtszeit an einem *stop* ergibt sich die Haltezeit des Fahrzeugs.

Die Abarbeitung der Ereignisse von Personen wird dabei angepasst. Abbildung 3.3 zeigt die erweitere Verarbeitung. Neue Schritte sind farblich gekennzeichnet. Vor der Verarbeitung von Ereignissen von Personen kommen zunächst alle Fahrzeuge an ihren nächsten Haltestellen an. Anschließend werden alle Personenereignisse verarbeitet und damit alle Zustandswechsel mit den entsprechenden Aktionen durchgeführt. Dabei findet auch der Fahrgastwechsel statt. Sowohl die Fahrten der Fahrzeuge wie auch die Routen der Personen werden durch den Fahrplan definiert. Ankunfts- und Abfahrtszeiten sind damit jederzeit bekannt. Nach der Abarbeitung der Personenereignisse fahren die Fahrzeuge wieder an ihren Haltestellen ab. Hierbei wird die Abfahrtszeit der Fahrzeuge laut Fahrplan berücksichtigt. Fahrzeuge mit Standzeit bleiben entsprechend lange an der Haltestelle stehen.

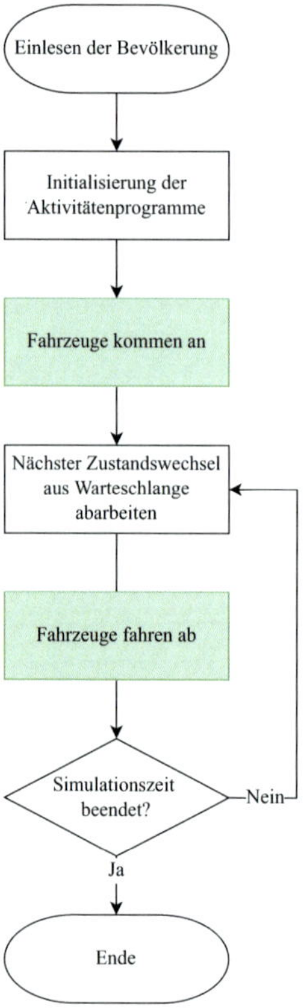

Abbildung 3.3: Abarbeitung der Ereignisse mit aktivierter ÖV-Umlegung. Zusätzliche Arbeitsschritte sind farblich gekennzeichnet.

Wählen Personen den ÖV wird der Zustand *make trip* aus Abbildung 3.1 durch einen erweiterten Zustandsgraphen ersetzt. Dieser ist in Abbildung 3.4 dargestellt. Er beginnt mit *use public transport* und endet mit *leave public transport*. Die Kreise bilden die Zustände ab. Kreise mit durchgezogener Umrandung – *wait for vehicle* und *ride vehicle* – sind Zustände, die länger andauern. Zustände mit gestrichelter Umrandung sind Zwischenzustände ohne Dauer. Sie dienen zur Ausführung verschiedener Aktionen. Im Zustand *use public transport* sucht die Person eine Route von ihrer aktuellen Position zum Ziel. Hierbei kommt der Connection-Scan-Algorithmus wie in Dibbelt u. a. (2013), Briem u. a. (2017)

und Briem u. a. (2020b) beschrieben zum Einsatz. Es werden Fußwege zu verschiedenen Start- und Zielhaltestellen sowie Umstiege zwischen Haltestellen berücksichtigt. Die Route mit der frühesten Ankunftszeit wird gewählt. Nachdem die Route gefunden wurde, bewegt sich die Person zur Starthaltestelle. Dort wartet sie auf ihr Fahrzeug – *wait for vehicle*. Sobald ihr Fahrzeug an der Haltestelle ankommt, versucht die Person einzusteigen – *try boarding*. Ist die Kapazitätsbeschränkung aktiviert, kann das Fahrzeug das Zusteigen der Person ablehnen, wenn es breits voll ist. Ist dies nicht der Fall, kann die Person einsteigen und mitfahren – *ride vehicle*. Ist das Fahrzeug bereits voll besetzt, sucht die Person eine neue Route ausgehend von ihrer aktuellen Haltestelle. Sie kehrt anschließend in den Zustand *wait for vehicle* zurück und wartet wiederum auf ihr Fahrzeug. Die Person verbleibt solange im Fahrzeug bis sie ihren nächsten Umstieg oder die Zielhaltestelle erreicht hat. In beiden Fällen verlässt sie das Fahrzeug. Hat sie ihre Zielhaltestelle erreicht bewegt sie sich zu ihrem Ziel. Steigt die Person um, geht sie zu ihrer nächsten Haltestelle und wartet dort wiederum auf ihr nächstes Fahrzeug.

In der Modellierung des ÖV in mobiTopp wird ebenfalls, wie in anderen Modellierungen davon ausgegangen, dass der Fahrplan gefahren wird, wie er geplant wurde. Eine Interaktion zwischen den Agenten findet jedoch bereits statt, da volle Fahrzeuge Agenten am Zustieg hindern. Agenten müssen demnach eine neue Route suchen. Eine verspätete Ankunft an einer Umsteigehaltestelle hat bei bereits abgefahrenem Folgefahrzeug den gleichen Effekt. Eine Modellierung von Verspätungen analog zur Kapazitätsbeschränkung bietet sich daher an.

Abbildung 3.4: Zustandsgraph des Verhaltens von Fahrgästen nach Briem u. a. (2017, 2020b)

4 Analyse von Störungen und Dispositionen im ÖPNV

Zur qualitativen Erhebung des Dispositionsprozesses existieren bisher nur wenige Studien in der Literatur, z.B. (Carrel u. a. 2010) zur Disposition von Störungen im Metro- oder U-Bahnbetrieb. Für eine möglichst vollumfängliche Erhebung der Dispositionsprozesse innerhalb einer Leitstelle des ÖPNV wurden daher verschiedene Methoden eingesetzt. Auf der einen Seite werden qualitative Erhebungen innerhalb von Leitstellen durchgeführt und auf der anderen Seite werden die Daten einer Leitstelle bzgl. der vorhandenen Störungen und Dispositionsmaßnahmen untersucht.

4.1 Qualitative Erhebung des Störungsmanagements

Die qualitative Erhebung der Prozesse und Abläufe innerhalb von Leitstellen wurde in zwei Teile getrennt. Zum einen wurde eine Interviewstudie mit Disponierenden einer Leitstelle durchgeführt. In dieser wurden die Disponierenden abseits ihrer Arbeit interviewt. Zum anderen wurde eine Studie in verschiedenen Leitstellen im laufenden Betrieb durchgeführt. In dieser wurden Vorgesetzte und Ausbildende zu den allgemeinen Prozessen interviewt und Disponierende bei ihrer Arbeit beobachtet.

4.1.1 Interviewstudie in der Leitstelle der VBK

Diese Studie wurde bereits in (Briem u. a. 2020a, Lange 2019) veröffentlicht. In der Literatur sind nur wenige Untersuchungen vorhanden, die das Verhalten von Disponierenden einer ÖPNV-Leitstelle betrachten. Es war daher unklar, in welchem Maße sich die Antworten verschiedener Disponierenden unterscheiden. Aus diesem Grund wurde die Erhebung als leitfadengestützte Interviewstudie durchgeführt. Der dafür entwickelte Fragebogen wurde nach (Flick u. a. 2015) erstellt. Der Fragebogen diente den Interviewenden als Unterstützung während den Interviews.

4.1.1.1 Aufbau

Der Fragebogen besteht aus Haupt- und Nebenfragen und ist in drei Teile gegliedert. Die Hauptfragen behandeln den Dispositionsprozess. Die Nebenfragen dienen zur thematischen Vertiefung, wenn es dem Interviewer sinnvoll erscheint. Der erste Teil enthält allgemeine Fragen zur Person; der zweite Teil enthält die inhaltlichen Fragen zum Dispositionsprozess; der dritte Teil enthält weitere Anmerkungen zum Dispositionsprozess, fehlende Themen sowie allgemeine Hinweise. Der gesamte Fragebogen ist in Anhang A zu finden.

Im Allgemeinen sind es die Disponierenden nicht gewohnt über ihre Arbeit interviewt zu werden. Der erste Teil des Fragenbogen diente daher als einfacher Einstieg in das Interview mit einfach zu beantwortenden Themen. Vor den Interviews wurde davon ausgegangen, dass verschiedene Eigenschaften von Disponierenden ihre Entscheidungen maßgeblich beeinflussen, z.B. die Erfahrung im Fahr- oder Dispositionsdienst. Der Teil beinhaltete daher auch Fragen dazu.

Der zweite Teil war unterteilt in mehrere Abschnitte. Im ersten Abschnitt sollten die Disponierenden den Dispositionsprozess anhand einer kürzlich erlebten Störung beschreiben. Die Disponierenden wurden gebeten, die Störungssituation bzw. das Störungsmanagement der Situation so genau wie möglich zu beschreiben und dabei auf folgende Fragen einzugehen:

- Welche Maßnahmen waren verfügbar?
- Warum wurden die gewählten Maßnahmen gewählt?
- Welche Gründe sprachen gegen andere Maßnahmen?
- Welche Faktoren beeinflussten die Wahl dieser Maßnahme?
- Welche weiteren Faktoren wurden berücksichtigt?
- Wie häufig kommt diese Störung vor?

Aufbauend auf einer konkreten Situation wurden die Disponierenden im zweiten Abschnitt zum allgemeinen Prozess, den theoretisch zur Verfügung stehenden Dispositionsmaßnahmen und ihren Pflichten befragt. Dies sollte den Handlungsspielraum zusammen mit limitierenden Faktoren bestimmen. Dazu sollten die Disponierenden vertiefend auf folgende Fragen eingehen:

- Mit welchen Herausforderungen sind sie täglich konfrontiert?
- Welche Dispositionsmaßnahmen nutzen sie häufig und warum?
- Wann und warum ziehen sie andere Disponierende hinzu?
- Wie lange dauert es, wieder in den Normalbetrieb zurück zu kommen?
- Was schränkt sie bei der Wahl der Dispositionsmaßnahmen ein?

Im letzten Abschnitt des zweiten Teils wurden die Disponierenden nach den Zusammenhängen zwischen Störungsarten und den darauffolgenden Dispositionsmaßnahmen befragt. Dieser Abschnitt beschäftigte sich dabei mit häufig vorkommenden Störungen und häufig gestörten Streckenabschnitten. Weiterhin wurden die Einflussfaktoren auf die Wahl der Dispositionsmaßnahme gefragt und in welchem Maße für häufige Störungen vordefinierte Störungsszenarien herausgearbeitet und angewendet werden. Der Vergleich des ersten Abschnitts mit den letzten beiden sollte es uns ermöglichen, Unterschiede zwischen und Anpassungen an Situationen herauszufinden.

Der letzte Teil des Fragebogens geht über den Dispositionsprozess hinaus. Die Disponierenden sollten wichtige Fähigkeiten für ihren Beruf nennen. Anschließend hatten sie noch die Gelegenheit Verbesserungsvorschläge für weitere Interviews zu geben oder Themen zu nennen, die wichtig sind, aber nicht im Interview behandelt wurden. Tabelle 4.1 zeigt den gesamten Aufbau des Fragebogens.

Tabelle 4.1: Aufbau des Fragebogens, nach (Briem u. a. 2020a, Lange 2019)

Teil 1: Person		
• Alter • Erfahrung • Intrinsische Motivation		
Teil 2: Störungsmanagement		
Abschnitt 1: Konkrete Situation	**Abschnitt 2: Allgemeiner Prozess**	**Abschnitt 3: Zusammenhänge**
• Störungssituation • Gewählte Dispositionsmaßnahme • Einflussfaktoren und Einschränkungen	• Verfügbare Dispositionsmaßnahmen • Einschränkungen • Weitere Aufgaben	• Zusammenhänge zwischen Störungen und Dispositionsmaßnahmen • Häufige Störungen • Häufig gestörte Abschnitte
Teil 3: Weitere Themen		
• Verbesserungsvorschläge zum Interview • Fehlende Themen		

4.1.1.2 Durchführung

Die Erhebung wurde in der Leitstelle der Verkehrsbetriebe Karlsruhe (VBK) durchgeführt. In der Leistelle arbeiten 35 Disponierende, welche für den Betrieb der Fahrzeuge in der Stadt Karlsruhe verantwortlich sind. Während der Hauptverkehrszeit arbeiten vier Disponierende; zwei kommunizieren mit den Fahrenden, einer ist für das Betriebshofmanagement eines Betriebshofs zuständig und der vierte informiert die Fahrgäste über dynamische Fahrgastanzeiger, Durchsagen und die Webseite bzw. Social Media. Während der Hauptverkehrszeit sind ca. 200 Straßenbahnen und ca. 60 Busse im Betrieb. Durch die Nutzung des Karlsruher Modells, auch Tram-Train-System genannt, fahren Züge aus dem Umland durch die Innenstadt auf den selben Gleisen wie die Straßenbahnen. Die Disponierenden müssen daher auch die Fahrzeuge aus dem Umland entgegennehmen und wieder an die Leitstellen des Umlandes abgeben. Disponierende der Leitstelle in Karlsruhe müssen pro Jahr mindestens 20 Stunden Straßenbahn oder Bus fahren. Die Disponierenden bleiben dadurch auf dem aktuellen Stand über Änderungen im Netz und damit auch über Möglichkeiten und Einschränkungen verschiedener Dispositionsmaßnahmen.

Im Rahmen der Studie wurden fünf Disponierende befragt. Alle hatten unterschiedlich viel Erfahrung im Dispositionsdienst, angefangen von wenigen Jahren bis hin zu einigen Jahrzenten. Drei der Disponierenden arbeiteten regelmäßig in der Leitstelle, während die verbleibenden zwei als Springer bzw. Aushilfe auf Abruf bereitstanden, regulär aber anderen Tätigkeiten nachgingen. Die Interviews wurden direkt nach der Morgenschicht durchgeführt. Die Disponierenden hatten dadurch keinen Druck möglichst schnell wieder zurück zur Arbeit zu gelangen. Die beiden Springer wurden während ihrer regulären Arbeitszeit befragt. Die Interviews dauerten zwischen 30 und 70 Minuten. Während den Interviews wurden die Interviewten gebeten, die Fragen so detailliert wie möglich zu beantworten, um ein möglichst großes Verständnis für die Arbeit der Disponierenden erlangen zu können. Die Interviews wurden sowohl aufgezeichnet und transkribiert.

4.1.1.3 Auswertung

Nach der Transkription wurden die Interviews zur inhaltlichen Strukturierung der Antworten zu ähnlichen Themen mithilfe einer strukturierenden Inhaltsanalyse nach Flick u. a. (2015) bzw. einer Kategorisierung nach Kuckartz (2014) strukturiert und analysiert. Die Texte wurden dazu zu Haupt- und Unterkategorien zugeteilt, um Erkenntnisse anschließend mit einzelnen Beispielen zeigen zu können. Dabei liesen sich drei Hauptkategorien bestimmen: Einflussfaktoren und Einschränkungen, Dispositionsprozess, sonstige Themen. Die ersten beiden Kategorien betreffen den Dispositionsprozess selbst, während die dritte Kategorie weiterführende Themen bündelt, die wenig mit dem Dispositionsprozess selbst verbunden sind und daher nicht weiter betrachtet werden. Die Hauptkategorien lassen sich thematisch wie in Tabelle 4.2 weiter in mehrere Unterkategorien aufteilen.

Tabelle 4.2: Gruppierung der Haupt- und Nebenkategorien zur Klassifikation der Informationen der Disponierenden, nach (Briem u. a. 2020a, Lange 2019)

Einflussfaktoren und Einschränkungen	**Dispositionsprozess**	**Sonstige Themen**
Interne Faktoren und Einschränkungen	Beschreibung einer Störung	Andere Aufgaben
Externe Faktoren und Einschränkungen	Gewählte Dispositionsmaßnahme	Notwendige Fähigkeiten
Merkmale einer Störung	Besonderheiten	
Einflussfaktoren und Einschränkungen durch Dispositionsmaßnahmen		
Kommunikation		

4.1.1.4 Ergebnisse

Zunächst beschrieben alle Disponierenden den allgemeinen Dispositionsprozess ähnlich. Die Menge an genutzten Einflussfaktoren und berücksichtigten Informationen variiert allerdings mit der Erfahrung der Disponierenden. Erfahrene Disponierende berücksichtigten mehr Zusatzinformationen und unter Umständen auch Informationen, welche nicht aus dem ITCS kommen.

> *"... Ich schalte dann einfach mal das GoogleMaps auf, mit den Verkehrslagen. (...) Ist die Südtangente verstopft, ist die Autobahn verstopft. Wenn ich dann sehe, dass die A8 nach Stuttgart verstopft ist, dann ist es nur noch eine Frage der Zeit bis die Südtangente Richtung Osten auch verstopft ist. (...) Dann kann ich schon einmal langsam rangehen, an den Bus, zum Beispiel der 47, und fragen: Wie ist der Verkehr? ... "* (Disponent:in D – erfahren)

Zudem fiel bei der Beschreibung der konkreten Situationen auf, dass die tägliche Erfahrung wichtig für den Detailgrad der Informationen war. So haben die Disponierenden, welche im Regelbetrieb in der Leitstelle arbeiten, konkrete Situationen deutlich detaillierter beschrieben, als Disponierende, welche nur als Springer arbeiten und deren letzte Schicht länger zurück lag. Disponierende, welche als Springer arbeiten, beschrieben mehr den allgemeinen Prozess und weniger die konkrete Situation.

Die Antworten der Disponierenden wurden einer der Kategorien aus Tabelle 4.2 zugeordnet und ausgewertet. Dabei zeigt sich, dass die wichtigsten *internen Faktoren und Einschränkungen* gesetzliche Vorgaben für Fahrende sind. Disponierende müssen bei der Wahl der Dispositionsmaßnahmen die Fahr- und Ruhezeiten der Fahrenden berücksichtigen. Eine Überschreitung der Zeiten ist nicht erlaubt, auch wenn dies für die Fahrgäste von Vorteil wäre.

Eine weitere kritische Einschränkung ist die Übergabe eines Fahrzeugs zwischen Fahrenden. Ein Fahrzeug darf an keiner Stelle im Netz auf das Fahrpersonal warten, insbesondere nicht, wenn Fahrgäste an Board sind. Sollte sich die Übergabe eines Fahrzeugs zwischen zwei Fahrenden an einen anderen Ort verlagern, hat dies unter Umständen Auswirkungen auf spätere Übergaben am Tag. Disponierende müssen daher den Schicht- und Einsatzplan der Fahrenden bei ihren Entscheidungen berücksichtigen. Dies wird für die Disponierenden einfacher, wenn Ersatzfahrende zur Verfügung stehen. Zum Zeitpunkt der Erhebung war die Situation der verfügbaren Fahrenden aufgrund eines hohen Krankenstands jedoch sehr angespannt. Dies hatte zur Folge, dass nicht immer Ersatzfahrende zur Verfügung standen. Im Vergleich dazu wurden Ersatzfahrzeuge nicht als Problem genannt. Es kann daher davon ausgegangen werden, dass genug Fahrzeuge zur Verfügung standen.

Weiterhin ist die Infrastruktur eine Einschränkung für die Disponierenden. Sie bestimmt den Aktionsradius und damit die möglichen Dispositionsmaßnahmen maßgeblich. Im Straßenbahnbetrieb sind die Einschränkungen hier schwerwiegender als im Busbetrieb. Im Busbetrieb kann fast jede Straße für eine Umleitung genutzt werden. Im Straßenbahnbetrieb müssen Schienen und Weichen eine alternative Route ermöglichen. Die Disponierenden kennen jedoch die Infrastruktur sehr gut und können ihre Entscheidungen dementsprechend anpassen.

Der letztgenannte interne Faktor sind die Dispositionsmaßnahmen selbst. Eine Dispositionsmaßnahme auf einer Linie beeinflusst in der Regel auch andere Linien, z.B. kann eine Umleitung einen anderen Streckenabschnitt überlasten, welcher dann wiederum gestört ist.

> *"... wenn man jetzt alle Linien über die Schillerstraße (...) Wir haben dort einen eingleisigen Streckenabschnitt. Wenn wir dort die Linie S5, S2, S1/11, die Linie 2 (...) S51/52 (...). Wenn wir die alle – fünf Linien in jeder Richtung – durch einen eingleisigen Streckenabschnitt (...). Dann würde es einen Stau geben, wahrscheinlich bis zum Albtalbahnhof, Entenfang und Städtisches Klinikum."* (Disponent:in B)

> *" ... d.h. wir mussten im Prinzip (...) den Bahnhof abhängen. (...) Dann hatten wir als Alternative alles über das Konzerthaus abgeleitet, damit der Weg nicht ganz so weit war bis zum Bahnhof. (...) Dort ist uns dann zeitgleich der Strom ausgefallen, wegen einer Überlastung. (...) D.h. alles durch die Innenstadt, bzw. alles stand im Stau. "* (Disponent:in D)

Die größten *externen Faktoren und Einschränkungen* sind die Fahrgäste selbst. Disponierende versuchen wann immer möglich, im Sinne der Fahrgäste zu handeln und diese den betrieblichen Kosten vorzuziehen. Dies gilt insbesondere in Situationen, in denen ein Linienast länger nicht bedient werden konnte. In solchen Situationen werden nicht alle Bahnen kurzgewendet, auch wenn diese stark verspätet sind und dadurch wieder in der Zeit wären. Es ist wichtiger, die Fahrgäste auf diesem Linienast zumindest zeitweise zu befördern. Von Fahrgästen wird diese fahrgastfreundliche Disposition allerdings recht selten wahrgenommen, da diese nur ihre verspätete oder ausgefallene Bahn sehen. Informationen an die Fahrgäste zu leiten wird daher von den Disponierenden als besonders wichtig eingestuft.

> *" Mein Hauptaugenmerk ist, dass ich die Betriebsstörung so löse, dass es für den Fahrgast am angenehmsten ist. "*
> (Disponent:in B)

> *" Ein Extremfall ist bei uns die S2 (...) nach Spöck. Weil wir dort Takte haben wie alle 40 Minuten und wenn dann mal ein oder zwei Bahnen fehlen. Dann ist dort eine extreme Lücke. Dann kommt es auch einmal vor, dass wir sagen (...). Wir haben ja eine lange S2 und eine kurze S2, die eine fährt nach Spöck, die andere fährt nach Blankenloch und eine weitere fährt zum Reitschulschlag. (...) Dann kann es auch einmal vorkommen, dass der eine – der eigentlich nur zum Reitschulschlag fahren sollte – durch einen Ausfall zweier Bahnen vor ihm, dass er dann (...) die Fahrt nach Spöck übernehmen muss. Dann wird dieser aber auf dem Rückweg noch einmal speziell behandelt, indem wir diesem auf dem Rückweg*

verkürzen. Weil er dadurch auch eine Verspätung bekommt. Diese ist aber dann von uns gewollt. Einfach um die Fahrgäste einmal nach Spöck bringen zu können. " (Disponent:in C)

" Wir versuchen aber dann immer nach Möglichkeit (. . .). Sagen wir einmal für den Fahrgast und für den Kunden (. . .) das Bestmögliche herauszuholen. Natürlich bekommt dieser es dann nicht mit, der sieht nur, dass sein Zug ausgefallen ist. " (Disponent:in D)

Neben den Informationen, die an die Fahrgäste nach draußen gehen, sind auch die ankommenden Informationen sehr wichtig für die Disponierenden. Disponierende sind selbst nicht vor Ort und daher auf die Informationen, die sie durch die Fahrenden erhalten, angewiesen. In einzelnen Situationen können Fahrende die Situation nicht komplett überblicken oder sind gar mit ihr überfordert. Dies kann zu inkonsistenten Informationen führen. In solch einer Situation senden Disponierende einen Verkehrsmeister vor Ort, um einen besseren Überblick über die Lage zu bekommen. Die Informationen, welche der Leitstelle zur Verfügung stehen, sind daher eine weitere externe Einschränkung bei der Disposition.

Der letzte große externe Einflussfaktor ist der MIV. Während Buslinien im Netz von Karlsruhe keine eigenen Busspuren haben, sind die größten Teile des Straßenbahnnetzes auf besonderem Bahnkörper. Die Stellen mit Überschneidungen mit dem MIV sind deutlich anfälliger für Störungen. Dies sind vornehmlich Knotenpunkte mit dem MIV auf welchen die Bahnen auf straßenbündigem Bahnkörper verkehren. Disponierende kennen das Netz sehr gut, daher sind diese Stellen insbesondere erfahrenden Disponierenden bekannt.

Die *Merkmale einer Störung* liefern weitere Einschränkungen und Einflussfaktoren. Dabei hat zuallererst die Schwere einer Störung einen erheblichen Einfluss auf deren Dauer und damit auf die Zeit, in der Dispositionsmaßnahmen angewendet werden müssen. Unfälle mit Personenschaden dauern bspw. deutlich länger als technische Störungen, welche direkt durch die Fahrenden behoben werden können. Weiterhin hat der Ort einer Störung einen Einfluss auf das

Ausmaß der Einschränkungen, insbesondere im schienengebundenen Verkehr. So ist eine Störung innerhalb der Stadt mit vielen Linien und einer hohen Taktdichte aus betrieblicher Sicht deutlich schwerwiegender als im Umland mit wenigen Linien und einer geringen Taktdichte. Für die Fahrgäste hat jedoch die Störung im Umland eine größere Bedeutung, da hier im Vergleich zur Stadt wenige alternative Verbindungen existieren. Die möglichen Dispositionsmaßnahmen sind daher durch die Charakteristika des Umlandes eingeschränkt.

> *" Wenn ich eine Störung habe (. . .) im Außenstadtbereich (. . .) dann wirkt sich dies auf die Fahrgäste immens aus. Weil eventuell dann kein Fahrzeug kommt und die Fahrgäste dann auch keine Möglichkeit haben auf ein anderes Fahrzeug zurückzugreifen. Wenn es im Innenstadtbereich passiert ist das Ausmaß für uns groß. Da wir viele Linien haben, die wir dann Umleitung fahren lassen müssten. Aber für die Fahrgäste ist dies nicht so schlimm, weil Sie innerhalb kürzester Meter die Möglichkeit haben in ein anderes Fahrzeug derselben Linie, auf einem anderen Weg zurückzugreifen. "*
> (Disponent:in B)

Dispositionsmaßnahmen selbst haben ebenfalls Einfluss auf die Situation bzw. schränken die weiteren Möglichkeiten ein. Eine der am häufigsten genutzte Dispositionsmaßnahmen ist die Umleitung. Hier bevorzugen die meisten Disponierenden den Regelfahrweg so spät wie möglich zu verlassen und so früh wie möglich wieder auf diesen zurück zu kehren. Damit werden die Auswirkungen für die Fahrgäste und den Betrieb gleichermaßen so gering wie möglich gehalten.

> *" Danach kommt die Umleitung. (. . .) Unser Leitfaden ist immer (. . .) so spät wie möglich die Fahrzeuge von den eigentlichen Linien weg herauszunehmen und so früh wie möglich wieder in den Linienweg zurück . . . . "* (Disponent:in C)

Weiterhin wird ebenfalls versucht, wenn möglich die Fahrtzeitabweichung passend zur Fahrplanzeit zu gestalten. Hiermit sollten umgeleitet Fahrzeuge davon abhalten werden, andere Fahrzeuge der gleichen Linie zu überholen, wenn die Umleitung bspw. eine Abkürzung ist. Diese Situationen werden immer dann problematisch, wenn Fahrende dadurch zu früh oder spät bei ihrer nächsten Ablösestelle sind. Zusätzlich ist es gerade im Stadtgebiet schwierig außerhalb der ursprünglichen Abfahrtszeit zu fahren, da auf Streckenabschnitten, welche von mehreren Linien genutzt werden, ebenfalls andere Linien davon betroffen sein könnten. Dadurch würde sich die Störung weiter als notwendig im Netz ausbreiten.

Die *Kommunikation* ist der letztgenannte Einflussfaktor. Dies betrifft sowohl die Kommunikation zwischen Disponierenden und Fahrenden wie auch zwischen Disponierenden und anderen Abteilungen bis hin zu Ämtern. Die Kommunikation zu Fahrenden besteht dabei hauptsächlich aus dem Informationsaustausch zur aktuellen Situation und zu aktuell eingesetzten Dispositionsmaßnahmen. Fahrende werden bspw. angehalten, ihren Fahrstil anzupassen, falls diese zu früh oder zu spät sind und es die Situation erlaubt. Mit Ämtern und Behörden der Stadt wird versucht langfristig problematische Stellen im Netz zu identifizieren und zu entschärfen. Die Kommunikation unter den Disponierenden wird zum Wissenstransfer genutzt. Nicht jeder Disponierende erfährt jede Situation, daher ist es wichtig den Kollegen für die Wiederkehr einer Störung das letzte Vorgehen zu schildern, damit diese eine vergleichbare Situation auch in Zukunft gut oder besser lösen zu können.

In der zweiten Hauptkategorie *Dispositionsprozess* beschreiben die Disponierenden, dass die gebräuchlichste Dispositionsmaßnahme die Umleitung ist, gefolgt von der Kurz- bzw. Langwende. Die Umleitung wird dabei häufig zu Beginn einer Störung genutzt, um keinen Bahnstau zu verursachen. Die Kurz- bzw. Langwende wird am Ende einer Störung genutzt, um wieder in den Regelfahrplan zu überführen, oder später am Tag, um Fahrzeuge wieder in die richtige Reihenfolge zu bekommen. Die beschriebenen Situationen zeigen ebenfalls, dass obwohl die Situation ähnlich erscheint, es kleine Unterschiede gibt. Die meisten Unterschiede ergeben sich bei den zusätzlichen Aufgaben, die Disponierende zu erledigen haben, z.B. die Polizei oder den Rettungswagen zu rufen. Für ein gutes Verständnis ist es daher sinnvoll verschiedene Situationen mit Dispositionsbedarf zu beobachten, um daraus die Gemeinsamkeiten und Unterschiede heraus zu arbeiten. Weiterhin hat sich herausgestellt, dass es sinnvoller ist, Disponierende zunächst nach einer konkreten Situation und anschließend nach dem allgemeinen Prozess zu befragen. Dadurch werden die einzelnen Situationen detaillierter dargestellt. Dies ist insbesondere bei erfahrenen Disponierenden zu empfehlen. Diese berücksichtigen im Allgemeinen während der Disposition mehr Details, haben aber auch schon mehr Störungssituationen gesehen, die sich sehr ähnlich sind. Dadurch können sie den Dispositionsprozess bereits weiter abstrahieren als unerfahrene Disponierende.

4.1.2 Erhebung Leitstellen weltweit

Das folgende Kapitel wurde bereits im Rahmen von (Briem u. a. 2022) veröffentlicht. Die Erhebung der Prozesse innerhalb der Leitstelle während des laufenden Betriebs, insbesondere der Dispositionsprozess, basiert auf zwei unterschiedlichen Methodiken: Interviews mit Vorgesetzten und Ausbildenden von Disponierenden sowie der Beobachtung von Disponierenden bei ihrer Arbeit.

4.1.2.1 Interviews mit Vorgesetzten und Ausbildenden von Disponierenden

Ziel der Interviews mit den Vorgesetzten bzw. Ausbildenden der Disponierenden war es, die grundlegenden Dispositionsprozesse zu verstehen, um in nachfolgenden Besuchen der Leitstelle die Konzentration gezielt auf die Unterschiede und Besonderheiten der einzelnen Situationen lenken zu können. Es wird wie bereits in Kapitel 4.1.1 ein leitfadengestütztes Interview angewandt, welches in verschiedene Abschnitte unterteilt war. Dazu wurde der in Anhang B dargelegte Fragebogen genutzt.

In den ersten beiden Abschnitten wurde das Vorgehen bei einem konkreten Störfall schrittweise behandelt. Der Fokus lag dabei auf den verwendeten Werkzeugen und der Kommunikation bzw. der Aufgabenaufteilung zwischen den Disponierenden. Im Anschluss daran wurde der Begriff *Vorfall* bzw. *Störung* definiert. Zur Definition gehörten die für die Disposition notwendigen Informationen sowie deren Herkunft und Verlässlichkeit. Der Block schloss mit den eingesetzten Kommunikationskanälen zwischen Fahrenden und Disponierenden sowie der Dauer zwischen dem Auftreten eines Vorfalls und dessen Bekanntwerden in der Leitstelle.

Der folgende Abschnitt behandelt häufige und selten Vorfälle. Dazu sollten einzelne Vorfälle und deren Häufigkeit genannt werden. Passend zur genannten Situation sollte anschließend der Entscheidungsprozess, die verfügbaren Informationen, mögliche Maßnahmen sowie die Zeit von der ersten Benachrichtigung bis zur ersten Maßnahme beschrieben werden. Dabei sollte insbesondere auf die vorhandenen Informationen und deren Nützlichkeit eingegangen werden. In diesem Abschnitt wird ebenfalls die Nachbereitung der Vorfälle thematisiert.

Aufbauend auf konkreten Situationen wurde im vierten Abschnitt auf die Handlungsmöglichkeiten von Disponierenden und die allgemeinen Prozesse eingegangen. Einschränkungen und Möglichkeiten innerhalb eines Tages waren dabei genauso wichtig, wie der Einfluss des Ortes oder des aktuellen Systemzustands. Eine wichtige Maßnahme für Fahrgäste ist die Sicherung von Anschlüssen. Diese ist gleichzeitig jedoch eine Herausforderung für die Disponierenden. Daher wurde der Einfluss der Anschlusssicherung hier explizit angesprochen.

Der fünfte Abschnitt behandelt die Kommunikation mit den Fahrgästen. Hier sind die Informationskanäle und die mitgeteilten Informationen von besonderem Interessen. Zum Schluss dieses Abschnitts dürfen die Interviewten noch Wünsche äußer, wie ihrer Ansicht nach die Information der Fahrgäste noch weiter verbessert werden kann.

Disponierende haben in ihrer Arbeit viele verschiedene Dispositionsmaßnahmen zur Verfügung. Eine Übersicht darüber wird in Kapitel 2.2 beschrieben. Diese Maßnahmen sind abstrakt definiert und müssen daher immer an die Gegebenheiten vor Ort angepasst werden. Ziel des sechsten Abschnitts war es daher, ob und in welcher Art die angepassten Dispositionsmaßnahmen innerhalb der Leitstelle dokumentiert und strukturiert werden. Sollten die Maßnahmen dokumentiert werden, wurde die Verwendung der Dokumentation im täglichen Betrieb erfragt. Sind Prozesse dokumentiert, liegt es auch nahe, diese zu automatisieren. Daher wurden die Interviewten in diesem Abschnitt ebenfalls zur Automatisierung in der Leitstelle befragt.

Nicht immer verkehrt in einem ÖV-Netz nur eine Betriebsgesellschaft. Sind mehrere Betriebsgesellschaften aktiv, kann eine Kommunikation zwischen diesen sinnvoll sein. Daher wurde im siebten Abschnitt explizit auf die Kommunikation zwischen den verschiedenen Betriebsgesellschaften eingegangen.

Eine mögliche Dispositionsmaßnahme nach Kapitel 2.2 ist die Verlagerung auf Ersatzverkehr oder andere Verkehrsmittel. Der achte Abschnitt behandelte daher diese Möglichkeiten. Dabei war die Kommunikation mit anderen Betriebsgesellschaften bzw. Unternehmen und den Fahrgästen von Interesse. Wichtig bei der Kommunikation mit den Passagieren war dabei, welche Informationen gesendet werden, über welche Kanäle die Fahrgäste informiert werden und welche Informationen die Disponierenden gerne weiterleiten würden.

Zum Abschluss des Fragebogens wurde allgemein über die aktuelle Arbeit der Disponierenden sowie deren Wünsche für die Zukunft diskutiert. Hierbei spielte die Aus- und Weiterbildung der Disponierenden eine wesentliche Rolle.

4.1.2.2 Beobachtungen der Disponierenden in der Leitstelle

Der Dispositionsprozess wird, wie bereits in Kapitel 4.1.2.1 beschrieben, an die tatsächlich auftretenden und zu disponierenden Gegebenheiten angepasst. Daher wurde im Anschluss an die Befragung der Vorgesetzten und Ausbildenden von Disponierenden die Leistelle selbst besucht. Hierbei wurden die Disponierenden mehrere Stunden während ihrer Arbeit beobachtet. Der Fokus lag dabei auf der Beobachtung der Anpassungen des allgemeinen Prozesses an die aktuelle Situation sowie die mit der jeweiligen Situation einhergehenden Einschränkungen und Möglichkeiten der Disponierenden. Die Beobachtungen wurden während der Morgen- oder Nachmittagsspitzenstunde durchgeführt, da hier mit den meisten

Störungen gerechnet wurde. Während den Beobachtungen konnten einige kleinere und größere Vorfälle dokumentiert werden. Da die Beobachtungen direkt in der Leitstelle durchgeführt wurden, konnten, sofern es die Situation erlaubte, direkte Rückfragen an die Disponierenden gestellt werden. In Fällen, in denen es die Situation nicht zuließ, wurden mögliche Fragen gestellt, sobald dies wieder möglich war. In Zeiten mit wenigen oder keinen Vorfällen, konnten zusätzlich einzelne Fragen des Fragebogens aus Kapitel 4.1.2.1 an die Disponierenden gerichtet werden. Der direkte Kontakt mit den Disponierenden ermöglichte zusätzlich, die gesamte Kommunikation der Disponierenden untereinander und mit anderen Parteien zu beobachten.

4.1.2.3 Durchführung

Die Erhebung wurde in Leitstellen von vier Städten in Deutschland sowie in Singapur durchgeführt. Der Fokus der Erhebung lag auf dem Straßenbahn- und Busverkehr. In den Leitstellen arbeiteten während der Hauptverkehrszeit zwischen vier und 30 Disponierende gleichzeitig. Diese hatten zwischen 150 und 3.000 Fahrzeuge zu koordinieren. In einzelnen Leitstellen wurden die Linien auf die einzelnen Disponierenden aufgeteilt. In den anderen Leitstellen wurden alle Linien gemeinsam von allen Disponierenden koordiniert. In diesem Fall nimmt der erste freie Disponierende den Anruf entgegen.

4.1.2.4 Aufbau einer Leitstelle

Die Disponierenden einer Leitstelle sitzen zusammen in einem Raum. Nimmt eine Person einen Anruf entgegen, können dadurch in der Regel alle anderen Disponierenden mithören und die Kommunikation zwischen den Disponierenden kann direkt erfolgen. Jeder Dispositionsarbeitsplatz besteht dabei aus einer größeren Menge an Monitoren, auf denen die Disponierenden verschiedene Informationen zum aktuellen Betrieb anzeigen können. Dies geschiet in allen besuchten Leitstellen durch ein ITCS. Das ITCS zeigt den Disponierenden dabei die Abweichungen aller Fahrzeuge von ihrer Fahrplanzeit an. Zusätzlich informiert es die Fahrenden über ihre aktuelle Fahrplanabweichung. Das ITCS dient zusätzlich auch zur Kommunikation zwischen Fahrenden und Disponierenden.

4.1.2.5 Allgemeiner Dispositionsprozess und beteiligte Personen

Disponierende, welcher hauptsächlich den Betrieb überwachen sowie zwischen den Fahrenden und weiteren beteiligten Personen koordinieren, werden im folgenden *allgemeine Disponierende* genannt. Allgemeine Disponierende nutzen das ITCS zur Überwachung des aktuellen Systemzustands. Sobald Fahrende einen Vorfall bemerken, senden sie einen Sprechwunsch an die Leitstelle. In den meisten Fällen nimmt eine Person diesen Sprechwunsch an und bearbeitet den Vorfall wie in Abbildung 4.1 dargestellt. Die Kommunikation zwischen Fahrenden und Disponierenden findet per Funk statt. Das Funksystem ist in das ITCS integriert. Nachdem die Fahrenden instruiert wurden, geschieht die Kommunikation mit weiteren Beteiligten, wie Rettungskräften und Verkehrsmeistern, per Telefon. Sobald diese den Vorfallsort erreichen, übernehmen sie vor Ort die Koordination und informieren die Leitstelle über die aktuelle Lage. Die Leitstelle passt daraufhin ihre Maßnahmen an und benachrichtigt die Fahrenden per Funk. Bis der Vorfall beendet ist, beobachtet die Leitstelle weiter mithilfe der Fahrenden die Situation und passt die Maßnahmen unter Umständen an. Sobald der Vorfall beendet ist, trifft die Leitstelle Maßnahmen zur geregelten Rückkehr in den geplanten Zustand.

Neben der Rolle des allgemeinen Disponierenden erfüllen Disponierende in einer Leitstelle verschiedene weitere Rollen. Je nach Größe und Infrastruktur eines Verkehrsbetriebs erfüllt ein Disponierender eine oder mehrere Rollen. Jede Rolle kann dabei auch mehrfach besetzt sein. Die Aufgaben der einzelnen Rollen sind im Folgenden kurz zusammengefasst.

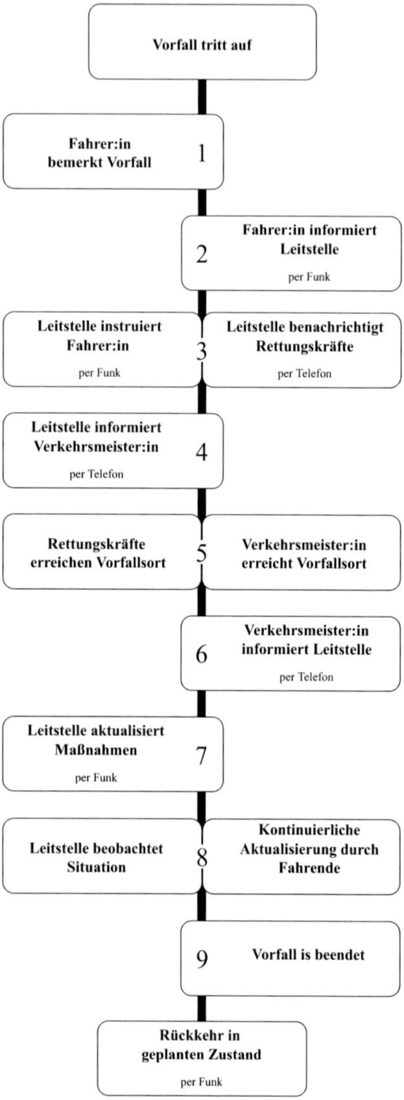

Abbildung 4.1: Allgemeiner Ablauf einer Disposition vom Auftreten eines Vorfalls bis zur Rückkehr in den geplanten Normalzustand, nach (Briem u. a. 2022)

4.1.2.5.1 Allgemeine Disponierende

- Koordination und Überwachung der sich im Betrieb befindenden Fahrzeuge
- Kommunikation mit den Fahrenden
- Kommunikation mit weiteren Beteiligten (z.B. Polizei, Rettungskräfte, Verkehrsmeister)

4.1.2.5.2 Personaldisponierende

- Verwaltung und Bereitstellung von Fahrenden
- Suche von Ersatz- und Reservefahrenden für ausfallende Fahrende
- Koordination der Fahrzeugübergabe zwischen zwei Fahrenden

4.1.2.5.3 Betriebshofdisponierende

- Bereitstellung von Fahrzeugen
- Fahrwegstellung innerhalb des Betriebshofs, falls nicht bereits automatisiert
- Koordination mit der Werkstatt

4.1.2.5.4 Fahrgastinformationsdisponierende

- Zusammenfassung der Auswirkungen der aktuellen Störung auf das Angebot für Fahrgäste
- Veröffentlichung der Informationen über dynamische Fahrgastanzeiger und Social Media
- Kommunikation mit dem Servicetelefon

Neben den Disponierenden werden auch Fahrende in unterschiedliche Kategorien unterschieden. Erstens, aktuell Fahrende sind Personen, die für diesen Tag eine geplante Abfolge von Fahrten übernehmen sollen. Ersatzfahrende sind Personen, welche im Betriebshof oder an einer geeigneten Stelle im Netz auf ihren Einsatz warten. Kommt es zu Personalausfällen, werden Ersatzfahrende eingesetzt. Reservefahrende sind Personen, die abseits des Betriebs, z.B. zu Hause, darauf warten einen Fahrenden zu ersetzen. Sie sind in Rufbereitschaft, benötigen aber eine gewisse Zeit bis sie eingesetzt werden können. Reservefahrende kommen z.B. bei einem erhöhten Krankenstand oder einer größeren Störung zum Einsatz.

4.1.2.6 Anruftypen

Die Kommunikation zwischen Fahrenden und der Leitstelle wird in den meisten Fällen von den Fahrenden angestoßen. Diese senden einen Sprechwunsch an die Leitstelle. Der Sprechwunsch wird dabei in verschiedene Anruftypen eingeteilt: Überfallruf, Unfallruf, Fehlende Ablöse und Allgemeiner Vorfall. Die Priorität des Anrufs nimmt in der Reihenfolge der Nennung ab. Bis auf *Fehlende Ablöse* werden alle Anrufe vom allgemeinen Disponierenden angenommen, diese wird vom Personaldisponierenden angenommen. Sollte während der Annahme eines Anrufs ein zweiter Disponierender verfügbar sein, hört dieser mit und unterstützt bei Bedarf. Der Disponierende, welcher den Anruf entgegen nimmt, bleibt verantwortlich für diesen Vorfall, bis dieser abgeschlossen ist oder er den Vorfall an andere Disponierende abgibt. Während des Vorfalls nutzen Disponierende verschiedene Dispositionsmaßnahmen, wie sie in Kapitel 2.2 beschrieben sind, um die Situation möglichst angenehm für die Fahrgäste zu gestalten. Dazu beobachten sie die Situation bis diese beendet ist und passen die eingesetzten Dispositionsmaßnahmen entsprechend an. Am Ende des Vorfalls führen sie den Betrieb wieder in den Normalzustand zurück und dokumentieren den Vorfall im Betriebsmeldesystem. Dabei werden der Disponierende, der Fahrende, die Linie, der Kurs, eine Beschreibung des Vorfalls sowie die durchgeführten Dispositionsmaßnahmen festgehalten. Abbildung 4.2 stellt den gemeinsamen Ablauf aller Anruftypen dar.

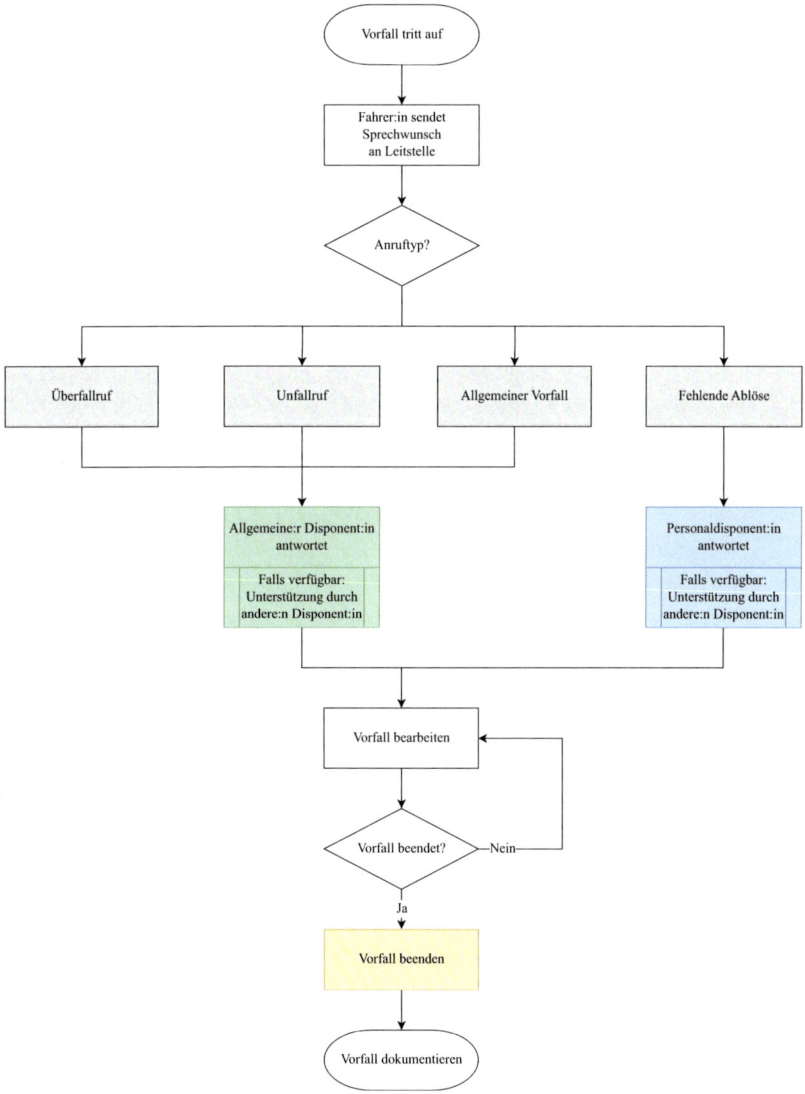

Abbildung 4.2: Ablauf eines Anrufs durch den Fahrenden in der Leitstelle, nach (Briem u. a. 2022)

4.1.2.6.1 Überfallruf Der Überfallruf wird vom Fahrenden ausgelöst, wenn entweder er selbst oder ein Fahrgast bedroht wird, siehe Abbildung 4.3. Aufgrund der unklaren Situation vor Ort, hat dieser Anruftyp die höchste Priorität. Sobald ein Disponierender den Anruf entgegen nimmt, öffnet sich automatisch ein Kanal in das Fahrzeug, welcher der Leitstelle erlaubt mitzuhören. Der Disponierende hört zunächst mit und beurteilt die Situation. Anschließend benachrichtigt er die Polizei und schildert die Situation so genau wie möglich. Die Polizisten können dadurch bereits die Situation vor Ort einschätzen, bevor sie dort angekommen sind. Die Situation kann dadurch evtl. schneller und ohne Personenschaden gelöst werden.

Nehmen die Disponierenden beim Hören eine Verletzung des Fahrenden, eines Fahrgasts oder eines unbeteiligten Dritten wahr, wird zusätzlich der Rettungsdienst verständigt. Dies ist ein Anruf, welcher häufig von einem zweiten Disponierenden übernommen werden kann, solange der erste Disponierende noch mit der Polizei telefoniert. Zusätzlich wird ein Verkehrsmeister zum Vorfall geschickt. Dieser kann zum einen die Polizei unterstützen, zum anderen aber auch den Fahrenden. Fahrende können durch eine Überfallsituation nicht nur physisch verletzt werden. In vielen Fällen belastet eine solche Situation auch die Psyche der Fahrenden. Der Verkehrsmeister kann hier bereits den Fahrenden unterstützen und erste Hilfe leisten. Weiterhin informiert der Verkehrsmeister die Leitstelle über die aktuelle Situation. Wichtig hierbei ist, ob der Fahrende weiterfahren kann, abhängig von seiner Verletzung oder seines psychologischen Zustands. Sollte ein Fahrender nicht mehr weiterfahren können, wird der Personaldisponierende informiert. Dieser sucht umgehend nach einem Ersatzfahrenden.

Während die Polizei vor Ort versucht die Situation zu deeskalieren, beurteilt der Disponierende die Auswirkungen auf weitere vorbeifahrende Fahrzeuge. Sollten diese Schaden nehmen oder Stehenbleiben müssen, leitet er diese um oder lässt sie auf beiden Seiten des Vorfallsorts vorher Kurzwenden. Sobald die Situation deeskaliert wurde und das Fahrzeug durch seinen Fahrenden oder einen Ersatzfahrenden weiterfahren kann, nimmt der Disponierende alle

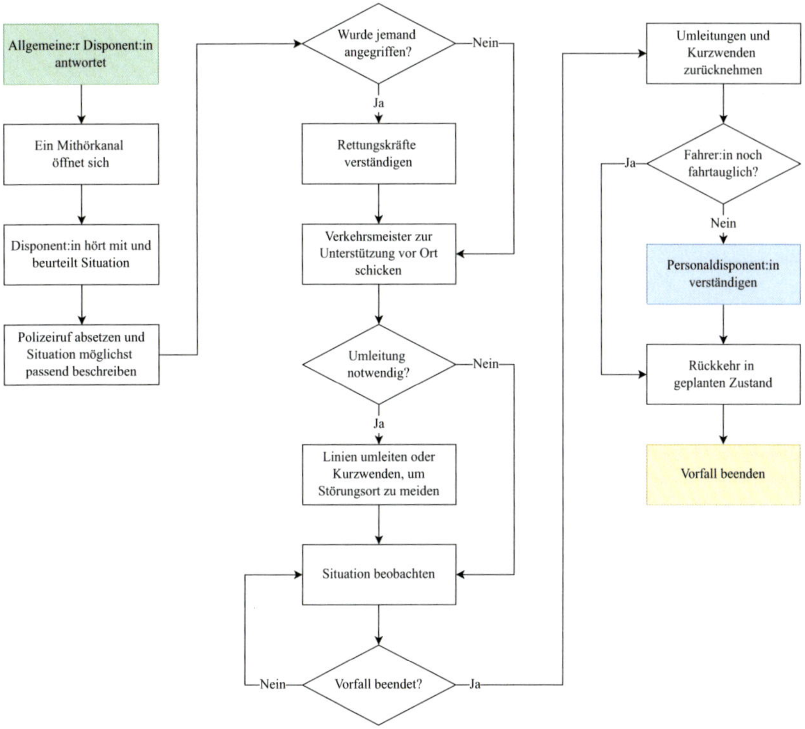

Abbildung 4.3: Ablauf des Überfallrufs, nach (Briem u. a. 2022)

Dispositionsmaßnahmen zurück. Der Betrieb wird wieder in den geplanten Zustand zurückgeführt.

Eine Überfallsituation kann unterschiedliche Auswirkungen auf den Betrieb haben, je nachdem welche Betriebsart betroffen ist. Im Busbetrieb kann es sein, dass lediglich eine Haltestelle nicht angefahren werden kann. Alle Fahrzeuge können jedoch über einen kurzen Umweg um die Stelle herum fahren. Die ausgelassene Haltestelle wird dann temporär auf der Umleitung eingerichtet. Die Auswirkungen für Fahrgäste sind dadurch eher gering. In schienengebundenen Systemen sind die Auswirkungen meist deutlich größer. Die betroffene Bahn blockiert den Streckenabschnitt und nachfolgende Bahnen können nicht einfach vorbeifahren. Umleitungen und Gleiswechsel sind nur an deutlich weniger Stellen möglich, als dies im Busbetrieb der Fall ist. Die Auswirkungen auf die Fahrgäste sind sowohl während der Situation größer als auch während der Rückführung in den geplanten Betrieb, da diese typischerweise länger dauert.

4.1.2.6.2 Unfallruf Im Gegensatz zum Überfallruf öffnet sich nach der Annahme des Unfallrufs ein bidirektionaler Kanal zwischen Leitstelle und Fahrzeug. Wie in Abbildung 4.4 dargestellt nennt der Fahrende zunächst seine Linie und seinen Kurs. Anschließend fragt der Disponierende zuerst nach der Anzahl der verletzten Personen, deren Verletzung sowie deren Zustand. Bei einem Unfall kommt es häufig vor, dass Personen verletzt wurden. In solchen Fällen muss umgehend der Rettungsdienst verständigt werden, um weiteren Schaden von den Personen abzuwenden. Sollte aus der Unfallbeschreibung hervorgehen, dass die Polizei oder die Feuerwehr notwendig sind, so werden auch diese direkt benachrichtigt. Zusätzlich dazu wird ein Verkehrsmeister vor Ort geschickt, sollte dies notwendig sein. Wie im Überfallruf, unterstützt der Verkehrsmeister die Fahrenden, beobachtet die Situation für die Leitstelle und korrespondiert mit den Einsatzkräften vor Ort. Die Informationen des Verkehrsmeisters sind dabei oft konsistenter, da Unfälle für Fahrende eine Sondersituation darstellen. Der damit verbundene Stress kann zu inkonsistenten Informationen seitens der Fahrenden führen. Sollten weitere Rettungskräfte vor Ort sein, übernimmt der Verkehrsmeister auch die Kommunikation mit diesen. Ziel des Verkehrsmeisters ist es dabei, die Situation so schnell wie möglich zu klären, um die Auswirkungen auf den Fahrbetrieb so gering wie möglich zu halten.

Disponierende entscheiden dann basierend auf den Informationen, welche Dispositionsmaßnahmen notwendig sind. Dazu wird zunächst geklärt, ob das Fahrzeug selbst in den Unfall involviert ist. In diesem Fall wird geprüft, ob der Fahrende noch fahren kann. Sollte dies nicht der Fall sein, wird der Personaldisponierende benachrichtigt. Anschließend wird geklärt, ob das Fahrzeug noch fahrtauglich ist und weiter Fahrgäste transportieren kann. Sollte das Fahrzeug nicht mehr für den Fahrgastbetrieb nutzbar sein, muss geklärt werden, ob es sich überhaupt noch selbst bewegen kann. Kann es sich noch bewegen, wird es in die Werkstatt

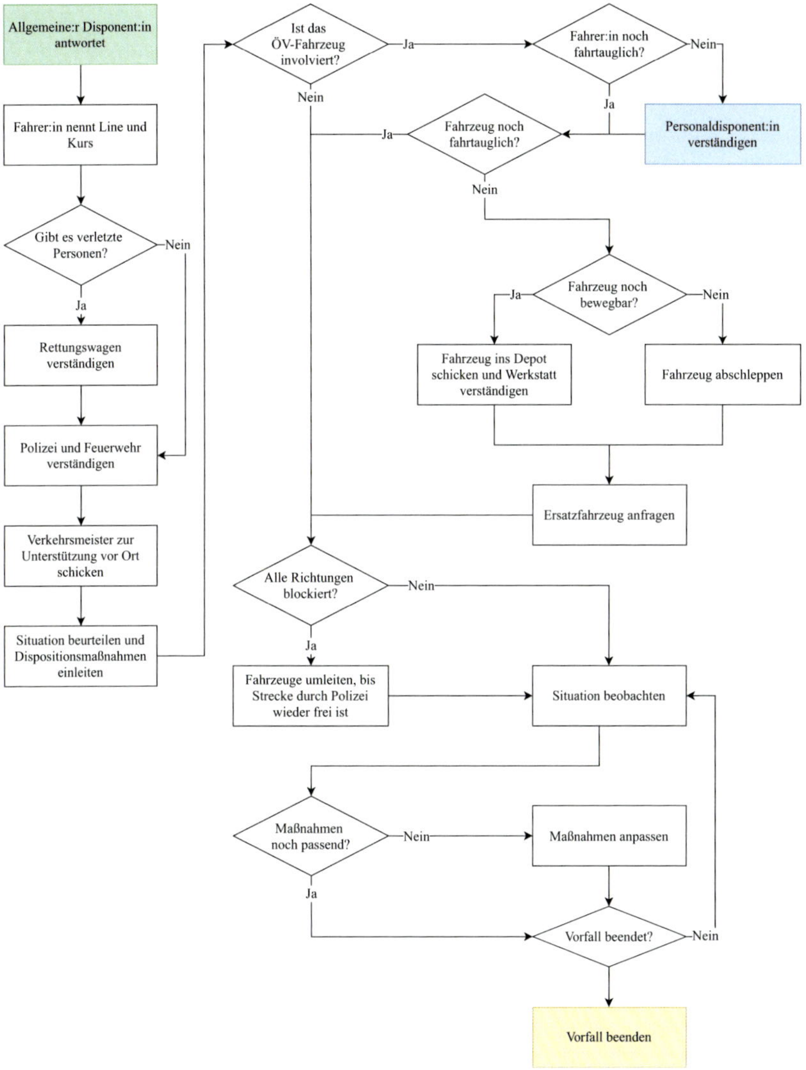

Abbildung 4.4: Ablauf des Unfallrufs, nach (Briem u. a. 2022)

geschickt. Ansonsten wird die Werkstatt mit der Abschleppung des Fahrzeugs beauftragt. In beiden Fällen wird anschließend ein Ersatzfahrzeug angefragt und falls verfügbar, vor Ort geschickt.

Unabhängig davon, ob das Fahrzeug involviert ist oder nicht, wird geklärt, welche Richtungen von dem Unfall betroffen sind. Sind beide Richtungen betroffen, werden alle verbleibenden Fahrzeuge solange wie notwendig umgeleitet. Insbesondere im schienengebundenen Betrieb kann dies große Auswirkungen haben. Ist der Unfall oder eines der involvierten Fahrzeuge auf einer Weiche zum Stehen gekommen, so kann nicht einfach vorbeigefahren werden. Eine Umleitung oder ein eingleisiger Betrieb muss dann für einen größeren Streckenabschnitt eingerichtet werden. Sollte das nicht möglich sein oder der Unfall bereits auf einem eingleisigen Streckenabschnitt passiert sein, so müssen die Disponierenden entscheiden, an welchen Stellen sie die einzelnen Linien auftrennen. Auf dem nicht mehr befahrenen Streckenabschnitt wird dann in Abhängigkeit der vermutlichen Dauer der Störung ein Schienenersatzverkehr eingerichtet. Sollte ein zusätzliches Gleis in der Nähe sein, auf welches eine Bahn gefahren werden kann, so kann dadurch die Situation bereits nach wenigen Minuten deutlich einfacher werden. Dies ist allerdings nur selten der Fall.

Die Flexibilität von Bussen ermöglicht hier oft schnellere und einfachere Lösungen vergleichbar zu den Möglichkeiten im Falle eines Überfallrufs. Umleitungen bei Bussen sollten jedoch so gewählt werden, dass die Fahrzeitabweichungen an den restlichen Haltestellen möglichst klein gehalten werden. Dabei sollten auch möglichst wenige Haltestellen ausgelassen werden, um die Auswirkungen auf die Fahrgäste so gering wie möglich zu halten. Die Fahrgäste an ausgelassenen Haltestellen müssen dementsprechend informiert werden. Busse sind durch die Intergration in den MIV allerdings auch deutlich mehr Störungen ausgesetzt. Dies führte bei den Beobachtungen in den Leitstellen dazu, dass häufig auch Busse umgeleitet werden mussten, da ein vermeintlich kleiner Unfall einen Stau verursacht hat, welcher von den Bussen umfahren werden musste.

Die Disponierenden in der Leitstelle informieren in einer solchen Situation alle Fahrenden der entsprechenden Linien über die Umleitungen. Fahrende werden angewiesen an der letzten Haltestelle vor der Umleitung die Leitstelle zu kontaktieren, ob die Umleitung nach wie vor noch gefahren werden soll oder ob sich die Route aufgrund neuer Informationen geändert hat. Fahrende, die nach wie vor an dem Unfall vorbeifahren, werden angewiesen, die Leitstelle über den aktuellen Status zu informieren. Dies ermöglicht es den Disponierenden die Maßnahmen anzupassen und die Situation schnellst möglich nach Beenden des Unfalls wieder in den geplanten Betrieb zu überführen.

4.1.2.6.3 Fehlende Ablöse Der Anruf zur fehlenden Ablöse wird direkt vom Personaldisponierenden angenommen. Wie bei allen Anrufen, bei denen der Fahrende sprechen kann, meldet er sich mit seiner Linie und seinem Kurs. Der Disponierende öffnet die dazu notwendigen Informationen in der Personalplanungssoftware und der Fahrende nennt ihm die nächste Übergabehaltestelle. Der Disponierende kontaktiert daraufhin die fehlende Person. Sollte die fehlende Person nur verspätet sein, arrangiert der Disponierende einen neuen Übergabeort, den die verspätete Person pünktlich erreichen kann und den der aktuell Fahrende innerhalb seiner erlaubten Lenkzeiten erreichen kann. Sollte die fehlende Person nicht nur nicht zur Verfügung stehen, sondern komplett ausfallen, besteht die Möglichkeit, dass der aktuell Fahrende die aktuelle Fahrt beendet. Der Personaldisponierende versucht dann einen Reservefahrenden für die nächste Fahrt zu organisieren. Sollte der aktuell Fahrende die Fahrt nicht beenden können, versucht der Disponierende einen Ersatzbus inklusive Fahrendem bereitzustellen. Ist dies möglich, übernimmt der Ersatzfahrende die Fahrt, solange dies möglich und notwendig ist. In allen Fällen, in denen der aktuell Fahrende langfristig ersetzt werden muss, versucht der Disponierende einen Reservefahrenden bereitzustellen. Ist dies möglich, übernimmt der Reservefahrende an der nächsten Endhaltestelle. Ist dies nicht möglich, fährt der aktuell Fahrende bis zur letzten möglichen Haltestelle mit Fahrgästen, lässt diese dort aussteigen und fährt anschließend in den Betriebshof bzw. das Depot. In diesem Fall versucht der Disponierende ein Fahrzeug einer anderen, weniger genutzten, Linie abzuziehen und dies als Ersatz zu nutzen. Auf diese Weise verringert sich das Angebot auf einer anderen Linie, auf der Linie mit fehlendem

Fahrenden kann aber ein Mindestmaß an Angebot aufrecht gehalten werden. Im straßengebundenen Verkehr kommt dies häufiger zum Einsatz als im schienengebundenen Verkehr, da dieser deutlich flexibler ist. Abbildung 4.5 zeigt den gesamten Ablauf. Ersatzfahrende, die als Vertretung für einen fehlenden Fahrenden eingesetzt werden, stehen nicht in weiteren Störungssituationen zur Verfügung. D.h. der Einsatz eines Ersatzfahrenden schränkt die Möglichkeiten bei weiteren Störungen ein.

Im Vergleich zu den verbleibenden Anruftypen unterscheidet sich dieser am meisten zwischen Deutschland und Singapur. In Singapur wechselt der Fahrende auf einem Fahrzeug immer nur an Endhaltestellen. An den Endhaltestellen sitzen Disponierende, die für die Zuteilung der Fahrenden zu Fahrzeugen zuständig sind. Fehlt ein Fahrender, sorgt der Disponierende an der Endhaltestelle für Ersatz. In Deutschland können Fahrendenwechsel im gesamten Netz stattfinden. Geplant sind diese an vorher definierten Übergabeorten, aber im Störungsfall kann ein Fahrzeug an jeder Haltestelle von einem anderen Fahrenden übernommen werden. Dies bietet mehr Flexibilität, erfordert aber gleichzeitig auch einen zentralen Personaldisponierenden zur Koordination.

4.1.2.6.4 Allgemeiner Vorfall Der allgemeine Vorfall ist der allgmeinste aller Anruftypen und wird vom allgemeinen Disponierenden entgegen genommen. Dieser wird von einem Fahrenden gewählt, wenn entweder keiner der anderen Anrufgründe vorliegt oder der Fahrende nicht weiß, ob einer der anderen Gründe vorliegt. Wie bei den anderen Anrufen, meldet sich der Fahrende auch beim allgemeinen Vorfall mit seiner Linie und seinem Kurs. Anschließend prüft der Disponierende, ob ein Vorfall aufgetreten ist. Sollte dies nicht der Fall sein, frägt der Disponierende nach dem Grund des Anrufs und unterstützt den Fahrenden, z.B. mit Informationen. Sollte ein Vorfall aufgetreten sein, wird zunächst die Art des Vorfalls geklärt. Hier lassen sich folgende Arten unterscheiden: Persönliche Angelegenheit, Verspätung, Technische Störung und Verkehrsproblem. Je nach Verlauf des Gesprächs, kann sich dieser Anruf auch in einen der anderen Anruftypen wandeln. Der beschriebene Ablauf ist in Abbildung 4.6 zu sehen.

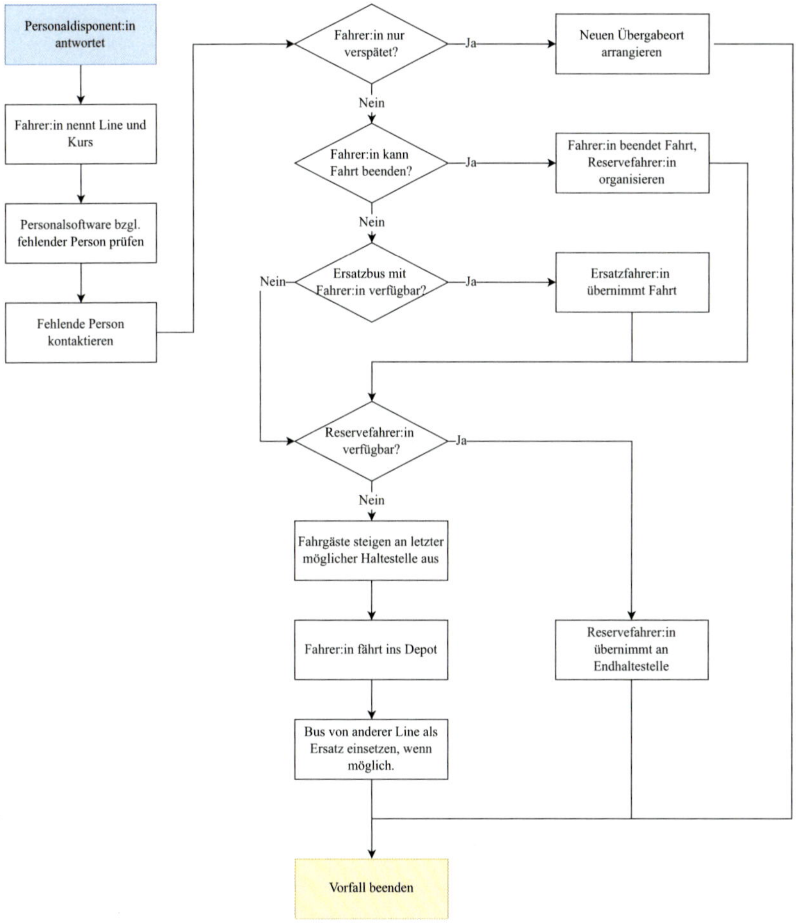

Abbildung 4.5: Ablauf des Anrufs bei fehlender Ablöse, nach (Briem u. a. 2022)

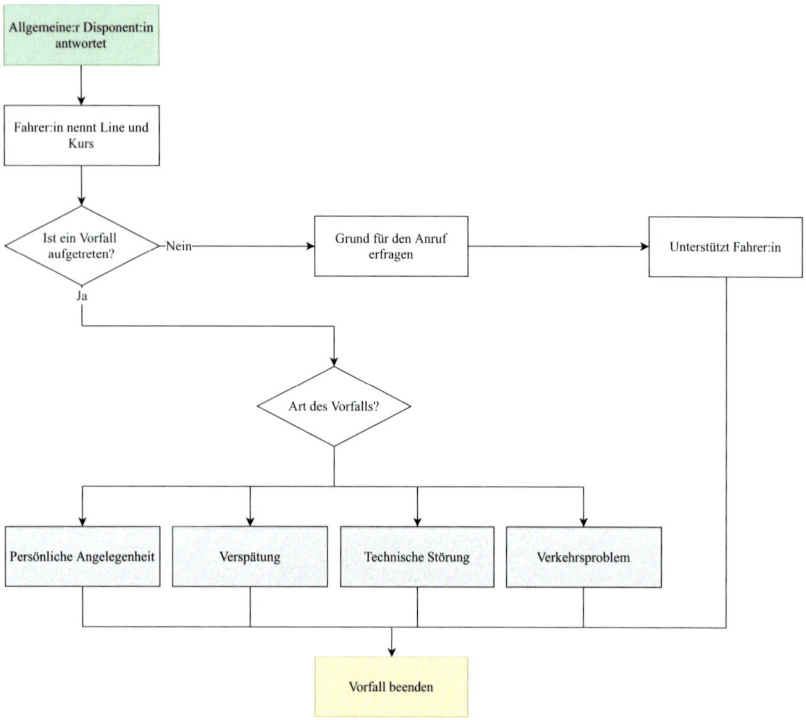

Abbildung 4.6: Ablauf eines allgemeinen Vorfalls, nach (Briem u. a. 2022)

Persönliche Angelegenheit Eine persönliche Angelegenheit kann von einer dringenden Erfrischungspause bis hin zu Gesundheitsproblemen alles umfassen. Der Disponierende fragt daher zunächst, ob ein Ersatzfahrender notwendig ist. Sollte dies der Fall sein, wird der Anruf an den Personaldisponierenden übergeben. Sollte dies nicht der Fall sein, ist eine Pause ein häufiger Grund für diese Anrufart. Sollte der Fahrende eine Pause benötigen, genügt es oft den Fahrenden auf seine Wendezeit an der nächsten Endhaltestelle hinzuweisen. Diese ist oft ausreichend. Sollte diese nicht ausreichen und eine längere Pause benötigt werden, versucht der Disponierende ein Ersatzfahrzeug inklusive Ersatzfahrendem zur Verfügung zu stellen. Falls dies möglich ist, wird ein Übergabeort definiert und die Fahrenden tauschen die Fahrzeuge. Sollte kein

Ersatzfahrzeug zur Verfügung stehen, aber es ist ein Ersatzfahrender notwendig, wird der Anruf ebenfalls an den Personaldisponierenden übergeben. Ist kein Ersatzfahrender notwendig, unterstützt der Disponierende den Fahrenden bis zur Lösung des Problems. Abbildung 4.7 zeigt den Ablauf dieser Anrufart.

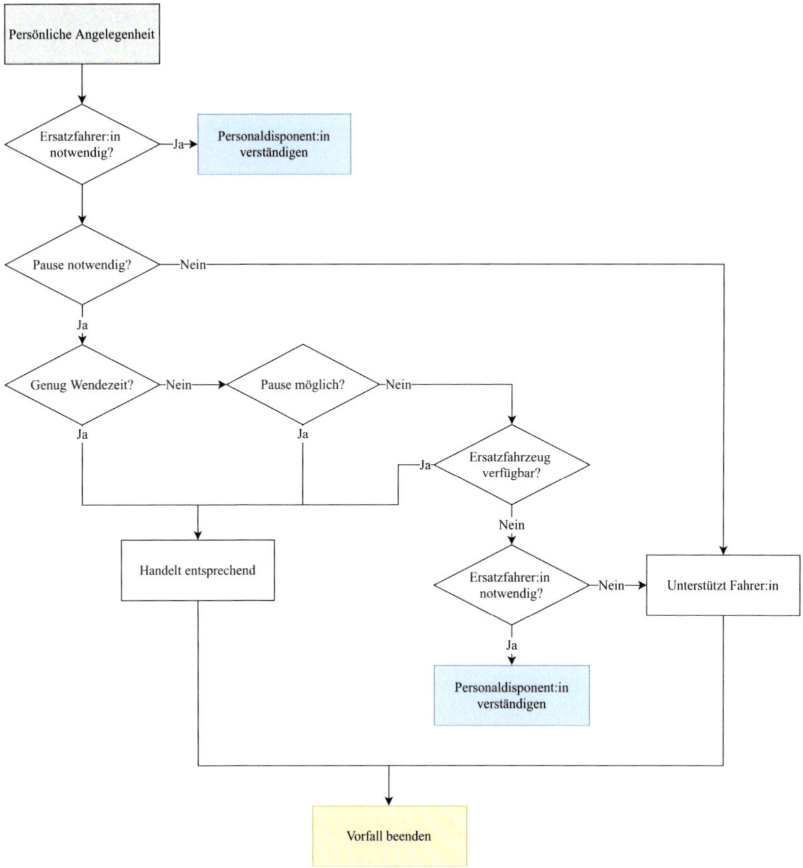

Abbildung 4.7: Ablauf eines allgemeinen Vorfalls mit persönlicher Angelegenheit, nach (Briem u. a. 2022)

Verspätung Verspätungen werden in der Leitstelle meist durch die Disponierenden festgestellt. Fahrzeuge sind mit GPS ausgestattet und melden regelmäßig ihre Position an das ITCS. Dieses wiederum zeigt den Disponierenden die Abweichung der Fahrzeuge von deren aktueller Fahrplanzeit farblich codiert an. Disponierende achten auf Verspätungen und Verfrühungen und weisen die Fahrenden entsprechend auf ihre Abweichung hin oder erfragen den Grund für diese. Sollten Disponierende allerdings gerade andere Vorfälle bearbeiten, kommt es auch vor, dass verspätete Fahrende sich selbst bei der Leitstelle melden. Dies ist besonders häufig der Fall, wenn Fahrende ihr Schichtende oder eine Pause erreichen. In diesem Fall ist eine Überschreitung der Lenkzeiten auf jeden Fall zu vermeiden. Daher wird zunächst geklärt, wie ernsthaft die Verspätung ist und damit, welche Auswirkungen dies auf die nächste Fahrt dieses Fahrzeugs hat. Ist die Verspätung nicht ernsthaft, soll der Fahrende weiterfahren und sich an einer definierten Haltestelle erneut melden. Sollte die Verspätung ernsthaft sein, wird das Folgefahrzeug überprüft. Hat dieses nach wie vor einen passenden Abstand, fährt der Fahrende ebenfalls weiter wie geplant. Holt das Folgefahrzeug auf und das aktuelle Fahrzeug transportiert eine hohe Anzahl an Fahrgästen, muss der Fahrende ebenfalls weiterfahren. Ist die Anzahl der Fahrgäste jedoch niedrig, kann der Fahrende die Fahrgäste an der nächsten Haltestelle aussteigen lassen und direkt zur nächsten Endhaltestelle fahren, um dort wieder möglichst pünktlich einsetzen zu können. Alternativ ist auch eine Kurzwende an einer der folgenden Haltestellen möglich. Die aussteigenden Fahrgäste werden dann von dem in kurzem Abstand folgenden Fahrzeug mitgenommen. Eine direkte Fahrt ohne Halt zur Endhaltestelle ist meist nur im straßengebundenen Verkehr sinnvoll. Im schienengebundenen Verkehr kann ein Fahrzeug auch ohne Halte an Haltestellen selten andere Fahrzeuge überholen. Es kann daher kaum Verspätung abbauen. Hier kommt es daher häufiger dazu, dass ein Fahrzeug eine Kurzwende durchführt, sollte eine Wendeschleife vorhanden sein. Abbildung 4.8 zeigt den Ablauf dieser Anrufart.

Technische Störung Die dritte Art eines allgemeinen Vofralls ist eine technische Störung des Fahrzeugs oder der Infrastruktur. Technische Störungen

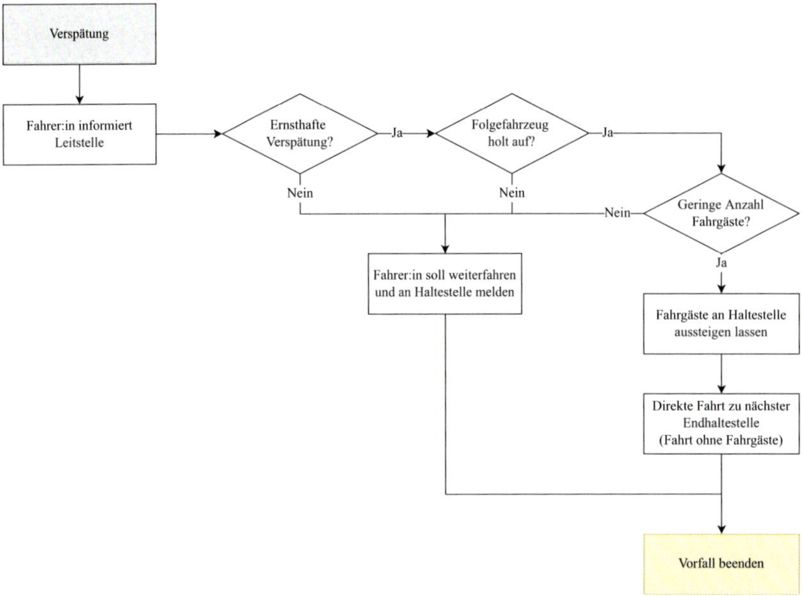

Abbildung 4.8: Ablauf eines allgemeinen Vorfalls wegen Verspätung, nach (Briem u. a. 2022)

an der Infrastruktur können Disponierende nicht mithilfe von Dispositionsmaßnahmen lösen. Daher wird die Werkstatt verständigt und ein Techniker wird ausgesandt, um das Problem zu identifizieren und idealerweise kurzfristig zu lösen. Manche Probleme lassen sich auch direkt vom Fahrenden lösen, z.B. eine verdreckte Weiche. Jedes Fahrzeug enthält dafür verschiedene Werkzeuge, wie z.B. einen Weichenbesen. Störungen am Fahrzeug können ebenfalls oft vom Fahrenden selbst gelöst werden. Disponierende unterstützen Fahrende daher zunächst bei der Diagnose des Problems und der möglichen Lösungsfindung. Gleiches gilt für Störungen, die nicht mit dem Fahrzeug zusammenhängen. Sollte das Problem behoben sein, ist der Vorfall beendet. Ansonsten wird ein Treffen zwischen einem Techniker und dem Fahrzeug arrangiert. Dieser versucht das Problem möglichst schnell vor Ort zu lösen. Sollte dies nicht gelingen und ein Ersatzfahrzeug ist notwendig, wird dieses ausgesandt, sofern ein Fahrzeug verfügbar ist. Der Ablauf dieser Anrufart ist in Abbildung 4.9 dargestellt.

Abbildung 4.9: Ablauf eines allgemeinen Vorfalls wegen einer technischen Störung, nach (Briem u. a. 2022)

Verkehrsproblem Die vierte und letzte Art des allgemeinen Vorfalls sind Verkehrsprobleme. Im Gegensatz zu Verspätungen, die unter anderem auch durch Verkehrsprobleme entstehen können, meist aber durch die hohe Nachfrage entstehen, sind Verkehrsprobleme immer externe Probleme. Sie entstehen durch andere Verkehrsteilnehmende und die Fahrzeuge des ÖPNV sind davon betroffen. Verkehrsunfälle sind dabei eine häufige Ursache für Verkehrsprobleme. Auch wenn es den Anruftyp *Unfallruf* gibt, so kommt es doch ab und an vor, dass Fahrende einen Unfall als allgemeinen Vorfall melden. Dies hat meist die Ursache, dass Fahrende unsicher sind, ob es sich um einen *Unfallruf* handelt oder nicht. Daher wird zunächst geprüft, ob ein Unfall passiert ist. In diesem Fall wird der Anruf wie in Abbildung 4.4 dargestellt als Unfallruf bearbeitet. Sollte dies nicht der Fall sein, ist es wichtig zunächst das Ausmaß zu identifizieren. Es wird daher geklärt, welche Richtungen betroffen sind. Sind nicht alle Richtungen betroffen, werden Fahrende in der aktuellen Situation unterstützt. Sollten mehrere oder sogar alle Richtungen betroffen sein, werden die Fahrzeuge umgeleitet. Dazu werden die Fahrenden angehalten sich vor dem blockierten Streckenabschnitt zu melden. Disponierende prüfen dann, ob die Blockade noch besteht und schicken die Fahrenden für die Dauer der Sperrung auf die Umleitungsstrecke. Die Umleitungsstrecke weicht wie im Fall des *Unfallrufs* so wenig wie möglich von der geplanten Strecke ab. Daher kann das Verkehrsproblem auch die Umleitungsstrecke früher oder später betreffen. In diesem Fall wird die Umleitungsstrecke entsprechend angepasst. Während einer Störung kann sich die Umleitungsstrecke daher mehrfach ändern. Für Fahrende, insbesondere, wenn diese noch weit entfernt von der Störung sind, ist es daher schwierig den Überblick über die aktuelle Umleitungsstrecke zu behalten. Die Meldung der Fahrenden vor dem blockierten Streckenabschnitt soll dem entgegenwirken und die Fahrenden über die aktuelle Lage aufklären. Gleichzeitig erhalten die Disponierenden von den Fahrenden wichtige Informationen zur aktuellen Lage vor Ort. Abbildung 4.10 zeigt diesen Ablauf.

4.1.3 Zusammenfassung und Diskussion

Teile dieses Kapitels wurden bereits in Briem u. a. (2020a, 2022) und Lange (2019) veröffentlicht. Bereits aus der ersten Erhebung, welche nur in einer Leitstelle durchgeführt wurde, wird ersichtlich, dass der Dispositionsprozess kein statischer Prozess ist. Er besteht nicht aus einzelnen vorgefertigten Bausteinen, die immer in gleicher Weise umgesetzt werden. Der Grundprozess und die Grundabläufe folgen zwar bei jedem Vorfall einem einheitlichen Muster, werden aber je nach Störung und Situation angepasst. Das Ergebnis wird durch die Erkenntnisse aus der zweiten Erhebung in verschiedenen Leitstellen in Deutschland und Singapur unterstützt. Beide Erhebungen zeigen darüber hinaus,

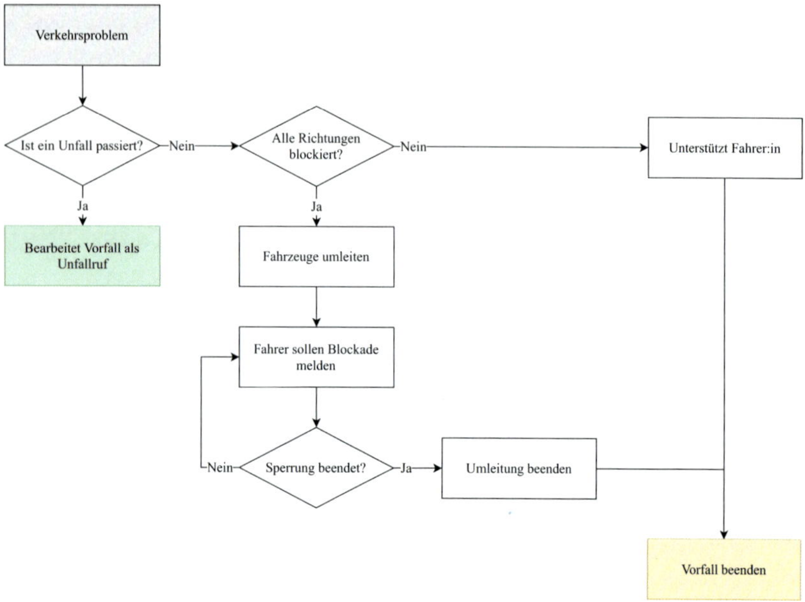

Abbildung 4.10: Ablauf eines allgemeinen Vorfalls wegen Verkehrsproblemen, nach (Briem u. a. 2022)

dass Disponierende nicht nur die einzelnen Fahrzeuge koordinieren müssen, sondern sich mit vielen weiteren Beteiligten abstimmen. Nur dadurch kann der Einfluss von Störungen auf die Fahrgäste verringert werden.

Der Dispositionsprozess wird prinzipiell durch vier verschiedene Anruftypen ausgelöst, abhängig von der aktuellen Situation und der Art des Vorfalls. Die Anruftypen beginnen dabei alle gleich, Fahrende senden einen Sprechwunsch an die Leitstelle. Hier werden drei von vier Anruftypen vom allgemeinen Disponierenden entgegen genommen. Lediglich die fehlende Ablöse wird direkt von Personaldisponierenden entgegen genommen, da diese, wie in (Carrel u. a. 2010) beschrieben, eine der aufwändigsten Aufgaben im Dispositionsprozess darstellt.

Allgemeine Disponierende sind die Hauptkoordinatoren zwischen allen beteiligten Personen. Sie überwachen die aktuelle Lage und setzen Maßnahmen, wie in

Kapitel 2.2 beschrieben, ein, wenn diese notwendig werden. Die Maßnahmen werden dabei abhängig von der aktuellen Lage und verschiedenen weiteren Einflussfaktoren gewählt.

Die Vorfälle lassen sich daher, neben der hier vorgenommenen Einteilung nach Anruftyp, auch, wie in (Carrel u. a. 2010) beschrieben, in interne und externe Anliegen unterteilen. *Fehlende Ablöse* und *Allgemeiner Vorfall* sind dabei hauptsächlich interne Angelegenheiten. Während bei der *fehlenden Ablöse* direkt ersichtlich ist, welche Angelegenheit gelöst werden muss, so ist der *allgemeine Vorfall* deutlich vielfältiger. Er wird daher nochmal in weitere vier Anrufarten unterteilt.

Persönliche Angelegenheiten und *technische Störungen* sind dabei hauptsächlich interne Angelegenheiten der Fahrenden, der Fahrzeuge oder der Infrastruktur. *Verspätung* ist ebenfalls eher eine interne Angelegenheit, da sie sich hauptsächlich auf die Reaktion auf die Verspätung fokussiert statt der Ursache. Die Ursache kann selten von der Leitstelle bzw. dem Verkehrsbetrieb behoben werden. Daher ist die Reaktion unabhängig, ob die Verspätung intern oder extern verursacht wurde. Lediglich *Verkehrsprobleme* sind hauptsächlich externe Angelegenheiten, da diese zur Information der Leitstelle bzgl. Staus und anderen Verkehrsvorfällen genutzt wird.

Die Anruftypen *Überfallruf* und *Unfallruf* sind externe Angelegenheiten, von denen der Betrieb betroffen ist. Im Falle eines *Überfallrufs* werden Fahrende oder Fahrgäste durch einen Dritten bedroht. Beim *Unfallruf* ist das Fahrzeug entweder blockiert oder selbst betroffen, was eine sofortige Weiterfahrt verhindert. Sollte das Fahrzeug selbst den Unfall verursacht haben, kann dies auch als interne Angelegenheit betrachtet werden.

Zwischen den einzelnen Anruftypen existieren einige Unterschiede in der Bearbeitung. Es starten allerdings alle auf die gleiche Art und Weise. Fahrende senden einen Sprechwunsch an die Leitstelle und diese nimmt Kontakt mit den Fahrenden auf. Einzige Ausnahme hiervon ist der *Überfallruf*. In diesem Fall kann die Leitstelle nur mithören, um die Situation einschätzen zu können und weitere Rettungskräfte möglichst gut informieren zu können. Sobald diese verständigt sind, muss geklärt werden, welche Dispositionsmaßnahmen eingesetzt werden und ob Ersatzfahrende und -fahrzeuge notwendig sind. All dies führt zu Verspätungen oder Fahrtausfällen. Die Leitstelle versucht aber wenn möglich die Auswirkungen auf die Fahrgäste so niedrig wie möglich zu halten.

Vergleicht man die Erhebungen in Deutschland mit den Erhebungen in Singapur so wird ersichtlich, dass der grundlegende Prozess in beiden Länder sehr ähnlich ist. Lediglich an einigen Stellen gibt es Abweichungen in Details. So gibt es in Singapur bspw. keine zentralen Personaldisponierenden, sondern die Disponierenden teilen die Fahrenden an den Endhaltestellen ein. Disponierende in Deutschland benötigen für ihre Tätigkeit eine Ausbildung und genügend Erfahrung als Fahrende. Sie müssen auch während ihrer Tätigkeit als Disponierende weiter als Fahrende tätig sein. Dies sorgt für eine kontinuierliche Aktualisierung ihrer Streckenkenntnisse. Disponierende in Singapur können direkt als Disponierende beginnen, ohne vorher Fahrzeuge gefahren zu haben. Sie fahren während ihrer Ausbildung auf den Linien mit, die sie später disponieren werden.

Dies zeigt gleichzeitig einen weiteren Unterschied zwischen Leitstellen in sehr großen Städten und Leitstellen in kleineren Städten. Je größer die Stadt ist bzw. je mehr Disponierende gleichzeitig arbeiten, desto eher werden die einzelnen Linien oder Verkehrssysteme unter den Disponierenden aufgeteilt. Disponierende sind damit nicht mehr für alle ankommenden Anrufe verantwortlich, sondern nur noch für die ihnen zugewiesenen.

Weit wichtiger als die Aufteilung zwischen den Disponierenden sind allerdings die Unterschiede zwischen schienen- und straßengebundenem Verkehr. Der schienengebundene Verkehr bietet deutlich mehr Einschränkungen für Disponierende als straßengebundener Verkehr. Daher haben die Disponierenden normalerweise weniger Dispositionsmaßnahmen zu Verfügung. Gleichzeitig ist der schienengebundene Verkehr allerdings auch weniger Störungsanfällig, wenn er auf einem unabhängigen oder besonderem Bahnkörper verkehrt als straßengebundener Verkehr, der im motorisierten Individualverkehr fährt. Schienengebundener Verkehr, welcher auf straßenbündigem Bahnkörper verkehrt, ist vergleichbar wie straßengebundener Verkehr zu sehen.

Einen weiteren Unterschied zwischen einzelnen Leitstellen ist die Art des Störungsmanagements. Hierbei gibt es zwei Ausprägungen. Auf der einen Seite entscheiden Disponierende in jeder Situation komplett frei, welche Dispositionsmaßnahmen eingesetzt werden. Dies bietet den maximalen Raum an verfügbaren Dispositionsmaßnahmen, da jede Situation individuell gehandhabt wird. So können z.B. Linien komplett oder einzelne Fahrzeuge gezielt umgeleitet werden. Für die Fahrenden und Fahrgäste bedeutet dies, eine Anpassung je nach Situation. Der Einsatz der Dispositionsmaßnahmen hängt damit sehr stark an der Erfahrung der Disponierenden in der Leitstelle. Aus den Interviews mit den Disponierenden und den Beobachtungen in der Leitstelle wurde dabei auch ersichtlich, dass zwar standardisierte Prozesse existieren, diese aber je nach Situation und Person unterschiedlich gehandhabt werden. Erfahrene Disponierende erkennen bereits früher zukünftige Störungen bzw. Fahrplanabweichungen und reagieren bereits früher, während unerfahrene Disponierende eher später reagieren. Bei einer späteren Reaktion können sich dadurch im weiteren Verlauf zusätzliche Störungen ergeben.

Auf der anderen Seite lässt sich das Liniennetz auch in Gebiete unterteilen. Tritt in einem Gebiet eine Störung auf, verfahren alle Disponierenden auf die gleiche Weise. Es werden immer die gleichen Dispositionsmaßnahmen genutzt, z.B. werden alle Fahrzeuge umgeleitet. Dies gilt auch, wenn es in der aktuellen Situation möglich wäre, einzelne Fahrzeuge oder die Fahrzeuge einer Richtung nach wie vor durch das gestörte Gebiet oder zumindest weitere Haltestellen in das Gebiet hinein fahren zu lassen. Fahrgäste und Fahrende lernen mit der Zeit, welche Dispositionskonzepte in welchen Gebieten genutzt werden und können dementsprechend handeln. Die Disponierenden haben allerdings nicht ganz so viele Freiheiten bei der Reaktion auf Störungen. Dadurch kann die mögliche Angebotsqualität niedriger sein.

Beide Konzepte passen je nach Anwendungsszenario besser oder schlechter. Bleibt das Verkehrsangebot über mehrere Jahre nahezu gleich, kann sich der Aufwand für die Erstellung von vordefinierten Dispositionskonzepten lohnen. Alle Beteiligten finden sich in Störungssituationen damit schneller zurecht. Das Verkehrsangebot kann trotz Störungen als vorhersagbar angesehen werden.

Wird das Verkehrsangebot hingegen über einen längeren Zeitpunkt angepasst, z.B. durch Umbaumaßnahmen, so ist der Aufwand für die Erstellung von Dispositionskonzepten höher. Für alle Beteiligten wird es auch schwieriger sich auf die ständig wechselnden Dispositionskonzepte einzustellen bzw. diese zu lernen. In diesem Fall ist es wichtiger, ein möglichst gutes Angebot zu bieten und nach den Umbaumaßnahmen sich über Dispositionskonzepte Gedanken zu machen.

Nutzt ein Verkehrsbetrieb keine vordefinierten Dispositionskonzepte, so wird trotzdem nicht bei jeder neuen Störung ein neues Dispositionskonzept eingesetzt. Disponierende waren vor ihrer Tätigkeit als Disponierende und auch währenddessen nach wie vor als Fahrende im Netz unterwegs. Sie müssen damit auch den Weisungen der Leitstelle folgen und kennen die Dispositionskonzepte, die in der Leitstelle genutzt werden. Sie lernen quasi beim Fahren, wie disponiert wird. Damit nutzen sie unterbewusst die gleichen Dispositionskonzepte, wie die anderen Disponierenden. Dies gilt analog auch für Leitstellen, in denen Dispositionskonzepte genutzt werden. Disponierende kennen diese Konzepte und handeln danach, ohne bei jeder Störung zunächst im Katalog nachzuschlagen, wie disponiert werden soll. Das Nachschlagen kostet in der ersten Phase einer Störung zu viel Zeit.

4.2 Quantitative Auswertung von ITCS-Daten

Zusätzlich zu den Erhebungen in der Leitstelle, stehen aus dem Stadtgebiet Karlsruhe Fahrpläne sowie Daten des ITCS zur Verfügung. Die Fahrpläne liegen für die Zeiträume 16.12.2019 bis 31.01.2020 und 15.06.2020 bis 16.10.2020 vor. Sie beinhalten alle geplanten Fahrten innerhalb des Stadtgebiets. Die Fahrpläne beinhalten die Abfahrtszeiten der Fahrzeuge an den Haltestellen. Die Haltezeiten an den Haltestellen sind hierbei mit eingerechnet und nicht getrennt vorhanden.

Der schienengebundene Nahverkehr bildet den Kern des ÖPNV-Netzes im Karlsruher Stadtgebiet ab. Der größte Teil der Nachfrage wird durch Straßenbahnen und S-Bahnen im Tram-Train-System abgewickelt. Der gesamte Liniennetzplan des Karlsruher Verkehrsverbundes (KVV) ist in Anhang C dargestellt. Das Karlsruher Stadtgebiet ist in gelb hervorgehoben. Straßenbahnen verkehren nur im Stadtgebiet von Karlsruhe. S-Bahnen verkehren nach dem Tram-Train-System innerhalb des Stadtgebiets auf den gleichen Schienen wie die Straßenbahn und außerhalb auf der Eisenbahninfrastruktur. Innerhalb des Stadtgebiets verkehren sechs Straßenbahnlinien (1 - 6) sowie sechs S-Bahn-Linien (S1/S11, S2, S4, S5/S51, S7, S8). Die Disposition innerhalb des Stadtgebiets übernimmt die VBK und außerhalb die entsprechende Eisenbahninfrastrukturbetriebsgesellschaft, z.B. die Albtalverkehrsgesellschaft (AVG) oder DB-Netze.

Die ITCS-Daten beinhalten jeden Halt eines Fahrzeugs über den Zeitraum 01.01.2017 bis 31.12.2020. Mit Ausnahme der Tage: 01.01.2020, 29.09.2020 und 08.10.2020. An diesen Tagen sind die Eingangsdaten nicht verarbeitbar. Tabelle 4.3 listet die in den Daten enthaltenen Informationen auf. Die Informationen zu Ein- und Aussteigenden sind nicht für jedes Fahrzeug gegeben, da nicht alle Fahrzeuge über AFZS verfügen. Anfang 2017 waren im Durchschnitt 13% der eingesetzten Fahrzeuge mit AFZS ausgestattet und Ende 2020 28%. Der Haltecode bzw. Haltestellenname steht dabei nur für geplante Halte zur Verfügung. In allen anderen Fällen fehlen diese Informationen.

Für die Analyse der Dispositionsmaßnahmen ist ein Vergleich der statischen Soll-Fahrplandaten mit den Informationen zum realen Ablauf aus den ITCS-Daten notwendig. Es werden daher nur die Zeiträume analysiert, in denen beide Daten vorliegen. Eine Rekonstruktion der verbleibenden Fahrplandaten aus den ITCS-Daten ist nicht möglich. Baumaßnahmen im Rahmen der Kombilösung[1] sorgen für größere Änderungen bzw. Abweichungen des Regelfahrplans. Baumaßnahmen im Rahmen des barrierefreien Ausbaus der Haltestellen sorgen für kleinräumige Änderungen und Abweichungen. Dadurch entstanden eine Vielzahl an unterschiedlichen Fahrplänen über den gesamten Analysezeitraum,

[1] Die Kombilösung besteht aus einem Stadtbahntunnel unter der Kaiserstraße sowie einem Autotunnel mit darüberliegender Straßenbahnstrecke in der Kriegsstraße. Die Kombilösung wurde Ende 2021 fertiggestellt und in Betrieb genommen.

Tabelle 4.3: Beschreibung der in den ITCS-Daten enthaltenen Informationen

Typ	**Inhalt**
Informationen zum Fahrzeug	Id Typ
Informationen zur Fahrt	Fahrtnummer Liniennummer Datum der Fahrt
Informationen zum Halt	Haltetyp (geplanter Halt, geplante Durchfahrt, ungeplanter Halt, ungeplanter Halt mit Türöffnung) Code des Haltepunkts Name des Haltepunkts
Zeitliche Information	Sollabfahrt Istankunft Istabfahrt
Räumliche Information	Sollabstand GPS-Koordinate
Passagierdaten	Ein- und Aussteigende je Tür

welche in dieser Art und Weise nicht rekonstruierbar ist. Des Weiteren liegt der Fokus dieser Arbeit auf dem schienengebundenen Verkehr, weshalb nur die Straßenbahnen im Stadtgebiet Karlsruhe untersucht werden.

4.2.1 Datenaufbereitung

Die Fahrplandaten kommen aus dem Planungssystem der VBK. Sie werden sowohl für die Fahrplankommunikation mit den Fahrgästen wie auch für als Soll-Fahrplan im ITCS genutzt. In den realen ITCS-Daten fehlen teilweise die Fahrgastzahlen und die Haltecodes. Die Fahrgastzahlen lassen sich nur in begrenztem Maße aus den verbleibenden Ereignissen rekonstruieren. Die fehlenden Haltecodes lassen sich mithilfe der GPS-Koordinaten rekonstruieren.

Zur Bestimmung des Haltecodes, und damit der Bahnsteigkante eines Halts, ist die Genauigkeit protokollierten GPS-Koordinaten nicht ausreichend. Abbildung 4.11 zeigt die Streuung der protokollierten GPS-Koordinaten einer Haltestelle. Eine Kombination mit Mapmatching-Verfahren ermöglicht jedoch die Rekonstruktion. Bei der Rekonstruktion sind zwei Fälle zu unterscheiden. Einzelne nicht detektierte Halte eines Fahrzeugs und Fahrzeuge, welche umgeleitet wurden bzw. einen anderen Streckenabschnitt befahren haben. Einzelne nicht detektierte Halte lassen sich über die davor- und dahinterliegenden Halte rekonstrukieren. Fehlende Haltecodes umgeleiteter Fahrzeuge lassen sich über einen Vergleich der aufgezeichneten GPS-Koordinaten mit den möglichen abgefahrenen Strecken zwischen der letzten und ersten wieder geplanten Haltestelle rekonstruieren.

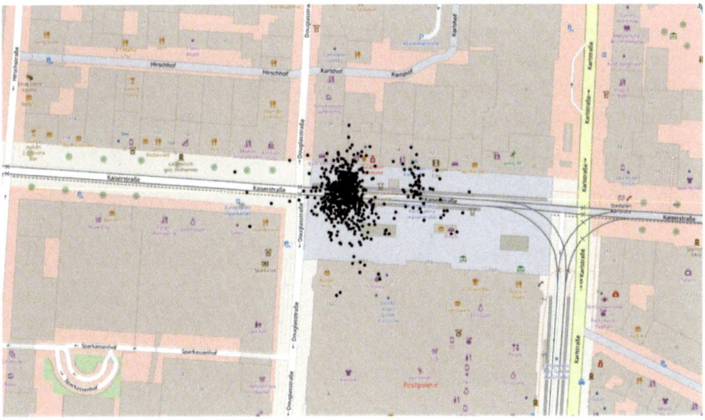

Abbildung 4.11: Aufgezeichnete GPS-Koordinaten aller Fahrzeuge eines Haltepunkts an einem Tag

4.2.2 Störungen

Störungen, wie sie in Kapitel 2.1 definiert sind, teilen sich in zwei Kategorien: erstens, Störungen mit einer abweichenden Ankunfts- bzw. Abfahrtszeit und zweitens, Störungen mit einer abweichenden Route. Die Route eines Fahrzeugs kann nur nach Rücksprache mit der Leitstelle geändert werden und stellt eine Dispositionsmaßnahme dar. Daher wird diese Art der Störung in Kapitel 4.2.3

untersucht. Die Analyse der Fahrplanabweichungen folgt dem Ansatz von Yan u. a. (2016), siehe Kapitel 2.3.2. Im Gegensatz zu Yan u. a. (2016), der eine einzelne Busroute untersucht, wird in dieser Arbeit das gesamte System innerhalb des Stadtgebiets untersucht.

Abweichungen vom Fahrplan haben, vergleichbar zu den in Kapitel 4.1 beschriebenen externen Einflussfaktoren auf Dispositionsmöglichkeiten, unterschiedliche Ursachen. Die Fahrgäste und der MIV sind dabei die wichtigsten externen Einflussfaktoren. Die Fahrgäste sorgen je nach Nachfrage für unterschiedlich lange Haltezeiten an den Haltestellen. Die Interaktion mit Fahrzeugen des MIV oder dessen Infrastruktur, z.B. LSA-gesteuerte Knotenpunkte, kann unterschiedlich lange Haltezeiten oder längere Fahrzeiten zwischen den Haltestellen verursachen. Während die realen Zeiten an den Haltestellen in Abfahrts- und Ankunftszeit getrennt sind, ist in den Fahrplandaten nur die Abfahrtszeit an der Haltestelle bekannt. Alle nachfolgenden Auswertungen beziehen sich daher auf die Zeit zwischen der Abfahrt an einer Haltestelle und der Abfahrt an der nächsten Haltestelle. Diese wird im folgenden als *Fahrzeit* bezeichnet. Die Fahrzeit beinhaltet nach dieser Definition die Haltezeit an der nächsten Haltestelle.

Die tatsächlich gefahrene Fahrzeit unterscheidet sich zudem von der geplanten Fahrzeit (*Fahrplanzeit*) durch die Genauigkeit bei der Speicherung der Zeiten. Fahrpläne müssen für Fahrgäste lesbar und verständlich sein, daher werden Fahrplanzeiten in Minuten gespeichert und veröffentlicht. Reale Fahrzeiten werden von den Fahrzeugen bei ihrer Fahrt durch das Netz protokolliert und in Sekunden gespeichert. Abweichungen zwischen der Fahrzeit und der Fahrplanzeit von unter einer Minute sind daher rein technisch bedingt. Als Fahrplanabweichung wird dementsprechend die Differenz der Fahrzeit von der Fahrplanzeit definiert. Diese beinhaltet sowohl technisch bedingte Abweichungen durch die Genauigkeit der Speicherung und reale Abweichungen von der Fahrplanzeit.

Innerhalb des Stadtgebiets verkehren die Bahnen zum größten Teil auf besonderen Bahnkörpern. Nur wenige Strecken werden auch vom MIV genutzt. Auf diesen verkehren die Bahnen auf straßenbündigen Bahnkörpern. Ebenfalls nur wenige Strecken sind eingleisig. Viele Knotenpunkte im Stadtgebiet werden gemeinsam von den Bahnen und dem MIV genutzt. Auch hier verkehren die Bahnen auf straßenbündigen Bahnkörpern. Eine Priorisierung für die Bahnen ist wenn möglich vorhanden. Diese funktioniert in der Regel durch eine Anmeldung der Bahnen an den Knotenpunkten durch die Fahrenden. Eine Beeinflussung der Fahrzeit durch den MIV ist daher hauptsächlich an den Knotenpunkten zu erwarten.

4.2.2.1 Fahrplanabweichungen im zeitlichen Kontext

Einer der möglichen Einflussfaktoren für die Fahrplanabweichung ist die Fahrgastnachfrage. Die Nachfrageunterschiede innerhalb des Tages sorgen für unterschiedliche Haltezeiten der einzelnen Fahrzeuge je nach Tageszeit. Abbildung 4.12 zeigt die kumulierte Fahrplanabweichung pro Stunde an. Die Anzahl an Ein- und Aussteigenden wird in Abbildung 4.13 dargestellt. Fahrplanabweichungen sind über den gesamten Tag vorhanden. Die Fahrplanabweichungen nachts von bis zu einer Minute, sind durch die Genauigkeit des Fahrplans und die gewünschten Abfahrzeitpunkte der Bahnen erklärbar. Nachts verkehren weniger Bahnen im Netz. Eine verpasste Bahn bedeutet damit eine deutlich längere Wartezeit für einen Fahrgast. Das Fahrpersonal wird daher angehalten nachts eher etwas zu spät ab zu fahren als zu früh. Die spätere Abfahrt lässt sich im leeren Netz nachts sehr gut wieder aufholen. Zwischen sechs und 19 Uhr ist der Verlauf der Fahrplanabweichung ähnlich zu den Fahrgastzahlen. Allerdings ist die Fahrplanabweichung morgens stärker ausgeprägt, während die Fahrgastzahlen nachmittags stärker ausgeprägt sind. Dies kann als ein erstes Indiz gewertet werden, dass die Fahrgäste einen Einfluss auf die Fahrplanabweichung haben, sie aber nicht der einzige Einflussfaktor sind.

In der Fahrplanzeit zwischen zwei Haltestellen wird die Haltezeit an der Ankunftshaltestelle miteinkalkuliert. Wird diese Haltezeit durch eine zu hohe Nachfrage oder ein länger dauerndes Aus- bzw. Einsteigen überschritten, tritt eine Fahrplanabweichung nach oben ein. Ein Fahrzeug fährt verspätet an der Haltestelle los. Ist die Nachfrage geringer als geplant bzw. das Aus- oder Einsteigen dauert nur sehr kurz, tritt eine Fahrplanabweichung nach unten ein. Der

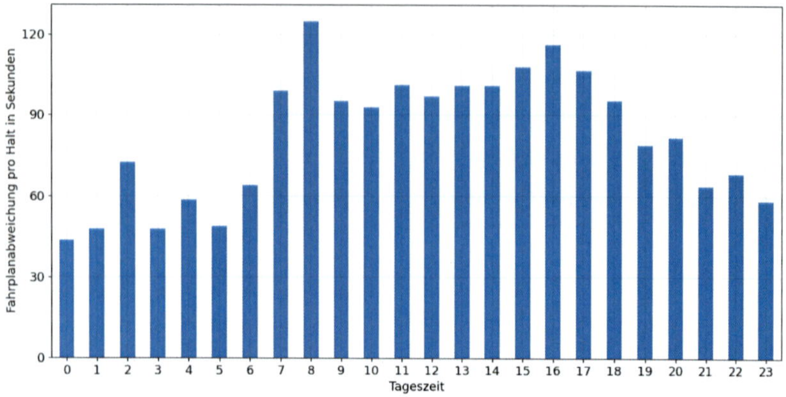

Abbildung 4.12: Kumulierte Fahrplanabweichung pro Stunde normiert über die Anzahl Halte je Stunde

oder die Fahrende kann nun entweder verfrüht abfahren, bereits aufgebaute Verspätung durch ein direktes Losfahren abbauen oder bis zur geplanten Zeit an der Haltestelle warten. Im schienengebundenen Verkehr kann das Fahrzeug nur warten, wenn es damit kein anderes Fahrzeug blockiert. In Normal- und

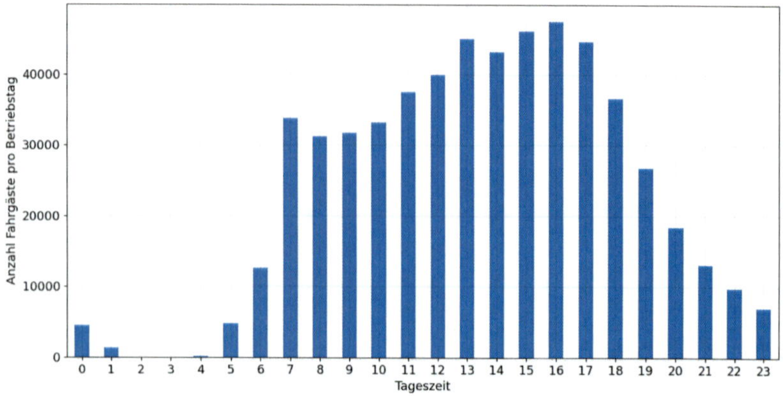

Abbildung 4.13: Fahrgastzahlen pro Betriebstag pro Stunde. Interpoliert über die Anzahl der Halte von Fahrzeugen mit und ohne AFZS.

Hauptverkehrszeiten ist dies auf den Hauptstrecken nahezu ausgeschlossen. In Schwachlastzeiten oder auf Streckenabschnitten, die nur von einer Linie bedient werden, kann dies auch in Normalverkehrszeiten möglich sein.

Abbildung 4.14 zeigt die Häufigkeitsverteilung der Fahrplanabweichung in Minuten. Nahezu keine Fahrzeuge fahren mehr als zwei Minuten zu früh an einer Haltestelle ab. Die Ursache hierfür liegt darin begründet, dass Fahrende angehalten werden, nicht früher als zwei Minuten vor der geplanten Abfahrt an einer Haltestelle loszufahren. In der Regel gelten Fahrzeuge mit einer Verspätung von bis zu drei Minuten als pünktlich. Dementsprechend ist ein Großteil der Fahrzeuge (ca. 66%) pünktlich unterwegs.

> *" Weil wenn einer fünf Minuten zu früh durch eine Haltestelle fährt, das kann man dann nicht mehr vertreten. (. . .) Eine Minute ist ok. Zwei vielleicht auch noch, aber da wird es dann auch schon kritisch. (. . .) Da können dann auch Kosten auftreten. Weil der Kunde, der hat ja ein Beförderungsrecht und wenn die Bahn fünf Minuten zu früh fährt, dann kann er schon ein Taxi anfordern. "*
> (Disponent:in D)

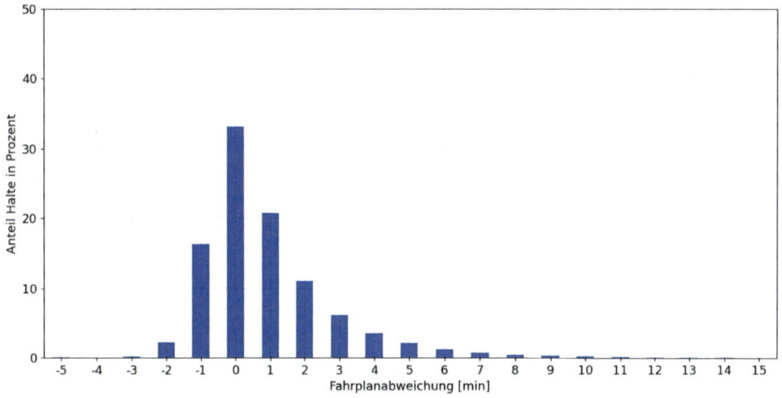

Abbildung 4.14: Häufigkeitsverteilung der Fahrplanabweichungen über den gesamten Untersuchungszeitraum

Betrachtet man die Fahrplanabweichungen innerhalb der Woche, wie in Abbildung 4.15 dargestellt, wird ersichtlich, dass zwischen den Werktagen keine nennenswerten Unterschiede existieren. Die Fahrplanabweichung ist jedoch am Samstag und nochmals mehr am Sonntag deutlich geringer. Dies kann ebenfalls durch die geringere Nachfrage begründet werden, wie Abbildung 4.16 darstellt. Die Fahrplanabweichung zeigt dabei einen ähnlichen Verlauf wie die Fahrgastzahlen. An Samstagen ist sowohl die Nachfrage niedriger als auch das Angebot. Die geringere Nachfrage sorgt für kürzere Haltezeiten und insgesamt auch weniger Variation in der Haltezeit. Das geringere Angebot sorgt für weniger Fahrzeuge im Netz. Je weniger Fahrzeuge im Netz unterwegs sind, desto mehr Freiraum haben Disponierende und Fahrende bei ihrer Arbeit. Ein Fahrzeug kann dadurch eine Verfrühung verhindern, da es mehr Möglichkeiten gibt, bis zur geplanten Abfahrtszeit zu warten. Ebenfalls blockieren verspätete Fahrzeuge nicht einen Streckenabschnitt oder die Einfahrt in eine Haltestelle für ein noch pünktlich fahrendes Fahrzeug.

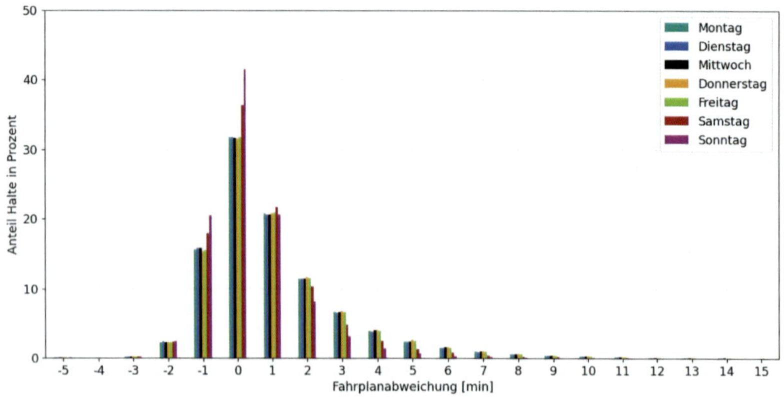

Abbildung 4.15: Fahrplanabweichungen pro Wochentag

Neben Nachfrageunterschieden innerhalb der Woche, kann die Nachfrage im öffentlichen Verkehr auch innerhalb des Jahres unterschiedlich ausgeprägt sein. Abbildung 4.17 zeigt die Fahrplanabweichung pro Monat. Vergleichbar zu den

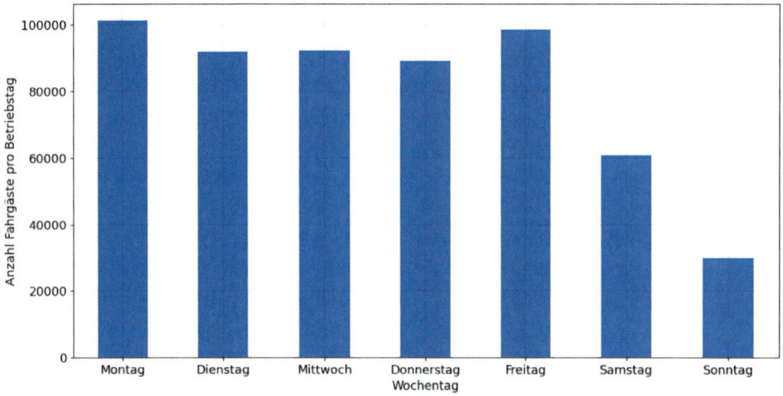

Abbildung 4.16: Fahrgastzahlen pro Betriebstag pro Wochentag. Interpoliert über die Anzahl der Halte von Fahrzeugen mit und ohne AFZS.

Wochentagen sind auch hier nur geringe Unterschiede zwischen den Monaten erkennbar. Der Monat August weicht als einziger etwas stärker ab. Während des gesamten Augusts sind Schulferien in Baden-Württemberg. Dies verringert die Nachfrage im Schulverkehr. Zusammen mit wegfallenden Schülerverkehrsfahren z.B. in den Morgen- und Mittagsstunden sorgt die geringere Nachfrage damit auch für weniger Fahrplanabweichungen in diesem Monat bzw. zu mehr pünktlichen Bahnen. Dies zeigt aber auch, dass Fahrplanabweichungen auch bereits mit einer Grundlast an Fahrgästen, die während der Ferien unterwegs sind, zustande kommen. Ein Vergleich mit den Fahrgastzahlen pro Monat in Abbildung 4.18 verdeutlicht dies. In den Monaten nach dem Corona-Lockdown sind deutlich weniger Fahrgäste in den Bahnen unterwegs. Trotzdem nehmen die Fahrplanabweichungen nicht in gleichem Maße ab. Auch dies deutet wieder darauf hin, dass Fahrgäste einen Einfluss auf die Fahrplanabweichung haben, aber weitere Einflussfaktoren existieren.

Die zeitliche Auswertung der Fahrplanabweichung zeigt, dass innerhalb der Woche die Fahrzeuge am Wochenende pünktlicher verkehren als unter der Woche. Innerhalb eines Tages sind die Unterschiede jedoch deutlich größer. Hier sind die Unterschiede vergleichbar mit dem MIV. Die Verteilung der

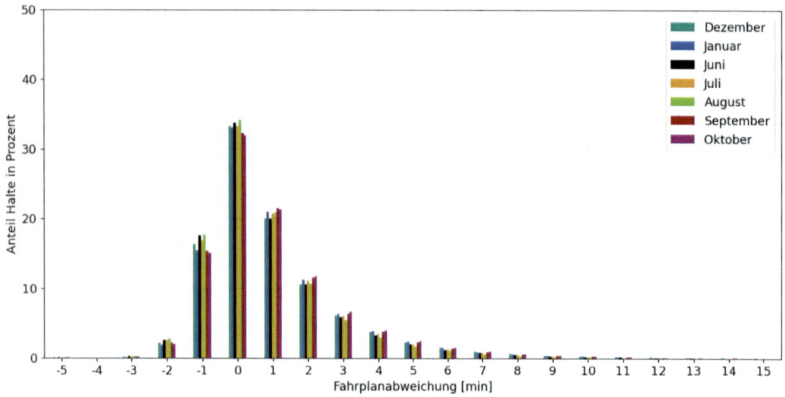

Abbildung 4.17: Fahrplanabweichungen pro Monat

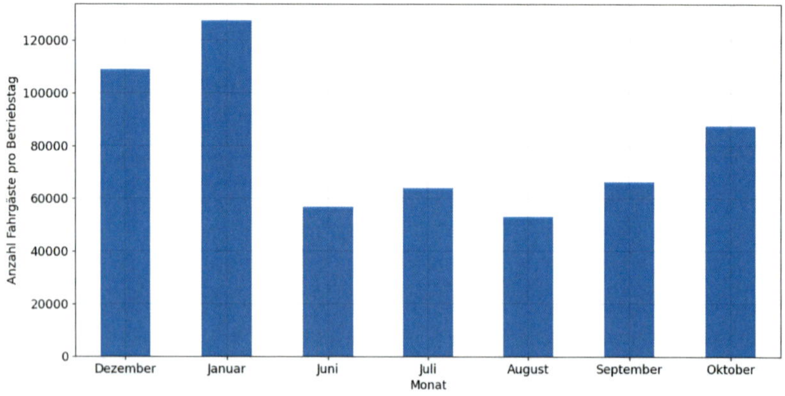

Abbildung 4.18: Fahrgastzahlen pro Betriebstag pro Monat. Interpoliert über die Anzahl der Halte von Fahrzeugen mit und ohne AFZS.

Fahrplanabweichung folgt dabei der Nachfrageverteilung über den Tag. Sie ist vergleichbar mit einer Tagesganglinie aus dem MIV, z.B. der Verkehrsstärke an einem Messquerschnitt.

Im Gegensatz zu einem Streckenabschnitt im MIV, welcher eine maximale Kapazität hat, existiert, zumindest aus Sicht der Betriebsgesellschaft, keine obere Grenze an Fahrgästen, ab der ein Streckenabschnitt komplett blockiert ist. Die Menge der Fahrgäste, welche an einer Haltestelle ein Fahrzeug verlassen und betreten können, ist durch den verfügbaren Platz im Inneren des Fahrzeugs begrenzt. Dies ist vergleichbar mit der Kapazität eines Streckenabschnitts im MIV und die Anzahl der Fahrzeuge, die diesen gleichzeitig befahren können. Sobald ein Fahrzeug jedoch voll ist, kann das Fahrzeug an der Haltestelle abfahren. Die Strecke vor ihm wird nicht durch die erhöhte Nachfrage immer stärker blockiert bzw. gestaut. Die Fahrzeit wird dadurch weniger stark von einer erhöhten Nachfrage beeinflusst als dies im MIV der Fall ist. Aus Sicht der Fahrgäste bedeutet dies jedoch warten auf eines der nächsten Fahrzeuge und damit eine deutlich längere Reisezeit.

4.2.2.2 Fahrplanabweichungen im räumlichen Kontext

Wie in der zeitlichen Auswertung dargestellt, ist der Unterschied zwischen den Monaten nur gering. Die größte Differenz der Fahrplanabweichung existiert zwischen dem Ferienmonat August und den restlichen Monaten. Deshalb wird im Folgenden der räumliche Einfluss auf die Fahrplanabweichung untersucht. Durch die Umbaumaßnahmen im Rahmen der Kombilösung und des barrierefreien Ausbaus von Haltestellen fahren die verschiedenen Linien nicht im gesamten Jahr den gleichen Linienweg, sondern teilweise wochenweise auf anderen Routen. Da die Differenz zwischen den Monaten gering ist, wird für die weitere detailliertere Betrachtung die Auswertung auf einen Monat beschränkt. Hierfür wird der Monat Januar 2020 ausgewählt. In diesem verkehren die Linien auf ihrem Regelweg; es sind nur wenige Feier- und Ferientage; und die durch die Corona-Pandemie verursachten Lockdowns finden erst danach statt. Damit ist der Januar als Stellvertreter für normale Monate geeignet.

Wie im vorangegangenen Kapitel zu sehen, ist die Nachfrage über den Tag verteilt unterschiedlich stark ausgeprägt. Gleichsam ist die Nachfrage an den unterschiedlichen Haltestellen unterschiedlich stark ausgeprägt. Die Nachfrage hat dabei Einfluss auf die Fahrgastwechselzeit und somit auf die Haltezeit der Fahrzeuge an den Haltestellen. Bei der Planung werden Nachfrageunterschiede zwischen den einzelnen Haltestellen bereits berücksichtigt und in die Fahrplanzeit einberechnet. Eine Grundnachfrage ist daher in jeder Fahrplanzeit eingeplant, d.h. erst ab einer Überschreitung der einkalkulierten Fahrgastwechselzeit tritt eine Fahrplanabweichung nach oben ein.

Die reale Fahrgastwechselzeit eines Fahrzeugs kann dabei auf unterschiedliche Weise bestimmt werden. Erstens, alle ein- und aussteigenden Fahrgäste eines Fahrzeugs können in Relation für die Fahrgastwechselzeit gesetzt werden. Zweitens, werden die Türen eines Fahrzeugs nicht gleichmäßig ausgelastet (siehe Abbildung 4.19), entscheidet die Tür mit der maximalen Anzahl an ein- und aussteigenden Fahrgästen über die Fahrgastwechselzeit (Ziegler 2021). Siehe dazu die Auswertung der Anzahl ein- und aussteigender Fahrgäste an den Türen an unterschiedlichen Bahnsteigen der Haltestelle Durlacher Tor in Abbildung 4.19. Drittens, die Fahrgäste steigen lose über die gesamte Fahrgastwechselzeit ein und aus. Hierbei entscheidet der letzte ein- bzw. aussteigende Fahrgast über den Endzeitpunkt. Der dritte Fall hat wenig Auswirkung auf die Fahrplanabweichung. Letzte noch kurz vor Abfahrt ein- bzw. aussteigende Fahrgäste erhöhen die Fahrgastwechselzeit maximal um wenige Sekunden. Bei den ersten beiden Fällen ist die Auslastung des Fahrzeugs und die Nachfrage an den Türen entsprechend relevant und kann zu deutlich größeren Fahrplanabweichungen führen. Ein Vergleich zwischen der maximalen Auslastung einer Tür und der gesamten Nachfrage zeigt jedoch keinen signifikanten Unterschied, weshalb im folgenden die Gesamtanzahl an ein- und aussteigenden Fahrgästen genutzt wird. Hierbei werden nur die Daten der Fahrzeuge mit AFZS berücksichtigt, eine Hochrechnung auf die verbleibenden Fahrzeuge geschieht nicht.

Neben dem Einfluss der Nachfrage auf die Fahrplanabweichung können der Streckenverlauf und die Eigenschaften der einzelnen Streckenabschnitte und deren Abfolge in Form des Linienwegs ebenfalls die Fahrplanabweichung beeinflussen. Hierbei werden zwei Einflussfaktoren untersucht. Erstens, wie bereits in Kapitel 4.2.2.1 beschrieben, werden Fahrplanzeiten in Minuten gespeichert. Die Fahrstrecken zwischen Haltestellen sind allerdings nicht immer exakt in einem Vielfachen einer Minute abfahrbar. Dadurch ergeben sich auf einzelnen Streckenabschnitten Fahrplanabweichungen von bis zu einer Minute, welche

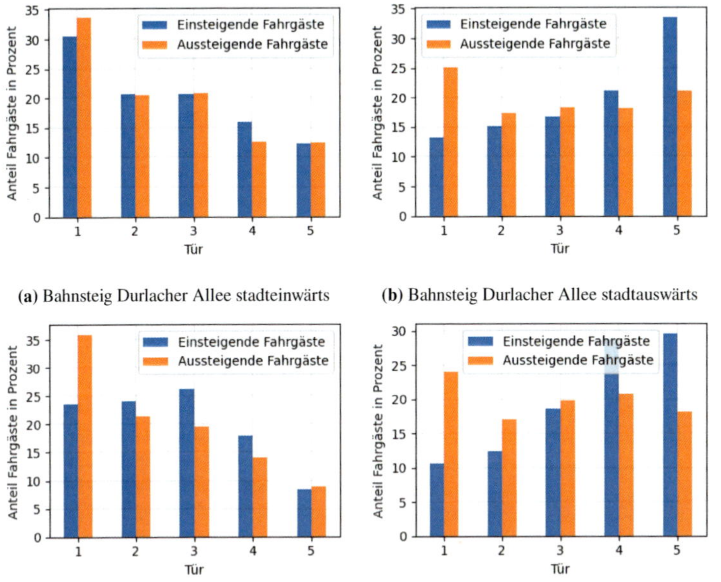

(a) Bahnsteig Durlacher Allee stadteinwärts (b) Bahnsteig Durlacher Allee stadtauswärts

(c) Bahnsteig Haid-und-Neu-Straße stadteinwärts (d) Bahnsteig Haid-und-Neu-Straße stadtauswärts

Abbildung 4.19: Anteil ein- und aussteigender Fahrgäste je Fahrzeugtür an unterschiedlichen Bahnsteigen der Haltestelle Durlacher Tor.

in einem der folgenden Streckenabschnitte wieder korrigiert werden müssen. Zweitens, beeinflusst die Interaktion mit dem MIV die Fahrzeit auf einem Streckenabschnitt. Im größten Teil fahren die Bahnen innerhalb des Stadtgebiets auf besonderem Bahnkörper. Nur an wenigen Stellen verkehren die Bahnen auf straßenbündigem Bahnkörper und teilen sich den Fahrweg mit dem MIV. Jedoch existieren eine Vielzahl von signalisierten Knotenpunkten mit dem MIV innerhalb des Stadtgebiets. Bis auf wenige Ausnahmen verkehren die Bahnen hier auf straßenbündigem Bahnkörper. Die Bahnen werden hier in die Phasen der LSA eingebunden. Es liegt daher nahe, dass solche Streckenabschnitte einen größeren Einfluss auf die Fahrplanabweichung haben, als geteilte Fahrwege.

Im Folgenden werden einige Beispiele für Fahrplanabweichungen im räumlichen Kontext, die durch die Besonderheiten der Streckenabschnitte hervorgerufen werden, im Detail untersucht. Dazu werden die Linien 1, 2, 3 und S5 untersucht. Die Beispiele decken einen Großteil des Netzes ab, insbesondere die Hauptstrecken des Netzes. Sie unterscheiden sich in der Länge und der Betriebsart. Die Linie 3 ist mit die kürzeste Straßenbahnlinie, die Linie 2 ist die längste Straßenbahnlinie. Auf der Linie S5 verkehren Zweisystemfahrzeuge nach dem Tram-Train-System.

4.2.2.2.1 Linie 1 von Oberreut nach Durlach Abbildung 4.20 zeigt die Fahrplanabweichung an allen Haltestellen der Linie 1 von Oberreut nach Durlach. Zu Beginn der Fahrt an der Starthaltestelle ist die Fahrplanabweichung und auch deren Streuung noch sehr gering. Die mittlere Fahrplanabweichung nimmt im Verlauf der Fahrt leicht zu, die Streuung nimmt bis zur Hardecksiedlung nur leicht zu, hauptsächlich zwischen Albert-Braun-Straße und Hardecksiedlung. Nach der Hardecksiedlung nimmt die mittlere Fahrplanabweichung wieder ab. Die Streuung nimmt bis zur Haltestelle Europahalle/Europabad weiter zu. Das An- und Abfallen der mittleren Fahrplanabweichung kann hier auf die Unterschiede zwischen der geplanten und der realen Fahrzeit zurückgeführt werden. Auf allen Streckenabschnitten ist eine Fahrzeug von einer Minute eingeplant. Außer auf dem Streckenabschnitt zwischen Hardecksiedlung und Bannwaldalle, hier sind zwei Minuten eingeplant. Die Fahrtstrecke zwischen Badeniaplatz und Wilhelm-Leuschner-Straße sowie zwischen Europahalle/Europabad und Landesbausparkasse beträgt jeweils etwa 300m. Auf diesen Strecken bleibt der Median der Fahrplanabweichung nahezu konstant. Auf beiden Streckenabschnitten befinden sich zudem keine oder nur kleine Knotenpunkte, welche nur einen geringen Einfluss auf die Fahrplanabweichung haben. Daraus lässt sich folgern, dass ein Fahrzeug inklusive Fahrgastwechsel etwa 300m pro Minute zurücklegen kann. Die beiden Streckenabschnitte zwischen Wilhelm-Leuschner-Straße und Albert-Braun-Straße sind mit etwa 400m deutlich länger. Die eingeplante Minute Fahrzeit ist somit zu kurz und es kommt zu einer systematischen Fahrplanabweichung. Der Streckenabschnitt zwischen Albert-Braun-Straße und Hardecksiedlung ist mit etwa 600m und zwei Minuten Fahrzeit eigentlich passend geplant, allerdings liegt direkt vor der Haltestelle Hardecksiedlung ein großer Knotenpunkt mit dem MIV, für welchen zusätzliche Fahrzeit benötigt wird. Zwischen der Haltestelle Badeniaplatz und Hardecksiedlung befinden sich neben dem großen Knotenpunkt vor der Haltestelle Hardecksiedlung zudem mehrere kleine Knotenpunkte mit dem MIV. Diese können zur Zunahme der Streuung beitragen. Insbesondere der große Knotenpunkt hat einen Einfluss auf die Streuung, da auf diesem Streckenabschnitt die Streuung stärker zunimmt als davor. Die Fahrgastzahlen, wie in Abbildung 4.21 dargestellt, unterscheiden sich auf diesem Streckenabschnitt zwischen den Haltestellen deutlich. Wie in Abbildung 4.20 zu erkennen ist, treten bedingt durch die Fahrgastnachfrage keine Fahrplanabweichungen auf. Dies zeigt, dass die Haltezeiten sinnvoll dimensioniert sind und die größere Streuung der Fahrgastzahlen keinen Einfluss auf die Streuung der Fahrplanabweichung hat.

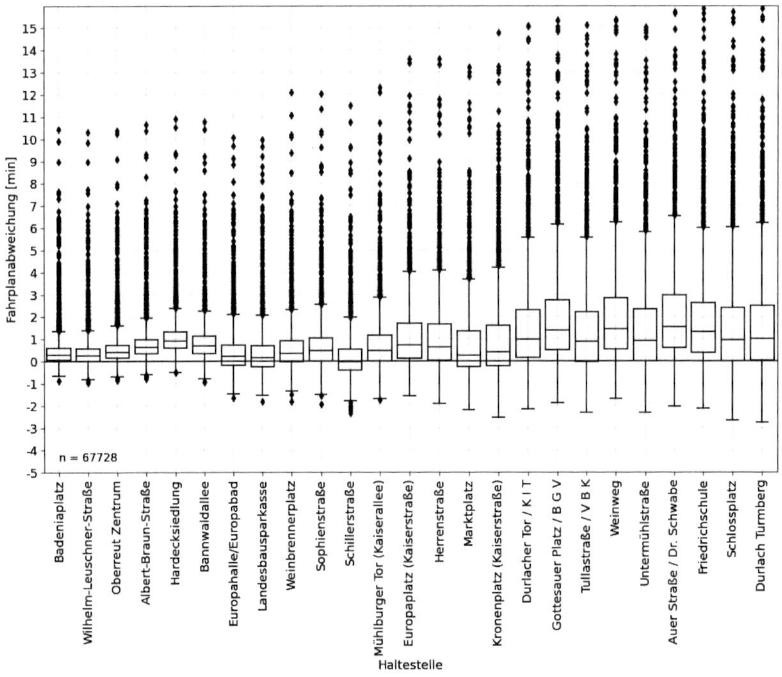

Abbildung 4.20: Verspätung an jeder Haltestelle der Linie 1 von Oberreut nach Durlach in Minuten

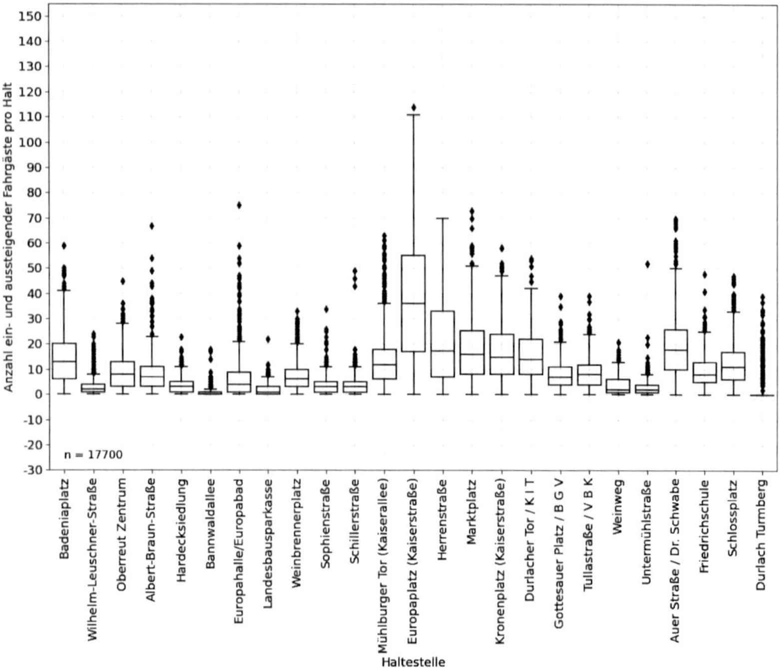

Abbildung 4.21: Ein- und Aussteigende Fahrgäste pro Halt an jeder Haltestelle der Linie 1 von Oberreut nach Durlach

Einzig an der Haltestelle Europahalle/Europabad nimmt die Streuung zu. Hier findet keine Interaktion mit dem MIV statt, allerdings streuen die Fahrgastzahlen leicht. Die Zunahme ist daher auf die Fahrgäste zurückzuführen. Anschließend bleibt die Streuung bis zum Weinbrennerplatz nahezu konstant. Danach überbefahren die Bahnen einen Knotenpunkt mit einer der Hauptverkehrsstraßen von Karlsruhe. Die Anmeldung an der LSA kann dabei direkt an der Haltestelle Weinbrennerplatz durchgeführt werden. Die Wartezeit bis zur Fahrtfreigabe kann daher zum Aus- und Einsteigen der Fahrgäste genutzt werden. Trotz allem nimmt die Streuung leicht zu, was auf den Knotenpunkt und die Fahrgäste zurückgeführt werden kann. Im anschließenden eingleisigen Streckenabschnitt bis zur Schillerstraße, nimmt sowohl die Fahrplanabweichung wie auch die

Streuung wieder ab. Die Farplanabweichung liegt im Mittel sogar nahezu bei null. Hiermit werden die Ungenauigkeiten zwischen Fahrplan und realer Fahrzeit an der Schillerstraße wieder ausgeglichen.

Die zusätzliche Reduzierung der Streuung an der Schillerstraße sorgt für ein möglichst pünktliches Abfahren an der Schillerstraße. Ein Vergleich der Fahrzeiten zwischen der Schillerstraße und der Sophienstraße, wie er in Tabelle 4.4 zu sehen ist, bestärkt dies. Von der Schillerstraße zur Sophienstraße wird die reine Fahrzeit als Fahrplanzeit genutzt. In der Rückrichtung von der Sophienstraße zu Schillerstraße enthält die Fahrplanzeit eine zusätzliche Minute Puffer. Die Fahrgastzahlen an der Schillerstraße sind dabei so niedrig, dass ein Puffer in dieser Höhe nicht notwendig ist. Die durch diesen Puffer entstehende Verringerung der Fahrplanabweichung und der Streuung dieser ist für eine möglichst pünktliche Abfahrt an der Schillerstraße wichtig. Die Bahnen fahren nach der Schillerstraße auf eine der Hauptstrecken im Stadtgebiet von Karlsruhe. Ein pünktliches Abfahren an der Schillerstraße sorgt damit für weniger Beeinflussung der restlichen Linien.

Der Abschnitt zwischen der Schillerstraße und dem Europaplatz wird von insgesamt sieben Linien befahren. Alle Linien haben hier in der Hauptverkehrszeit einen Takt von mindestens zehn Minuten. Zusätzlich liegen auf diesem Streckenabschnitt mehrere große Knotenpunkte mit dem MIV. Die Abstimmung mit den Fahrzeugen der anderen Linien sowie die Koordination an den MIV-Knotenpunkten sorgt hierbei für die entsprechende Zunahme der Fahrplanabweichung wie auch deren Streuung. Die Fahrgastzahlen und deren Streuung sind dabei insbesondere am Europaplatz deutlich höher. Ein Einfluss der Fahrgäste ist hierbei nicht auszuschließen. Wenn existent, ist er jedoch nur sehr gering.

Nach einem Knotenpunkt mit dem MIV kurz nach dem Europaplatz bis zum Kronenplatz verkehren die Bahnen in der Fußgängerzone. Hier bleibt die Streuung konstant bzw. nimmt zum Marktplatz hin sogar leicht ab. Die Fahrgastzahlen in diesem Abschnitt gehören aber gleichzeitig mit zu den höchsten der Linie 1. Sie scheinen aber keinen Einfluss auf die Fahrplanabweichung oder deren Streuung zu haben. Erst an der Haltestelle Kronenplatz nimmt die Streuung wieder zu. Nach dem Kronenplatz folgt direkt ein MIV-Knotenpunkt, welcher die Streuung deutlich beeinflusst. Ähnlich zur Haltestelle Weinbrennerplatz kann auch hier die Anmeldung noch in der Haltestelle während dem Fahrgastwechsel durchgeführt werden und beeinflusst somit die Abfahrtszeit am Kronenplatz. Die Fußgänger haben damit einen deutlich geringer Einfluss auf die Fahrplanabweichung als der MIV, obwohl die Interaktion mit den Fußgängern nicht nur an definierten Knotenpunkten stattfindet, sondern auf der Strecke. Fahrende sind in diesem Bereich besonders sensibel und die Fahrgeschwindigkeiten sind entsprechend niedrig. Die Fußgängerzone kann daher in der Planung bereits gut berücksichtigt werden. Dies wird zusätzlich durch die Disponierenden bestätigt.

> *" "Fußgängerzone das muss ja ganz schlimm sein, mit den vielen Leuten und so", aber gerade in dem Bereichen hier haben wir die wenigsten Unfälle. (...) die Achtung auf die Fußgänger, weil man das weiß und wir fahren auch relativ langsam, max. 25 km/h in diesen Bereich, (...) Also hier in der Innenstadtbereich haben wir wirklich die wenigsten Unfälle, und das nicht, weil der Fußgänger oder Radfahrer so aufpasst, sondern eigentlich das Personal, was auch diesbezüglich dafür geschult wird. "* (Disponent:in A)

> *" Da wir ja durch die Fußgängerzone fahren, (...) passiert dort – wo man denkt eigentlich viel – eigentlich sehr wenig. (...) Wenn man denkt, dort sind nur Fußgänger und nur Bahnen. Aber trotzdem passiert dort sehr wenig. "* (Disponent:in C)

Zwischen dem Kronenplatz und dem Durlacher Tor nimmt die Streuung wieder deutlich zu. Wie bereits beschrieben folgt unmittelbar nach dem Kronenplatz ein großer MIV-Knotenpunkt. Ein weiterer nochmals größerer MIV-Knotenpunkt folgt unmittelbar vor der Haltestelle Durlacher Tor. Zusätzlich dazu werden beide Knotenpunkte von unterschiedlichen Linien befahren. D.h. an den Knotenpunkten findet nicht nur eine Koordination mit dem MIV statt, sondern auch mit den Fahrzeugen der anderen Linien. An beiden Knotenpunkten wird innerhalb einer Phase die Weiche nicht umgestellt. D.h. Fahrzeuge, die in die gleiche Richtung fahren, können gemeinsam den Knotenpunkt passieren, wenn sie nach dem Knotenpunkt gemeinsam in der Haltestelle zum Stehen kommen können, ohne den Knotenpunkt zu blockieren. Fahrzeuge, die in unterschiedliche Richtungen fahren, müssen auf die nächste Phase warten. Damit hängt die Fahrzeit eines Fahrzeugs auf diesem Streckenabschnitt sowohl von der aktuellen MIV-Belastung der Knotenpunkte ab, wie auch der Fahrtrichtung des vorausfahrenden Fahrzeugs.

Ab dem Durlacher Tor bis zur Auer Straße bleibt die Streuung der Fahrplanabweichung nahezu konstant. Auf diesem Streckenabschnitt liegen wenige MIV-Knotenpunkte, welche auch keine nennenswerte Auswirkung auf die Fahrplanabweichung haben. Die Hauptrichtung der Knotenpunkte liegt in Fahrtrichtung der Bahn. Damit ist an allen Knotenpunkten nur wenig Querverkehr vorhanden, welcher eine Streuung der Fahrplanabweichung begünstigen könnte. Stärker noch als zu Beginn der Linienroute wird hier der Unterschied zwischen der Fahrplanzeit und der realen Fahrzeit zwischen zwei Haltestellen deutlich. Die Zu- und Abnahme der Fahrplanabweichung ist im wesentlichen darauf zurückzuführen. Dies zeigen auch die Fahrzeiten zwischen den Haltestellen, wie sie in Tabelle 4.4 zu finden sind.

Ab der Auer Straße nimmt die Streuung zunächst leicht ab, bevor sie wieder das gleiche Niveau wie an der Auer Straße erreicht. Auf dem Abschnitt zwischen der Friedrichschule und dem Schlossplatz liegen sowohl mehrere kleine MIV-Knotenpunkte wie auch ein eingleisiger Abschnitt. Es kann daher nicht genau bestimmt werden, welcher Faktor den größeren Einfluss hat. Zusätzlich dazu sind auf diesem Streckenabschnitt vermehrt Fußgänger unterwegs und die Fahrwege und Gehwege sind sehr eng. Im Mittel erreichen die Bahnen die Endhaltestelle mit einer geringfügigen Verspätung, die aber durch eine bis zu zehn minütige Haltezeit an der Endhaltestelle wieder ausgeglichen werden kann. Die deutlich größere Streuung der Fahrgastzahlen zeigt auch in diesem Streckenabschnitt nur einen geringen Einfluss.

4.2.2.2.2 Linie 1 von Durlach nach Oberreut Die Rückrichtung der Linie 1 von Durlach nach Oberreut zeigt einen vergleichbaren Verlauf. Abbildung

Tabelle 4.4: Fahrzeiten auf ausgewählten Streckenabschnitten der Linie 1, welche sich in Hin- und Rückrichtung unterscheiden.

Starthaltestelle	**Endhaltestelle**	**Hinfahrt [min]**	**Rückfahrt [min]**
Durlacher Tor / KIT	Gottesauer Platz / BGV	1	2
Gottesauer Platz / BGV	Tullastraße / VBK	2	1
Tullastraße / VBK	Weinweg	1	2
Weinweg	Untermühlstraße	2	1
Schillerstraße	Sophienstraße	1	2
Sophienstraße	Weinbrennerplatz	2	1

4.22 zeigt die Fahrplanabweichung sowie deren Streuung. Wie bereits aus Tabelle 4.4 ersichtlich ist, sind die Fahrzeiten auf einzelnen Streckenabschnitten in Hin- und Rückrichtung unterschiedlich, um entweder die Unterschiede zwischen der Fahrplanzeit und der realen Fahrzeit zu kompensieren oder um die Fahrplanabweichung wieder zu reduzieren.

Auf der Strecke zwischen Durlach Turmberg und der Auer Straße ist ein vergleichbares Zu- und Abnehmen der mittleren Fahrplanabweichung zu erkennen. Dies ist stärker ausgeprägt als auf der Hinrichtung, da die Strecke über die Karl-Weyser-Straße länger ist.

Von der Auer Straße bis zum Durlacher Tor ist eine Zu- und Abnahme der mittleren Fahrplanabweichung zu erkennen. Diese ist jedoch weniger stark ausgeprägt als auf der entgegengesetzten Richtung. Dies kann durch die deutlich geringere Streuung erklärt werden und die damit einhergehende bessere Planbarkeit zu Beginn einer Linienroute.

Die Streuung der Fahrplanabweichung nimmt im Vergleich zur entgegengesetzten Richtung jedoch deutlich stärker zu. Eine mögliche Erklärung hierfür ist die noch sehr kleine Streuung zu Beginn der Linienroute. Die Streuung in Richtung

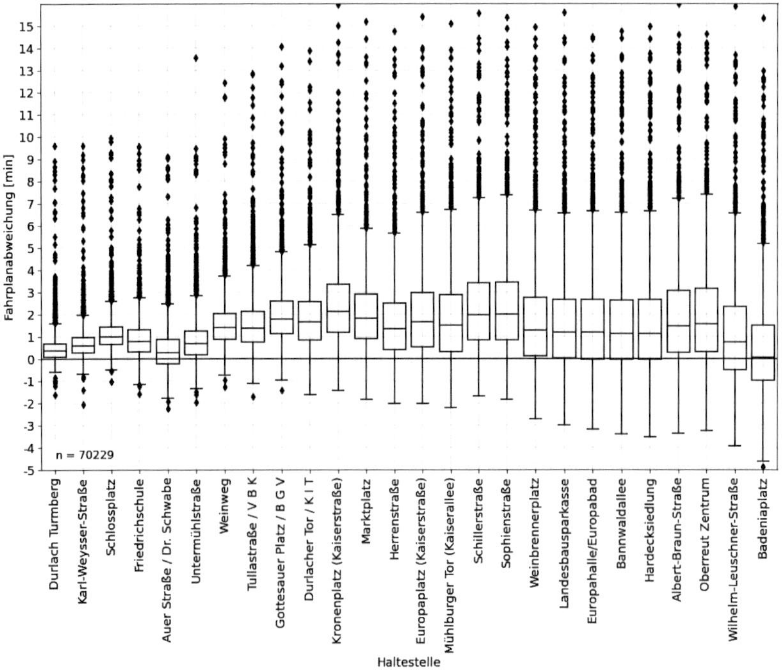

Abbildung 4.22: Verspätung an jeder Haltestelle der Linie 1 von Durlach nach Oberreut in Minuten

Durlach ist bereits vor diesem Streckenabschnitt verhältnismäßig hoch. Die Unterschiede der einzelnen Fahrplanabweichungen tragen damit nicht mehr zu einer weiteren Streuung auf diesem Streckenabschnitt bei. In Richtung Oberreut ist dies nicht der Fall, da sich die Fahrzeuge noch zu Beginn der Route befinden und die Streuung noch sehr gering ist.

Die Fahrgastzahlen streuen deutlich stärker als die Fahrplanabweichung, wie in Abbildung 4.23 dargestellt. An manchen Haltestellen (Gottesauerplatz) nimmt die Streuung der Fahrplanabweichung zu, während die der Fahrgastzahlen abnimmt. Wie bereits in der entgegengesetzten Richtung, zeigt dies auch hier, dass die Streuung der Fahrgastzahlen nur einen geringen oder keinen Einfluss auf die Streuung der Fahrplanabweichung hat.

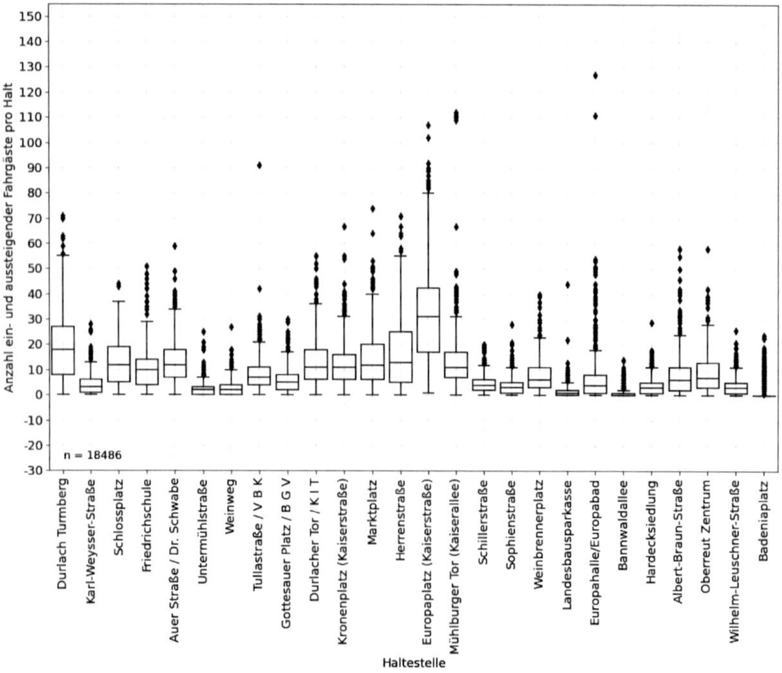

Abbildung 4.23: Ein- und Aussteigende Fahrgäste pro Halt an jeder Haltestelle der Linie 1 von Durlach nach Oberreut

Die Abfahrten an den Haltestellen Durlacher Tor und Kronenplatz sind dann wieder deutlich stärker gestreut. Wie in der entgegengesetzten Richtung bereits beschrieben, liegen hier zwei große MIV-Knotenpunkte direkt nach dem Durlacher Tor bzw. vor dem Kronenplatz. Es liegt daher nahe, dass diese zur Fahrplanabweichung und deren Streuung beitragen. Der Vergleich mit den Fahrgastzahlen bestärkt dies weiter. Die Fahrgastzahlen am Durlacher Tor sind höher und auch stärker gestreut als am Kronenplatz. Die Fahrplanabweichung und deren Streuung nimmt allerdings am Kronenplatz deutlich mehr zu.

Ab dem Kronenplatz bis zur Herrenstraße bleibt die Streuung wieder konstant bzw. nimmt sogar leicht ab und die Fahrplanabweichung nimmt deutlich ab. Dies ist wiederum erklärbar durch die Fußgängerzone, welche auch bereits in der entgegengesetzten Richtung diesen Effekt bewirkt hat. Der MIV-Knotenpunkt direkt vor dem Europaplatz trägt dann wiederum zu einer Zunahme der Fahrplanabweichung und auch deren Streuung bei. Die Fahrgastzahlen wie auch deren Streuung sind am Europaplatz sehr hoch. Ein Einfluss durch die Fahrgäste kann hier daher nicht ausgeschlossen werden. Die Unterschiede zu den anderen Haltestellen sind allerdings so hoch, dass die Fahrgäste nicht als primäre Streuungsursache angesehen werden können.

Auf dem Rest der Strecke nimmt die Streuung nur noch sehr leicht zu. Die Fahrplanabweichung bleibt auf einzelnen Streckenabschnitten ebenfalls konstant. Auf dem Streckenabschnitt zwischen Sophienstraße und Weinbrennerplatz ist ebenfalls wieder der Effekt der unterschiedlichen Fahrzeiten für Hin- und Rückrichtung erkennbar. Kurz vor der Haltestelle Weinbrennerplatz ist ein MIV-Knotenpunkt mit einer der meistbefahrenen Straßen in Karlsruhe. Anders als in der Hinrichtung, können die Fahrzeuge nicht an der Haltestelle warten, sondern müssen sich auf der freien Strecke an der LSA anmelden und dann kurz davor auf die Freigabe warten. Damit kann das Warten nicht in die Haltezeit am Weinbrennerplatz eingeplant werden, sondern wird in die Fahrplanzeit zwischen Sophienstraße und Weinbrennerplatz eingeplant. Dies zeigt auch Tabelle 4.4.

Zunächst liegt hier die Vermutung nahe, dass die Streckenabschnitte zwischen Weinbrennerplatz und Schillerstraße nicht innerhalb einer Minute fahrbar sind und vergleichbar zum Streckenabschnitt Durlacher Tor bis Auer Straße die Fahrplanzeiten des nächsten Streckenabschnitts jeweils die reale Abweichung des davor liegenden kompensieren. Der Vergleich der mittleren Fahrplanabweichungen auf der Hinrichtung am Weinbrennerplatz und an der Sophienstraße zeigt, dass sich die mittlere Fahrplanabweichung nur minimal ändert. Auf der Rückrichtung ist der gleiche Effekt bei der mittleren Fahrplanabweichung an der Schillerstraße und der Sophienstraße erkennbar. Dies steht in deutlichem Unterschied zum Streckenabschnitt Durlacher Tor bis Auer Straße, welcher bei einer vergleichbaren Streuung deutliche Abweichungen zeigt. Es liegt daher nahe, dass die zusätzliche Minute in der Fahrplanzeit als Puffer für die MIV-Knotenpunkte am Weinbrennerplatz und der Schillerstraße geplant sind. Durch diesen zusätzlichen Puffer in der Fahrplanzeit kann somit die Fahrplanabweichung und deren Streuung verringert werden.

Auf den letzten beiden Streckenabschnitten nimmt die Fahrplanabweichung wieder deutlich ab. Dazu ist auf der Strecke zwischen Oberreut-Zentrum und Wilhelm-Leuschner-Straße eine zusätzliche Minute Fahrplanzeit einkalkuliert. Die verbleibende Fahrplanabweichung kann dann in der Wendeschleife am Badeniaplatz abgebaut werden.

4.2.2.2.3 Linie 2 von Knielingen nach Wolfartsweier In Abbildung 4.24 sind die Fahrplanabweichung sowie deren Streuung an jeder Haltestelle der Linie 2 von Knielingen nach Wolfartsweier dargestellt. Zu Beginn des Fahrtverlaufs zeigt sich auf dem Streckenabschnitt zwischen der Lassallestraße und dem Städtischen Klinikum wiederum der Effekt der Fahrplangenauigkeit. Die Fahrplanabweichung nimmt zunächst aufgrund der Genauigkeit zu und wird an der Kußmaulstraße kompensiert. Dies zeigt auch die unterschiedliche Fahrplanzeit zwischen der Hertzstraße und der Kußmaulstraße in Tabelle 4.5. Ansonsten nimmt die Streuung auf diesem Abschnitt kontinuierlich leicht zu. Dies ist auf regelmäßige kleine MIV-Knotenpunkte zurückführbar. Eine starke Korrelation zu den Fahrgastzahlen, welche in Abbildung 4.25 dargestellt, ist auch hier nicht sichtbar.

Nach dem Städtischen Klinikum und vor der Yorckstraße passiert die Linie 2 jeweils einen größeren MIV Knotenpunkte. An der Yorckstraße biegt sie zudem auf eine der Hauptachsen des Karlsruher Liniennetzes ein. Ab hier verkehren fünf Linien gemeinsam. An der LSA des Knotenpunkts am Städtischen Klinikum kann die Anmeldung bereits aus der Haltestelle geschehen. Dadurch sorgt die Wartezeit wie an vergleichbaren Knotenpunkten nicht zu einer größeren Streuung der Abfahrtszeit. Vor der Yorckstraße muss sich das Fahrzeug auf freier Strecke anmelden, was zu einer leicht stärkeren Streuung an der Yorckstraße führt. Diese bleibt dann aber bis zum Mühlburger Tor konstant, da die Bahnen hier vollständig auf besonderem Bahnkörper verkehren und nur eine Interaktion mit der Linie 1

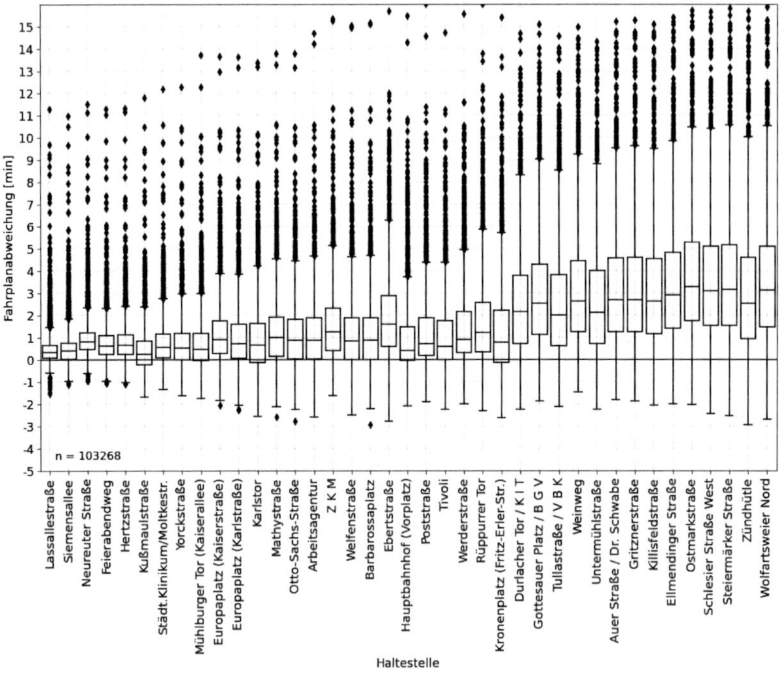

Abbildung 4.24: Verspätung an jeder Haltestelle der Linie 2 von Knielingen nach Wolfahrtsweier in Minuten

stattfindet, aber keine mit dem MIV. Die Fahrgastzahlen sind am städtischen Klinikum deutlich niedriger als an der Yorckstraße oder dem Mühlburger Tor. Wenn gleich die Fahrplanabweichung am städtischen Klinikum zunimmt. Der Fahrgastwechsel hat somit am städtischen Klinikum keinen Einfluss auf die Haltezeit. Diese wird maßgeblich durch den anschließenden MIV-Knotenpunkt verursacht. An der Yorckstraße und dem Mühlburger Tor ist sowohl die Anzahl Fahrgäste wie auch die Streuung der Fahrplanabweichung vergleichbar. Die Fahrgäste können hier einen leichten Einfluss auf die Streuung haben.

Auf der anschließenden Strecke bis zum Karlstor nimmt die Streuung weiter zu. Dies kann wiederum durch mehrere große MIV-Knotenpunkte erklärt werden. Am Europaplatz ist zusätzlich ein gemeinsamer Knotenpunkt des MIV und ÖV.

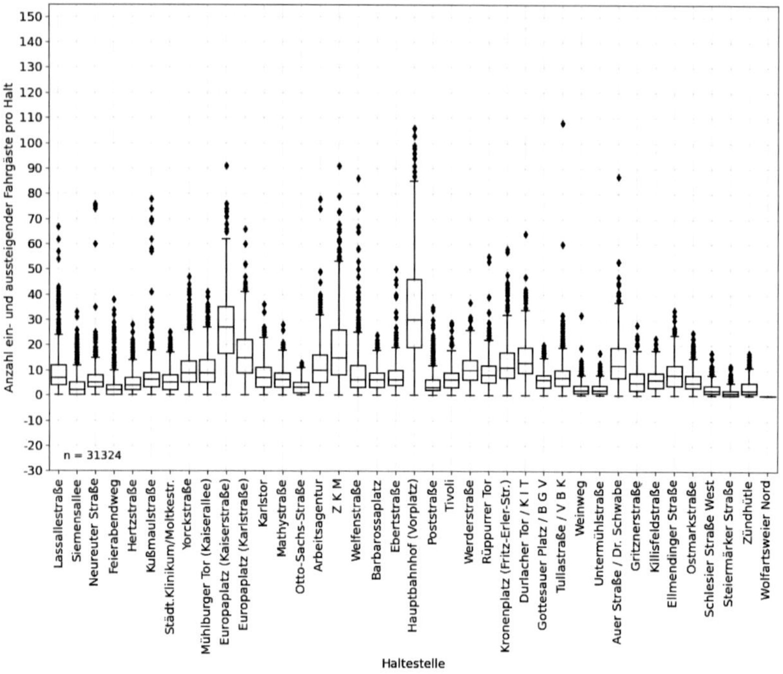

Abbildung 4.25: Ein- und Aussteigende Fahrgäste pro Halt an jeder Haltestelle der Linie 2 von Knielingen nach Wolfahrtsweier

Ab hier ändert sich die Zusammensetzung der Linien auf dem Streckenabschnitt bis zum Karlstor. Die Fahrgastzahlen sind im gleichen Abschnitt deutlich höher als zuvor, wenngleich die Fahrplanabweichung nicht so deutlich zunimmt, kann ein Einfluss des Fahrgastwechsels auf die Fahrplanabweichung nicht ausgeschlossen werden. Am Karlstor sind die Fahrgastzahlen wieder deutlich niedriger, die Streuung der Fahrplanabweichung nimmt jedoch stärker zu. Dies zeigt einen geringeren Einfluss der Fahrgäste im Vergleich zu den MIV-Knotenpunkten.

Weiter bis zum Barbarossaplatz hat die Fahrplanabweichung Zu- und Abnahmen durch die Genauigkeit des Fahrplans. Die Streuung bleibt in diesem Streckenabschnitt aber konstant. Die Fahrgastzahlen sind an diesen Haltestellen deutlich unterschiedlich, was einen Einfluss dieser auf die Fahrplanabweichung nahezu ausschließt. Weiter bis zur Ebertstraße passieren die Fahrzeuge wiederum Knotenpunkte mit dem MIV und direkt vor der Ebertstraße auch mit anderen Linien. Direkt nach der Ebertstraße ist ein Knotenpunkt mit Linien, die in Richtung Albtalbahnhof abbiegen. Diese blockieren beim Abbiegen auch Fahrzeuge in Richtung Hauptbahnhof, was zu einer deutlichen Steigerung der Streuung beiträgt.

Zusätzlich nimmt auch hier die Fahrplanabweichung wieder deutlich zu. Am Hauptbahnhof nimmt dann sowohl die Fahrplanabweichung wie auch deren Streuung wieder deutlich ab. Wie Tabelle 4.5 zeigt, sind hier wieder zusätzliche Minuten als Puffer einkalkuliert. Der Hauptbahnhof ermöglicht diesen Puffer, da hier auf vier Gleisen parallel gehalten werden kann. Ein Fahrzeug, welches aufgrund einer längeren Fahrplanzeit länger warten muss, kann hier von anderen Fahrzeugen überholt werden. Dementsprechend eignet sich der Bahnhof für zusätzliche Minuten, um sowohl die Fahrplanabweichung wie auch die Streuung leicht zu kompensieren.

Ab dem Hauptbahnhof bis zur Werderstraße nimmt die Fahrplanabweichung abwechselnd zu und ab, während die Fahrgastzahlen kontinuierlich zunehmen. Dies kann auch in diesem Abschnitt wieder auf die Ungenauigkeit des Fahrplans zurückgeführt werden. Die Streuung bleibt nahezu konstant. Lediglich an der Poststraße nimmt die Streuung zu. Hier sind direkt nach der Haltestelle zwei Knotenpunkte mit dem MIV, welche bei der Ausfahrt aus der Haltestelle zu einer größeren Streuung beitragen. Dies bestätigen auch die Interviews mit den Disponierenden.

> *"Anfällig ist auch die Poststraße am Bahnhof."*
>
> (Disponent:in D)

Auf der weiteren Strecke von der Werderstraße zum Kronenplatz nimmt die Streuung wieder deutlich zu, während die Fahrgastzahlen zeitweise sogar geringer sind. Dies kann durch mehrere Knotenpunkte mit dem MIV und anderen Linien erklärt werden. Der Einfluss des Fahrgastwechsels auf die Streuung ist auch hier wieder gering. Am Rüppurrer Tor nimmt die Streuung der Fahrplanabweichung bspw. deutlich zu, während die Anzahl an Fahrgästen niedriger ist als an der Werderstraße. Die Fahrplanabweichung nimmt am Kronenplatz wieder deutlich ab, was auf eine Korrektur der Fahrplangenauigkeit zurückgeführt werden kann. Diese ermöglicht damit auch einer größeren Anzahl an Fahrgästen den Ein- und Ausstieg.

Zwischen Kronenplatz und Durlacher Tor nimmt auch bei der Linie 2 die Fahrplanabweichung wie auch deren Streuung deutlich zu. Wie bereits bei der Linie 1 kann dies durch die beiden großen Knotenpunkte mit dem MIV und anderen Linien erklärt werden.

Auf der weiteren Strecke bis Wolfartsweiter bleibt die Streuung auf großen Teilen der Strecke auf hohem Niveau konstant. Wie bereits bei der Linie 1 gesehen, ist auch bei Linie 2 die Fahrplangenauigkeit auf der Strecke bis Auer Straße sichtbar. Die Fahrplanzeiten stimmen hier mit denen von Linie 1 überein, wie aus den Tabellen 4.4 und 4.5 ersichtlich wird. Am Zündhütle nimmt die Fahrplanabweichung wiederum stark ab. Dies liegt auch wieder an einer zusätzlichen Minute Puffer vor dem Zündhütle. Die Bahnen sind hiermit am Zündhütle im Mittel wieder deutlich pünktlicher. Dies ist besonders wichtig, da hier ein Umstiegspunkt zu den Bussen außerhalb des Stadtgebiets liegt. Dies ist gleichzeitig auch eine der wenigen Haltestellen, an denen eine Anschlusssicherung stattfindet. Jede Verspätung eines Fahrzeugs würde sich somit auch auf die abfahrenden Busse auswirken.

4.2.2.2.4 Linie 2 von Wolfartsweier nach Knielingen Die Rückrichtung der Linie 2 von Wolfartsweier nach Knielingen wird in Abbildung 4.26 dargestellt. Auf dem ersten Streckenabschnitt bis zur Auer Straße steigt sowohl die Fahrplanabweichung wie auch deren Streuung kontinuierlich an. Die Fahrplanabweichung wird dann zwischen der Gritznerstraße und der Auer Straße korrigiert. Dies bestätigen auch die Fahrzeiten zwischen diesen Haltestellen in Tabelle 4.5. Die Streuung kann wie bereits auf der entgegengesetzten Richtung durch mehrere kleinere und mittlere MIV-Knotenpunkte erklärt werden. Die

Tabelle 4.5: Fahrzeiten auf ausgewählten Streckenabschnitten der Linie 2, welche sich in Hin- und Rückrichtung unterscheiden.

Starthaltestelle	Endhaltestelle	Hinfahrt [min]	Rückfahrt [min]
Durlacher Tor / KIT	Gottesauer Platz / BGV	1	2
Gottesauer Platz / BGV	Tullastraße / VBK	2	1
Tullastraße / VBK	Weinweg	1	2
Weinweg	Untermühlstraße	2	1
Auer Straße / Dr. Schwabe	Gritznerstraße	1	2
Ebertstraße	Hauptbahnhof (Vorplatz)	3	1
Hauptbahnhof (Vorplatz)	Poststraße	1	3
Hertzstraße	Kußmaulstraße	2	1
Lassallestraße	Siemensallee	1	4
Siemensallee	Neureuter Straße	1	2
Rüppurrer Tor	Werderstraße	1	2
Werderstraße	Tivoli	2	1
Steiermärker Straße	Zündhütle	2	1

Steigung der Fahrplanabweichung am Zündhütle wird vermutlich durch die Fahrplangenauigkeit verursacht, da dies auch in der Rückrichtung der Fall ist. Zusätzlich könnte auch die Anschlusssicherung für Fahrgäste, welche von den Bussen auf die Bahnen umsteigen, einen Einfluss haben. Abbildung 4.27 zeigt die Fahrgastzahlen in dieser Richtung. Zwischen den Fahrgastzahlen sowie deren Streuung und der Fahrplanabweichung und deren Streuung kann in diesem Streckenabschnitt keine Korrelation erkannt werden. Dies stützt auch hier die

These, dass die Streuung der Fahrplanabweichung durch die MIV-Knotenpunkte verursacht wird.

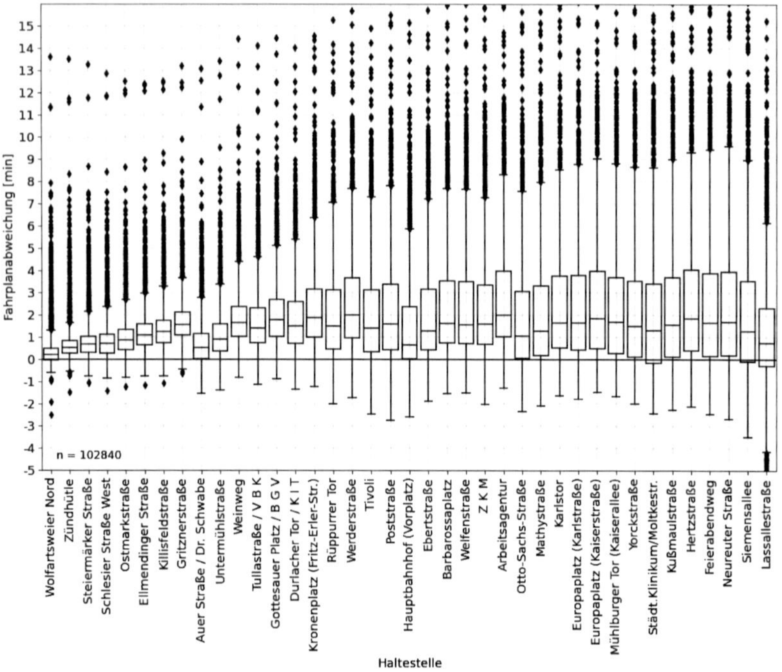

Abbildung 4.26: Verspätung an jeder Haltestelle der Linie 2 von Wolfahrtsweier nach Knielingen in Minuten

Auf der weiteren Strecke bis zum Durlacher Tor ist wieder eine vergleichbare Zu- und Abnahme der Fahrplanabweichung wie in der entgegengesetzten Richtung zu erkennen. Die Streuung steigt auf diesem Streckenabschnitt deutlich an, bleibt aber unter dem Niveau der entgegengesetzten Richtung, da sich die Fahrzeuge noch am Anfang der Route befinden.

Ab dem Durlacher Tor bis zum Rüppurrer Tor bleibt die Fahrplanabweichung bis auf die Fahrplangenauigkeit nahezu konstant. Die Streuung nimmt allerdings

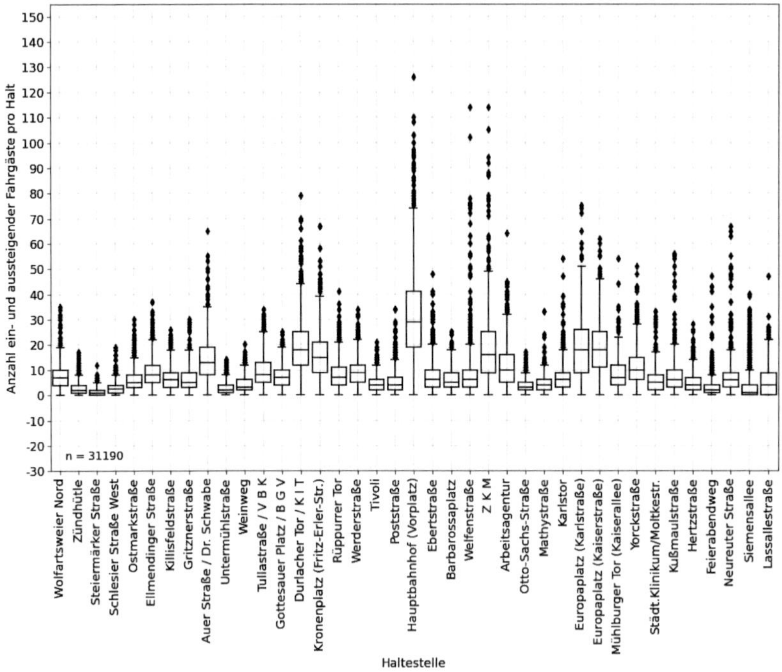

Abbildung 4.27: Ein- und Aussteigende Fahrgäste pro Halt an jeder Haltestelle der Linie 2 von Wolfahrtsweier nach Knielingen

stark zu, während die Fahrgastzahlen deutlich abnehmen. Dies kann daher durch mehrere große Knotenpunkte mit dem MIV und anderen Linien begründet werden. Insbesondere direkt nach dem Rüppurrer Tor befindet sich ein Knotenpunkt mit dem MIV und anderen querenden Linien. Die Anmeldung an der LSA kann hier in der Haltestelle stattfinden, somit verzögert sich zwar die Wartezeit, diese kann aber für den Fahrgastwechsel genutzt werden. Eine zusätzliche Minute Puffer zur Kompensation der Fahrplanabweichung kann an dieser Stelle nur schwer eingeplant werden. Der Streckenabschnitt wird von sechs Linien befahren wovon drei Linien mindestens im zehn Minuten Takt fahren. Längere Standzeiten für Fahrzeuge, die pünktlich ankommen, könnte dann dazu führen, dass verspätete Fahrzeuge anderer Linien weiter Verspätung aufbauen. Eine Überholung auf einem anderen Gleis ist hier nicht möglich. Unterschiedliche Fahrplanzeiten zwischen dem Rüppurrer Tor und dem Tivoli, wie sie in Tabelle 4.5 zu sehen sind, dienen lediglich dazu, die Fahrplangenauigkeit auszugleichen.

Die Fahrplanabweichung nimmt auf den nächsten Streckenabschnitt bis zum Hauptbahnhof wieder leicht ab. Am Hauptbahnhof fällt die Fahrplanabweichung dann nochmals stark ab. Hier sind wie in der entgegengesetzten Richtung zusätzliche Minuten als Haltezeit eingeplant. Diese sorgen dafür, dass die Bahnen ab dem Hauptbahnhof wieder deutlich pünktlicher abfahren. Die Streuung bleibt auf dem Streckenabschnitt nahezu konstant.

Auf dem darauffolgenden Streckenabschnitt bis zum Barbarossaplatz nimmt die Fahrplanabweichung wie auch deren Streuung wieder zu. Dies kann wie bereits in der entgegengesetzten Richtung durch mehrere kleine und große Knotenpunkte mit dem MIV und anderen Linien begründet werden. Ab dem Barbarossaplatz bis zum Karlstor bleibt die Streuung dann nahezu konstant. Die Zu- und Abnahme der Fahrplanabweichung kann wieder durch die Fahrplangenauigkeit begründet werden. Die Streuung der Fahrgastzahlen ist auf diesem Streckenabschnitt sehr groß, hat aber keinen Einfluss auf die Streuung der Fahrplanabweichung.

Auf der weiteren Strecke bis zur Lassallestraße ist eine vergleichbare Zu- und Abnahme der Fahrplanabweichung erkennbar, welche wie in der entgegengesetzten Richtung auf die Fahrplangenauigkeit zurückzuführen ist. Sowohl an der Siemensallee wie auch an der Lassallestraße nimmt die Fahrplanabweichung deutlicher ab. Dies ist durch unterschiedliche Fahrplanzeiten in Hin- und Rückrichtung erklärbar.

4.2.2.2.5 Linie 3 vom Tivoli in die Heide Die Fahrplanabweichungen und deren Streuung der Linie 3 vom Tivoli in die Heide sind in Abbildung 4.28 dargestellt. Im Mittel nimmt die Fahrplanabweichung leicht zu, wie bereits bei den anderen Linien ist auch hier die Zu- und Abnahme durch die Fahrplangenauigkeit zu erkennen. An der Poststraße nimmt die Streuung deutlich zu. Am Hauptbahnhof ist diese aber nahezu gleich, wie am Tivoli. Nach dem Hauptbahnhof nimmt die Streuung bis zum Mühlburger Tor kontinuierlich zu. Dies ist wie bereits bei den anderen Linien ebenfalls durch Knotenpunkte mit dem MIV oder anderen Linien erklärbar. Zusätzlich verkehren die Fahrzeuge zwischen dem Kolpingplatz und der Mathystraße auf straßenbündigem Bahnkörper. Sie teilen sich hier auf einem Teilabschnitt die Fahrbahn mit dem MIV. Dies könnte ebenfalls zu einem Zunehmen der Streuung und der Fahrplanabweichung beitragen. Ein Vergleich mit den Fahrgastzahlen, wie in Abbildung 4.29 dargestellt, zeigt dass der Einfluss des Fahrgastwechsels auf hier sehr begrenzt ist.

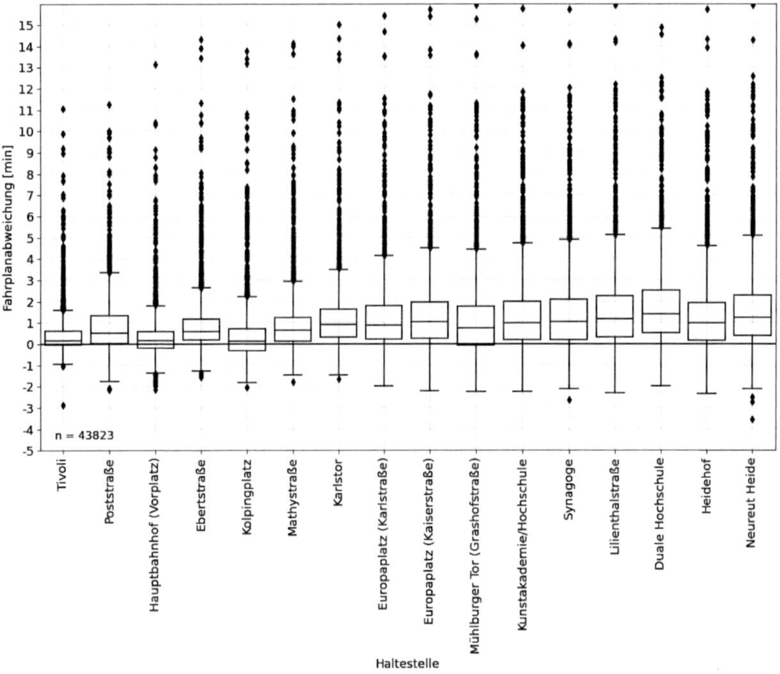

Abbildung 4.28: Verspätung an jeder Haltestelle der Linie 3 vom Tivoli in die Heide in Minuten

Nach dem Mühlburger Tor verkehrt die Linie 3 alleine auf besonderem Bahnkörper mit signalisierten Knotenpunkten mit dem MIV. Die Streuung bleibt bis zur letzten Haltestelle konstant. Am Heidehof nimmt die Fahrplanabweichung leicht ab. Der Heidehof ist eine weitere Haltestelle bei der eine Anschlusssicherung

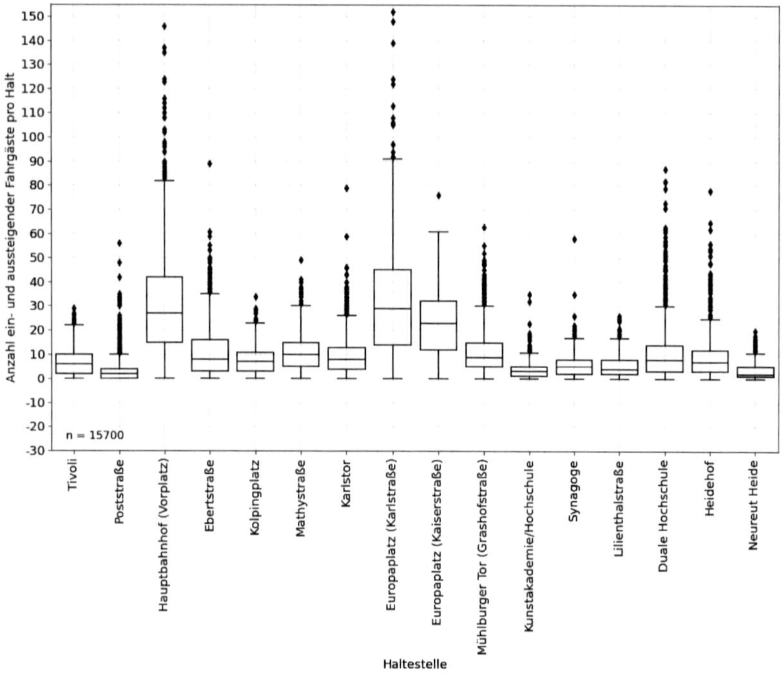

Abbildung 4.29: Ein- und Aussteigende Fahrgäste pro Halt an jeder Haltestelle der Linie 3 vom Tivoli in die Heide

zum Bus stattfindet. Wie in Tabelle 4.6 dargestellt, ist auf dem Abschnitt zum Heidehof eine zusätzliche Minute in der Fahrplanzeit eingeplant. Diese sorgt hier für pünktlichere Fahrzeuge und damit weniger Auswirkungen auf die wartenden Busse.

4.2.2.2.6 Linie 3 von der Heide an den Tivoli Die Rückrichtung der Linie 3 von der Heide an den Tivoli wird in Abbildung 4.30 dargestellt und ist vergleichbar zur Hinrichtung. Bis zum Mühlburger Tor bleibt die Streuung nahezu konstant bzw. nimmt nur geringfügig zu. Vor dem Mühlburger Tor wurde, wie in Tabelle 4.6 dargestellt, eine zusätzliche Minute Fahrplanzeit eingeplant. Diese sorgt dafür, dass die Fahrplanabweichung am Mühlburger Tor leicht

Tabelle 4.6: Fahrzeiten auf ausgewählten Streckenabschnitten der Linie 3, welche sich in Hin- und Rückrichtung unterscheiden.

Starthaltestelle	Endhaltestelle	Hinfahrt [min]	Rückfahrt [min]
Duale Hochschule	Heidehof	2	1
Heidehof	Neureut Heide	2	1
Kunstakademie / Hochschule	Mühlburger Tor (Grashofstraße)	2	1

abnimmt. Anschließend nimmt die Streuung bis zur Ebertstraße kontinuierlich zu, bevor sie am Hauptbahnhof leicht abnimmt und anschließend bis zum Tivoli konstant bleibt.

Die Fahrplanabweichung nimmt, wie in der entgegengesetzten Richtung, bis auf die Fahrplangenauigkeit kontinuierlich zu. Die Zunahme der Fahrplanabweichung wie auch deren Streuung ist allerdings deutlich ausgeprägter als auf der entgegengesetzten Richtung. Der Einfluss des Fahrgastwechsels ist auch in dieser Richtung sehr begrenzt, wie Abbildung 4.31 zeigt. Unterschiede der Fahrgastzahlen zwischen den Haltestellen sorgen nicht für eine vergleichbare Veränderung der Fahrplanabweichung oder deren Streuung.

4.2.2.2.7 Linie S5 von Knielingen nach Grötzingen Die Linie S5 ist eine Tram-Train-Linie bzw. verkehrt nach dem Karlsruher-Modell. D.h. sie fährt innerhalb des Stadtgebiets auf den gleichen Gleisen wie die Straßenbahnen und außerhalb verkehrt sie auf dem Netz der Vollbahn. Die Betriebsart wechselt damit an den Stadtgrenzen. Außerhalb des Stadtnetzes verkehren die Fahrzeuge auf signalisierten Strecken und werden auch dementsprechend anders disponiert. Die Linie fährt insgesamt von Wörth nach Pforzheim, in der hier vorliegenden Analyse wird allerdings nur der Abschnitt innerhalb des Stadtgebiets betrachtet, da dieser vergleichbar zu den Straßenbahnen ist. Der Streckenabschnitt reicht damit von der Rheinbergstraße in Knielingen bis zum Bahnhof Grötzingen. Die

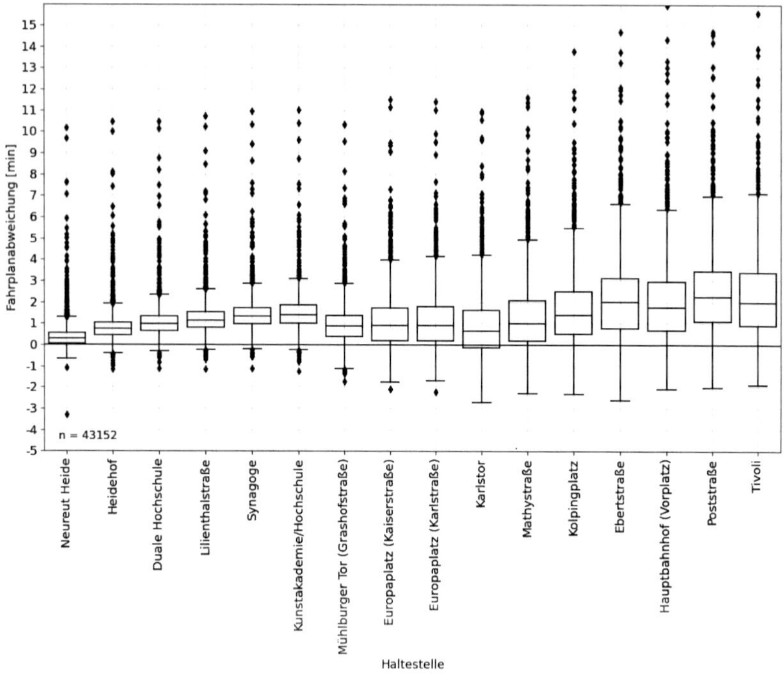

Abbildung 4.30: Verspätung an jeder Haltestelle der Linie 3 von der Heide an den Tivoli in Minuten

Fahrplanabweichungen des Streckenabschnitts zeigt Abbildung 4.32. Die dazu passenden Fahrgastzahlen sind in Abbildung 4.33 dargestellt.

In der Fahrtrichtung von Knielingen nach Grötzingen ist die Fahrplanabweichung und deren Streuung von Wörth kommend sehr gering. Bis zur Händelstraße nimmt die Fahrplanabweichung und deren Streuung nahezu kontinuierlich zu. Die Fahrgastzahlen sind an diesen Haltestellen jedoch vergleichbar gering. Wie in Tabelle 4.7 dargestellt, sind lediglich zwischen dem Lameyplatz und dem Entenfang sowie zwischen der Händelstraße und der Yorckstraße zusätzliche Minuten Fahrplanzeit einkalkuliert. Diese kompensieren zum einen die Fahrplangenauigkeit und am Entenfang zudem die erhöhte Nachfrage. Damit nimmt ab der Händelstraße auch die Streuung bis zum Mühlburger Tor ab. Der

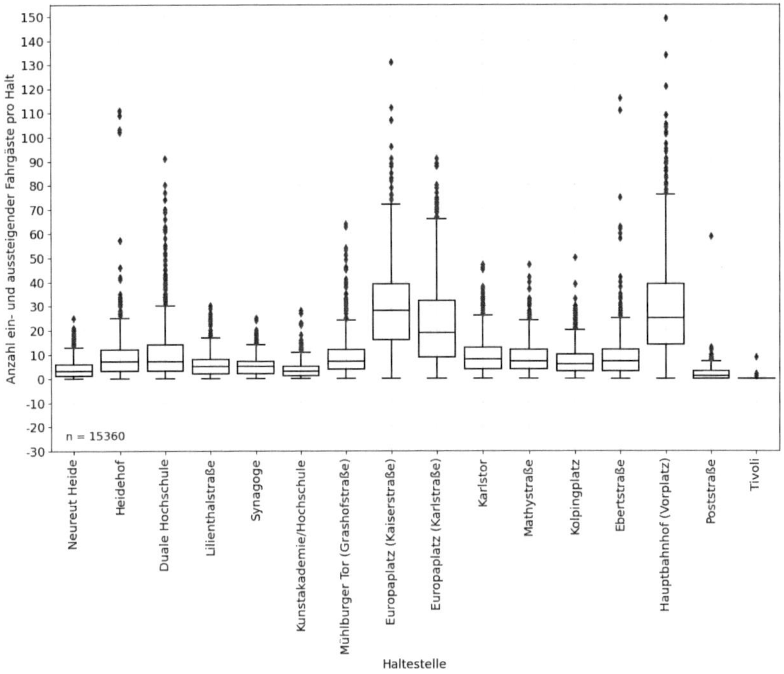

Abbildung 4.31: Ein- und Aussteigende Fahrgäste pro Halt an jeder Haltestelle der Linie 3 von der Heide an den Tivoli

Knotenpunkt vor der Yorckstraße hat hier keinen wesentlichen Einfluss auf die Fahrplanabweichung und deren Streuung, da die Linie S5 in der gleichen Richtung verkehrt wie der größere Teil des MIV. Die leicht höhere Nachfrage an der Yorckstraße trägt ebenfalls nicht zu einer Zunahme der Streuung der Fahrplanabweichung bei.

Nach dem Mühlburger Tor nimmt sowohl die Fahrplanabweichung wie auch deren Streuung nahezu kontinuierlich zu. Ausgenommen davon sind die Fußgängerzone und Korrekturen der Fahrplangenauigkeit, wie bspw. auf dem Abschnitt zwischen Durlacher Tor und Untermühlstraße. Am Bahnhof in Durlach nimmt sowohl die Fahrplanabweichung wie auch deren Streuung leicht ab. Hierfür ist wiederum eine zusätzliche Minute in der Fahrplanzeit am Durlacher Bahnhof verantwortlich,

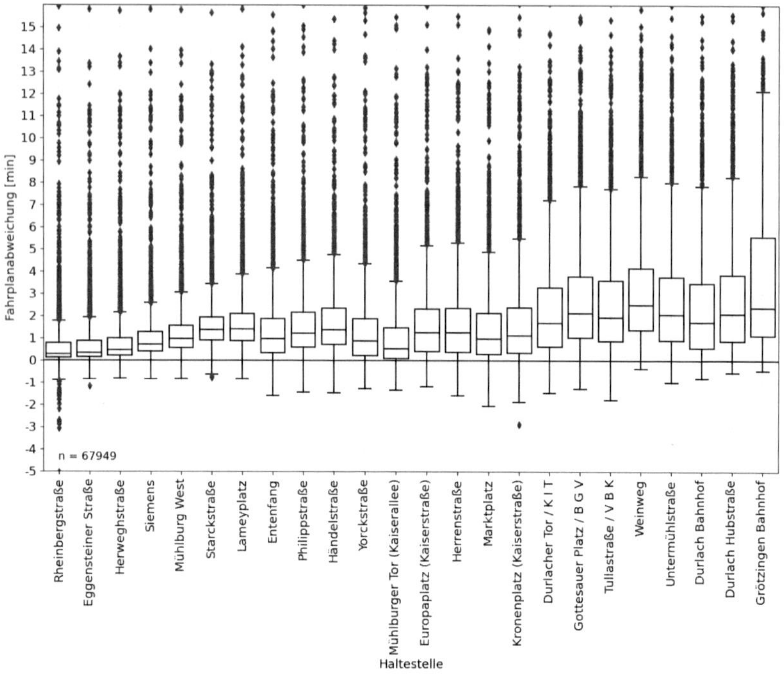

Abbildung 4.32: Verspätung an jeder Haltestelle der Linie S5 von Knielingen nach Grötzingen in Minuten

siehe 4.7. Die Abfahrt am Bahnhof in Grötzingen liegt dann nicht mehr in der Verantwortung der städtischen Leitstelle, zeigt aber eine deutlich größere Streuung. Eine Vermutung für die deutlichere Streuung wäre zum einen, dass der Bahnhof auch von überregionalen Zügen genutzt wird. In Abstimmung mit diesen könnte eine Streckenfreigabe notwendig sein, trotz separeten Gleisen für die S-Bahn. Zum anderen existiert bis zur nächsten Haltestelle teilweise nur ein separates Gleis für die S-Bahn.

4.2.2.2.8 Linie S5 von Grötzingen nach Knielingen In der Rückrichtung beginnt die Fahrt in Grötzingen deutlich unpünktlicher und wesentlich breiter gestreut, als von Wörth kommend. In Abbildung 4.34 wird dies deutlich.

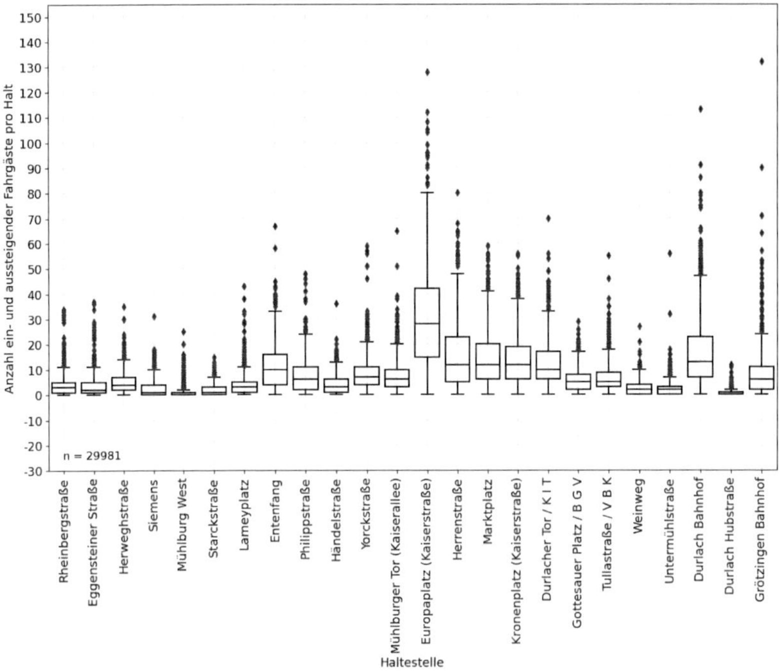

Abbildung 4.33: Ein- und Aussteigende Fahrgäste pro Halt an jeder Haltestelle der Linie S5 von Knielingen nach Grötzingen

Die Strecke von Pforzheim bis Grötzingen ist auch wesentlich länger als die Strecke von Wörth nach Knielingen. Die Streuung und die Fahrplanabweichung bleiben relativ konstant bis zum Weinweg. Am Weinweg nimmt sie leicht zu und bleibt dann wie bereits bei Linie 1 und Linie 2 bis zum Durlacher Tor konstant. Auch die mittlere Fahrplanabweichung verhält sich wie bei den anderen beiden Linien. Am Kronenplatz nimmt die Streuung dann erneut zu. Auch dies ist vergleichbar zum Verhalten der Linie 1. Dementsprechend ist es auch hier durch die Knotenpunkte mit dem MIV und anderen Linien erklärbar. Ein Vergleich mit den in Abbildung 4.35 dargestellten Fahrgastzahlen bestätigt dies. Die Fahrgastzahlen unterscheiden sich zwischen den Haltestellen. Die Fahrplanabweichung korreliert allerdings nicht mit ihnen.

Tabelle 4.7: Fahrzeiten auf ausgewählten Streckenabschnitten der Linie S5, welche sich in Hin- und Rückrichtung unterscheiden.

Starthaltestelle	Endhaltestelle	Hinfahrt [min]	Rückfahrt [min]
Durlach Hubstraße	Durlach Bahnhof	2	1
Durlach Bahnhof	Untermühlstraße	1	2
Durlacher Tor / KIT	Gottesauer Platz / BGV	1	2
Gottesauer Platz / BGV	Tullastraße / VBK	2	1
Tullastraße / VBK	Weinweg	1	2
Eggensteiner Straße	Rheinbergstraße	3	1
Entenfang	Lameyplatz	2	3
Händelstraße	Yorckstraße	2	1

Nach der Fußgängerzone am Europaplatz nimmt die Streuung dann wieder leicht zu. Auch dieses Verhalten ist analog zur Linie 1. Bis zur Rheinbergstraße nimmt die Streuung weiter leicht zu. Die Fahrplanabweichung nimmt bis zur Eggensteiner Straße zu. Dies kann wie auf anderen Streckenabschnitten auch, durch mehrere kleinere und größere MIV-Knotenpunkte erklärt werden. An der Rheinbergstraße nimmt die Fahrplanabweichung dann deutlich ab. Hier sind zusätzliche Minuten als Puffer eingeplant, um möglichst pünktlich das Stadtgebiet verlassen zu können. Dies bestätigt Tabelle 4.7.

4.2.2.3 Vergleich der Linien

Bei allen betrachteten Linien nimmt die Fahrplanabweichung im Verlauf der Linienroute zu und liegt an der Endhaltestelle höher als an der Starthaltestelle. Die Streuung nimmt ebenfalls über den Linienverlauf zu. Dies ist vergleichbar zu den Ergebnissen von Strathman u. Hopper (1993) und Abkowitz u. Engelstein

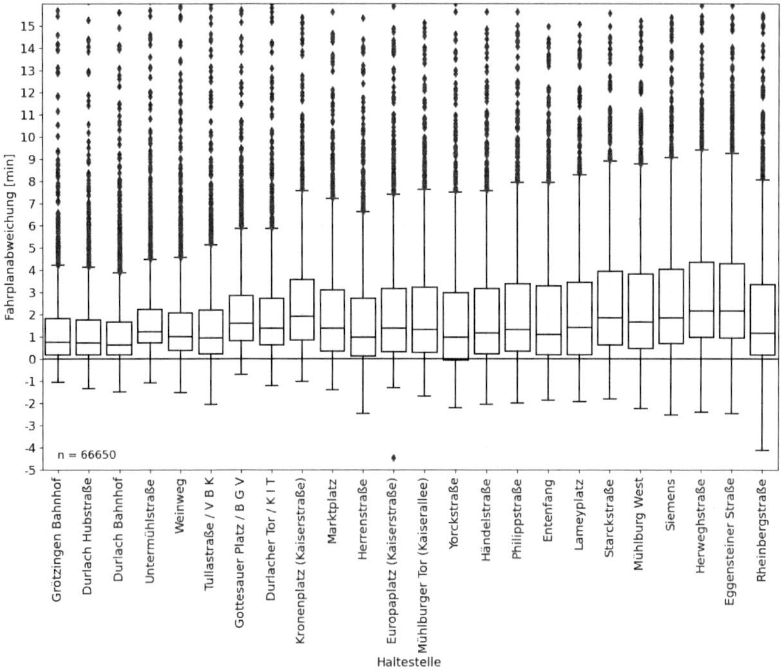

Abbildung 4.34: Verspätung an jeder Haltestelle der Linie S5 von Grötzingen nach Knielingen in Minuten

(1983a). Dabei ist zu beobachten, dass auf kurzen Linien, wie der Linie 3, die Zunahme niedriger ist als bei längeren Linien, wie der Linien 1 und S5. Bei der Linie 2 ist dieses Phänomen besonders ausgeprägt, weil sie die längste Straßenbahnlinie in Karlsruhe ist. Die Fahrplanabweichung der Linie 2 und deren Streuung ist an der Endhaltestelle deutlich höher als bei den anderen Linien. Dieser Effekt kann auch nicht durch zusätzliche Minuten am Hauptbahnhof kompensiert werden. Dieser Puffer wirkt zunächst wie eine Zweiteilung der Linie. Fahrplanabweichungen, die bis zum Hauptbahnhof aufgebaut wurden, können dort in begrenztem Maße wieder abgebaut werden. Abbildung 4.36 zeigt diesen Effekt. Während die Linien 3 und 4 am Hauptbahnhof mit einer vergleichbaren Fahrplanabweichung abfahren, verkehrt Linie 2 wieder deutlich

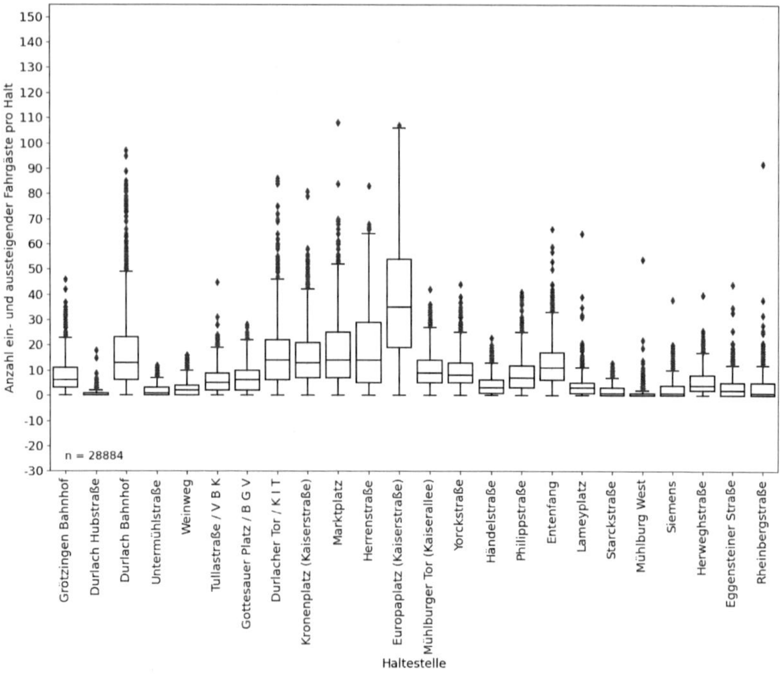

Abbildung 4.35: Ein- und Aussteigende Fahrgäste pro Halt an jeder Haltestelle der Linie S5 von Grötzingen nach Knielingen

pünktlicher. Dies liegt an unterschiedlichen Fahrplanzeiten für die Linien auf dem Streckenabschnitt zwischen der Ebertstraße und dem Hauptbahnhof. Tabelle 4.8 zeigt die Fahrplanzeiten der Linien auf diesem Streckenabschnitt. Während für die Linie 2 den gesamten Tag über drei Minuten eingeplant werden, ist es in der Schwachlastzeit auf den Linien 3 und 4 nur eine Minute bzw. zwei Minuten während des Tages. Die Linie 2 erhält somit eine zusätzliche Minute Pufferzeit am Bahnhof. Für die Linien 3 und 4 ist dies nicht notwendig, da beide Linien am Tivoli wenden. Eine Fahrplanabweichung kann somit am Tivoli kompensiert werden.

Der gleiche Effekt wird auch in die entgegengesetzte Richtung genutzt. Abbildung 4.37 und Tabelle 4.9 zeigen dies. Der Effekt wirkt sich hier allerdings auf die

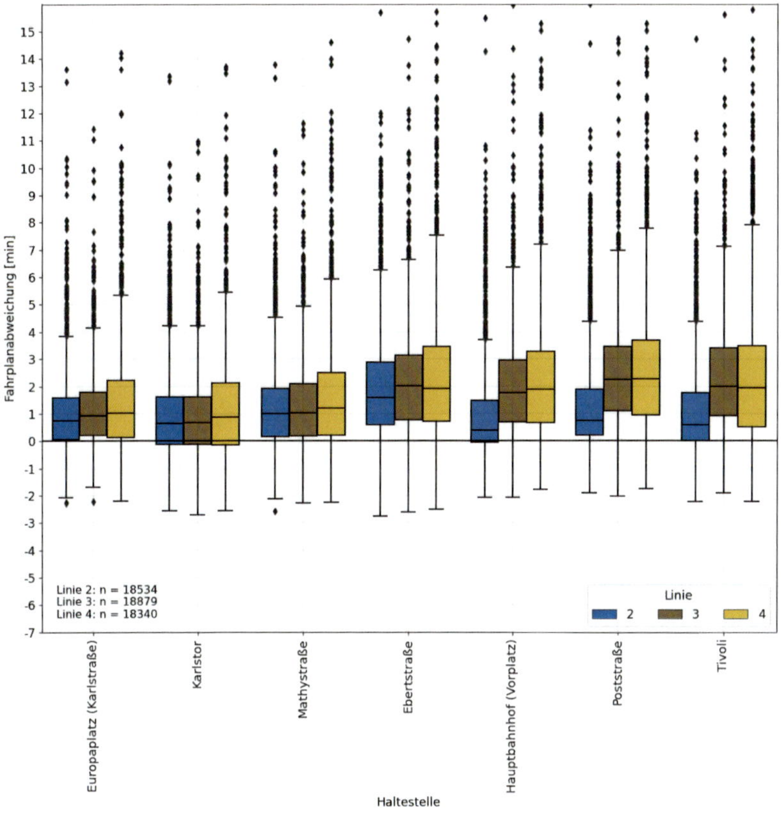

Abbildung 4.36: Fahrplanabweichung der Linien 2, 3 und 4 auf dem Streckenabschnitt Europaplatz und Tivoli

Tabelle 4.8: Fahrzeiten auf dem Streckenabschnitt von der Ebertstraße zum Hauptbahnhof der Linien 2, 3 und 4 zu unterschiedlichen Tageszeiten

Linie	Tageszeit	Fahrzeit inklusive Standzeit
2	0 - 24 Uhr	3 min
3	0 - 5 Uhr und 19 - 24 Uhr	1 min
3	5 - 19 Uhr	2 min
4	0 - 5 Uhr und 19 - 24 Uhr	1 min
4	5 - 19 Uhr	2 min

Linien 2 und 3 aus, während die Fahrzeit für Linie 4 am kürzesten ist. Die erhöhte Fahrzeit der Linie 3 zwischen 7 und 8 Uhr ist auf die Pendelnden- und Schülerspitze am Morgen zurückzuführen. Hier wird mehr Haltezeit für den Fahrgastwechsel eingeplant.

Bei der Analyse der Fahrplanabweichung im räumlichen Kontext in Kapitel 4.2.2.2 hat die Fahrgastnachfrage auf vielen Streckenabschnitten nur einen begrenzten Einfluss auf die Fahrplanabweichung. Wie in Kapitel 4.2.2.1 beschrieben, ist die Fahrgastnachfrage aber im zeitlichen Kontext relevant. Am Hauptbahnhof zeigt sich dieser Unterschied sehr deutlich. Der Fahrgastwechsel bestimmt die Haltezeit wesentlich und hat damit einen Einfluss auf die Fahrplanabweichung auf den Streckenabschnitten danach. Da am Hauptbahnhof keine Interaktion mit dem MIV stattfindet, kann dies hauptsächlich durch eine sehr hohe Fahrgastnachfrage begründet werden. In der Hauptverkehrszeit am Morgen ist dies am deutlichsten. Wie Tabelle 4.9 zeigt, wird hier bereits in der Planung für die Linie 3, welche direkt in die Innenstadt fährt, zusätzliche Haltezeit eingeplant.

Die Puffermöglichkeiten innerhalb einer Linie sind allerdings begrenzt. Die Pufferzeit kann nicht beliebig verlängert werden. Für Fahrgäste, die nicht an der Haltestelle mit Pufferzeit umsteigen, sondern zu einer der nächsten Haltestellen fahren, verlängert jede Minute Puffer die Reisezeit. Fahrzeuge, die pünktlich fahren, müssen diese Pufferzeit trotzdem an der Haltestelle abwarten. Damit

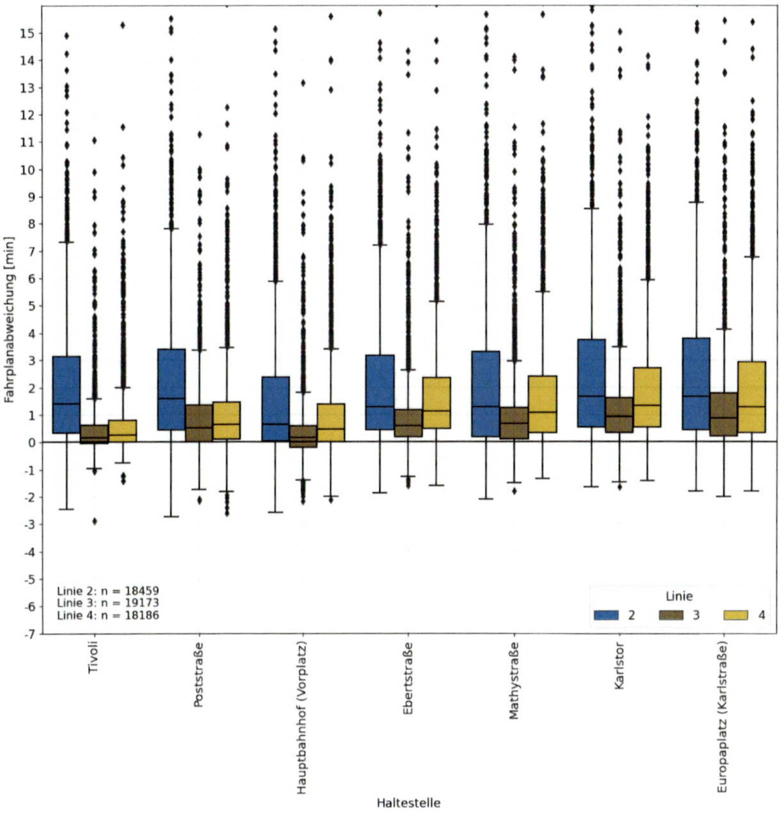

Abbildung 4.37: Fahrplanabweichung der Linien 2, 3 und 4 auf dem Streckenabschnitt Tivoli und Europaplatz

Tabelle 4.9: Fahrzeiten auf dem Streckenabschnitt von der Poststraße zum Hauptbahnhof der Linien 2, 3 und 4 zu unterschiedlichen Tageszeiten

Linie	Tageszeit	Fahrzeit inklusive Standzeit
2	0 - 24 Uhr	3 min
3	0 - 24 Uhr	3 min
3	7 Uhr	4 min
4	5 - 19 Uhr	2 min
4	0 - 5 Uhr und 19 bis 24 Uhr	3 min

blockieren sie unter Umständen nachfolgende Fahrzeuge, die eigentlich vor ihnen fahren sollten, aufgrund einer Verspätung aber hinter dem Fahrzeug mit Pufferzeit fahren. Die Verspätung des nachfolgenden Fahrzeugs wird durch das Abwarten der Pufferzeit somit noch größer. Eine Pufferzeit wie bei der Linie 2 sollte daher nur an Haltestellen mit Überholmöglichkeit genutzt werden. Der Hauptbahnhof mit mehreren parallelen Gleisen in beide Richtungen ist dafür geeignet. Verspätete nachfolgende Fahrzeuge können ein wartendes Fahrzeug überholen ohne weitere Verspätung aufzubauen. Der Hauptbahnhof ist gleichzeitig allerdings auch eine der wenigen Haltestellen, an denen dies in Karlsruhe möglich ist.

Die Länge einer Linie ist allerdings nicht der einzige räumliche Einflussfaktor. Die Analyse der Linie 3 zeigt, dass die Fahrplanabweichung und deren Streuung in Richtung Tivoli ausgeprägter sind als in Richtung Heide. Dies kann damit zusammenhängen, dass die Streckenabschnitte mit vielen Interaktionen mit anderen Linien und dem MIV zu Beginn einer Fahrt liegen. Ein Fahrzeug hat noch keine große Fahrplanabweichung und kann daher die Streckenabschnitte in der geplanten Zeit abfahren. In der Rückrichtung wird zunächst auf einem Streckenabschnitt mit keiner Interaktion mit anderen Linien gefahren. Durch Knotenpunkte mit dem MIV entsteht allerdings eine leichte Fahrplanabweichung und auch eine leichte Streuung dieser. Dies könnte bereits ausreichen, um nach dem Einbiegen auf eine der Hauptachsen in Karlsruhe weitere Fahrplanabweichungen zu generieren. Zumal sich die Linie 3 den Rest der Strecke komplett mit anderen Linien teilen muss.

Ein vergleichbares Bild zeigt der Vergleich der Linien 1 und 2 in Abbildung 4.38. Linie 1 und 2 teilen sich im Stadtgebiet einen Teil ihrer Linienroute. Während die Fahrplanabweichung und deren Streuung zwischen den Linien an den ersten beiden Haltestellen vergleichbar ist, ist sie ab dem Durlacher Tor deutlich unterschiedlich.

Die Linie 1 fährt zwischen Mühlburger Tor und Durlacher Tor durch die Fußgängerzone. Die Linie 2 fährt einen deutlich längeren Weg über den Hauptbahnhof. Während die Fußgängerzone einen sehr begrenzten Einfluss auf die Fahrplanabweichung hat, sorgt der längere Weg der Linie 2 zusammen mit einer Vielzahl von Knotenpunkten mit dem MIV und anderen Linien für eine deutliche Fahrplanabweichung und auch deren Streuung ist deutlich größer.

Werden die Linien einzeln betrachtet, so erklären sich auf den einzelnen Streckenabschnitten Fahrplanabweichungen und die Veränderung der Streuung oft durch Eigenschaften des Streckenabschnitts. Ein Vergleich zwischen den Linien bestätigt dies zusätzlich, zeigt aber auch darüberhinausgehende Einflussfaktoren. Diese erzeugen auf den gleichen Streckenabschnitten teilweise Unterschiede zwischen den Linien.

Betrachtet man den Vergleich der Linien 1, 2, S4 und S5 auf dem Streckenabschnitt zwischen der Untermühlstraße und dem Durlacher Tor, wie in Abbildung 4.39 dargestellt, werden mehrere Unterschiede zwischen den Linien sichtbar. Das obere Perzentil der Fahrplanabweichung bleibt bei den Linien S4 und S5 nahezu gleich. Das untere Perzentil und der Median sinken bei diesen beiden Linien bis zur Tullastraße aber gleichzeitig ab. Dies bedeutet, die Fahrzeuge können auf diesem Streckenabschnitt Verspätung abbauen. Bei der Linie S5 ist dies durch die geringere Streuung an der Untermühlstraße deutlich ausgeprägter als bei der Linie S4. Im Vergleich dazu steigt sowohl das obere wie auch das untere Perzentil der Fahrplanabweichung bei den Linien 1 und 2 an. Das obere

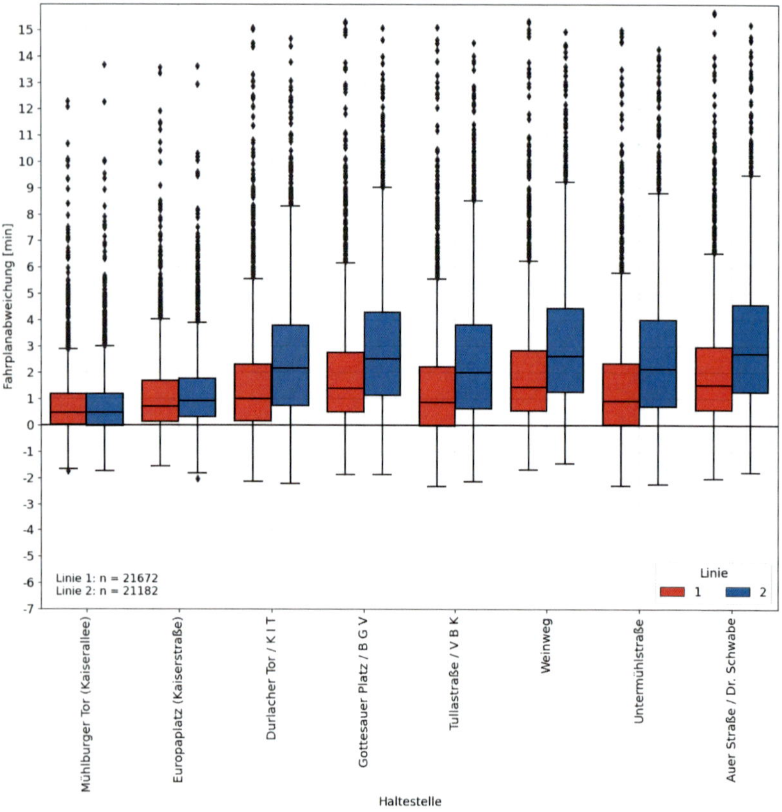

Abbildung 4.38: Fahrplanabweichung der Linien 1 und 2 zwischen Mühlburger Tor und Auer Straße. Zwischen den Haltestellen *Europaplatz (Kaiserstraße)* und *Durlacher Tor / KIT* verkehren die Linien auf einem unterschiedlichen Linienweg.

Perzentil steigt dabei stärker an als das untere. Dies zeigt einen Unterschied zwischen den Tram-Train-Linien und den Straßenbahnlinien.

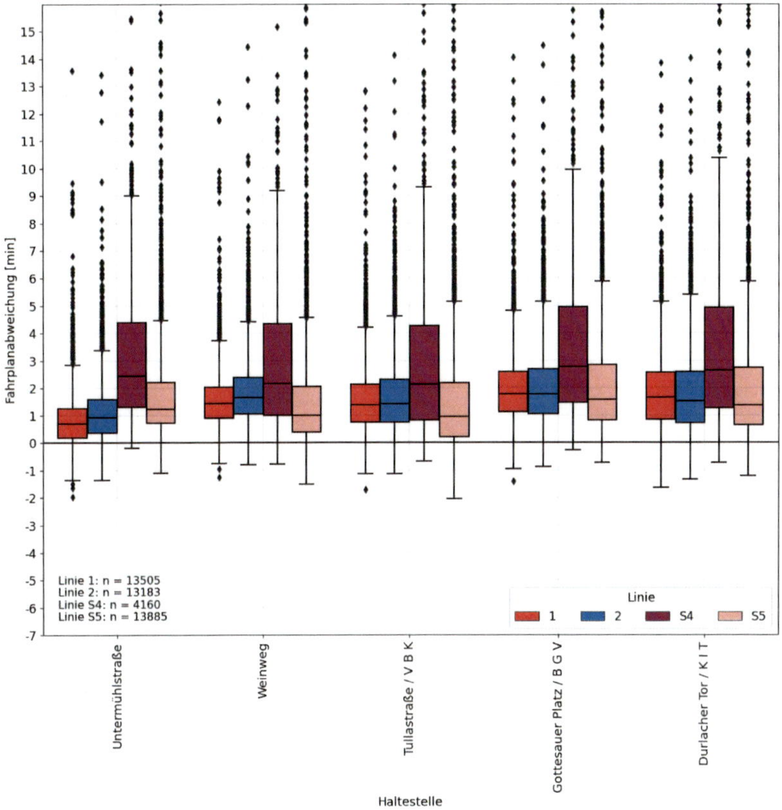

Abbildung 4.39: Fahrplanabweichung der Linien 1, 2, S4 und S5 auf dem Streckenabschnitt zwischen Untermühlstraße und Durlacher Tor

Die Straßenbahnfahrzeuge haben eine Höchstgeschwindigkeit von 80 km/h mit einer entsprechenden Motorisierung. Die Fahrzeuge der Tram-Train-Linien haben eine Höchstgeschwindigkeit von 90 km/h bzw. 100 km/h mit einer entsprechend höheren Motorisierung im Vergleich zu den Straßenbahnfahrzeugen. Tram-Train-Fahrzeuge können damit schneller beschleunigen als Straßenbahnfahrzeuge. Auf dem Streckenabschnitt bis zur Tullastraße ist die Höchstgeschwindigkeit für ÖV-Fahrzeuge 70 km/h. Auf den langen Streckenabschnitten zwischen den beiden Haltestellen haben die Tram-Train-Fahrzeuge damit einen leichten Vorteil, da sie schneller auf die Höchstgeschwindigkeit beschleunigen können. Die Fahrzeit der Tram-Train-Fahrzeuge ist damit geringer. Die Fahrplanzeit ist allerdings für alle Linien gleich, wie die Tabellen 4.4, 4.5 und 4.7 zeigen. Ein vergleichbares Verhalten kann zwischen der Tullastraße und dem Durlacher Tor nicht erkannt werden. Auf diesem Streckenabschnitt liegt die Höchstgeschwindigkeit wieder niedriger und die Abstände zwischen den Haltestellen sind kürzer. Die höher motorisierten Bahnen können damit ihren Vorteil nicht mehr in dem Maße nutzen, wie auf dem Streckenabschnitt davor.

Ein Vergleich der Fahrgastzahlen, wie in Abbildung 4.40 dargestellt, zeigt keinen signifikanten Unterschied zwischen den einzelnen Linien. Daraus lässt sich folgern, dass die Motorisierung diesen Unterschied hervorruft. Dies zeigt, dass neben dem Streckenverlauf auch die eingesetzten Fahrzeuge in Kombination mit den Eigenschaften der einzelnen Streckenabschnitte einen Einfluss auf die Fahrplanabweichung und deren Streuung haben.

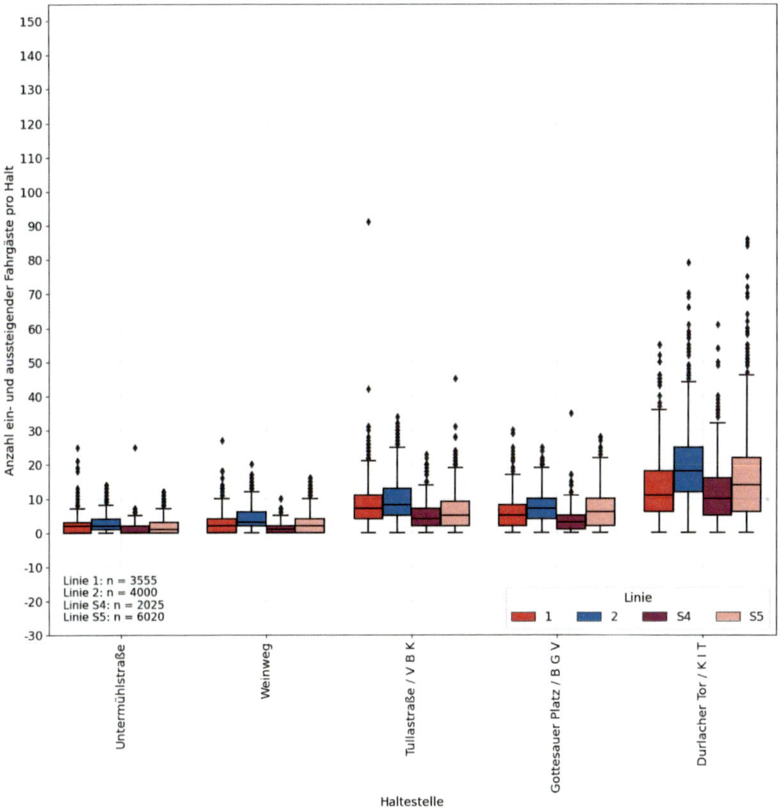

Abbildung 4.40: Ein- und Aussteigende Fahrgäste pro Halt an jeder Haltestelle der Linien 1, 2, S4 und S5 auf dem Streckenabschnitt zwischen Untermühlstraße und Durlacher Tor

4.2.3 Dispositionen

Wie in den Erhebungen in Kapitel 4.1 beschrieben, sind die von den Disponierenden am häufigsten genutzten Dispositionsmaßnahmen: Umleitung, Kurzwende (Fahrtverkürzung) und Langwende (Fahrtverlängerung). Zusätzlich hinzu kommen Änderungen der Start- oder Zielhaltestelle einer Fahrt, z.B. durch eine zusätzliche Einfahrt in den Betriebshof. Dies wird von einer Umleitung bzw. Langwende abgegrenzt. Eine Umleitung kehrt wieder auf die ursprüngliche Linienroute zurück, eine Fahrtänderung aber nicht. Tabelle 4.10 zeigt eine Übersicht über die Häufigkeit der Dispositionsmaßnahmen in den Daten. Insgesamt sind 170.053 Fahrten (100%) in den zu Beginn von Kapitel 4.2 beschriebenen Daten enthalten. Der Anteil der disponierten Fahrten an allen Fahrten ist dabei sehr gering. Die häufigste Dispositionsmaßnahme – Fahrtverkürzung – wird auf ca. 0,9% aller Fahrten genutzt. Die zweit häufigste bereits nur noch auf 0,27% aller Fahrten. Die restlichen Dispositionsmaßnahmen sind noch deutlich seltener. Allgemeingültige Aussagen über diese zu treffen ist nur schwer möglich. Sie werden daher aus der weiteren Analyse ausgeschlossen.

Tabelle 4.10: Häufigkeiten von Dispositionsmaßnahmen innerhalb des Untersuchungszeitraums.

Dispositionsmaßnahme	Absolute Häufigkeit	Relative Häufigkeit
Fahrtverkürzung	1571	0,9%
Umleitung	460	0,27%
Fahrtänderung	115	0,068%
Fahrtverlängerung	17	0,01%

4.2.3.1 Dispositionen im zeitlichen Kontext

Wie zu Beginn von Kapitel 4.2 beschrieben, liegt der Fahrplan nicht für alle Tage aller Monate vor. Die Auswertung der Dispositionsmaßnahmen der einzelnen Monate bezieht daher die Anzahl der analysierten Fahrten dieses Monats mit ein. Tabelle 4.11 zeigt die absolute und relative Häufigkeit der Dispositionen pro Monat. Dabei wird ersichtlich, dass die Monate Dezember, Januar und Oktober vergleichbar miteinander sind. Alle Dispositionsmaßnahmen kommen ähnlich häufig vor. Im Juni und September sind die Fahrtverkürzungen auch noch vergleichbar. Umleitungen nehmen allerdings deutlich ab. Im Juli nehmen auch die Fahrtverkürzungen nochmals deutlich ab, ebenso im August. Im September nehmen die Umleitungen wieder deutlich zu.

Tabelle 4.11: Absolute und relative Häufigkeit von Dispositionsmaßnahmen pro Monat

	Dez. 2019	**Jan. 2020**	**Jun. 2020**	**Jul. 2020**	**Aug. 2020**	**Sep. 2020**	**Okt. 2020**
Fahrtverkürzung	160	373	171	252	162	283	170
Umleitung	52	148	27	58	40	72	63
Anzahl Fahrten	15754	33352	18195	33536	25406	27597	16193
Fahrtverkürzung	1.02%	1.12%	0.94%	0.75%	0.64%	1.03%	1.05%
Umleitung	0.33%	0.44%	0.15%	0.17%	0.16%	0.26%	0.39%

Die Verringerung der Umleitungen im Juni kann mit den verschiedenen Baustellen im Stadtgebiet in Verbindung gesetzt werden. Von April bis zum Ende der Sommerferien im September waren einige Streckenabschnitte aufgrund der Umbaumaßnahmen zur Kombilösung für den Straßenbahnverkehr gesperrt. Dadurch verkehrten einige Linien nicht auf ihren gewöhnlichen Linienrouten. Durch den Wegfall von Streckenabschnitten hatten die Disponierenden innerhalb des Stadtgebiets weniger Spielraum für Umleitungen. Umleitungen können immer nur dann als Dispositionsmaßnahme genutzt werden, wenn eine sinnvolle Alternativroute existiert. Fällt diese durch Umbaumaßnahmen weg, existiert keine sinnvolle Umleitungsstrecke mehr oder es existiert gar keine Umleitungsstrecke mehr. Ein weiteres Indiz hierfür ist die Anzahl der Umleitungen im September. Nach Ende der Sommerferien Mitte September verkehren die Straßenbahnen wieder auf ihren gewöhnlichen Linienrouten. Die Anzahl der Umleitungen nimmt dementsprechend erst in der zweiten Hälfte des Septembers zu. Damit liegt die Häufigkeit von Umleitungen zwischen den normalen Monaten, wie z.B. Januar, und den Monaten mit deutlich weniger Umleitungen.

Ein Einfluss der Witterung bzw. der Jahreszeit kann aufgrund der Datenlage weder ausgeschlossen noch bestätigt werden, da die einzelnen Dispositionsmaßnahmen in den Monaten vergleichbar häufig vorkommen. Ebenfalls weder ausgeschlossen noch bestätigt werden kann der Einfluss der Corona-Pandemie. Ab Mitte März 2020 sind durch den ersten Lockdown die Fahrgastzahlen und die Auslastung der MIV-Knotenpunkte deutlich abgefallen. Nach der Aufhebung des Lockdowns im Mai sind die Fahrgastzahlen und bereits davor schon die Auslastung der MIV-Knotenpunkte wieder leicht gestiegen. Das Niveau von vor dem Lockdown haben die Fahrgastzahlen aber im Untersuchungszeitraum nicht wieder erreicht. Die Auswertung der Fahrgastzahlen der Fahrzeuge mit AFZS ist in Abbildung 4.18 dargestellt.

Wie bereits bei den Fahrplanabweichungen sind auch bei den Dispositionsmaßnahmen Unterschiede innerhalb der Woche erkennbar. An Wochentagen ist die Häufigkeit der Dispositionsmaßnahmen deutlich höher als am Wochenende; an Samstagen ist sie in der Tendenz höher als an Sonntagen, wie in Tabelle 4.12 dargestellt ist. Unterschiede zwischen den Wochentagen sind nur gering. Einziger Ausreißer ist der Donnerstag. Hier sind deutlich mehr Fahrtverkürzungen und deutlich weniger Umleitungen durchgeführt worden. Ersteres liegt an einem einzigen Ereignis am 23. Januar 2020. Hier ist in der Nähe der Sinsheimer Straße die Strecke für etwa sieben Stunden gesperrt worden. Innerhalb dieser Zeit wurden 81 Fahrtverkürzungen an der Sinsheimer Straße durchgeführt. Der Abfall der Umleitungen ist damit allerdings nicht erklärbar. Die insgesamt niedrige Anzahl an Dispositionsmaßnahmen schränkt die allgemeingültige Aussagekraft jedoch ein. Dies wird deutlich, da bereits ein einziges größeres Ereignis für einen deutlichen Ausschlag sorgen kann.

Abbildung 4.41 zeigt die Häufigkeit der Fahrtverkürzungen und Umleitungen pro Stunde. Dabei zeigen sich zwei Spitzen von Dispositionsmaßnahmen. Morgens während der Spitzenstunden zwischen 8 und 10 Uhr ist die erste Spitze sichtbar.

Tabelle 4.12: Absolute und relative Häufigkeit von Dispositionsmaßnahmen pro Wochentag

	Mo	**Di**	**Mi**	**Do**	**Fr**	**Sa**	**So**
Fahrtverkürzung	257	244	280	357	313	84	36
Umleitung	87	108	102	42	85	16	20
Anzahl Fahrten	28028	26681	27386	26511	27342	20103	14033
Fahrtverkürzung	0.92%	0.91%	1.02%	1.35%	1.14%	0.42%	0.26%
Umleitung	0.31%	0.4%	0.37%	0.16%	0.31%	0.08%	0.14%

Die zweite Spitze ist zwischen 13 und 18 Uhr sichtbar. Die zweite Spitze ist dabei größer als die erste Spitze. Dies hat mehrere Ursachen. Erstens, der Spielraum für Disponierende ist morgens während der Hauptverkehrszeit nur sehr klein. Hier werden nur Dispositionsmaßnahmen durchgeführt, die notwendig sind, um den Betrieb aufrecht zu erhalten. Die Beobachtungen in den Leitstellen zeigten, dass die Reservekapazitäten zu dieser Zeit sehr schnell aufgebraucht sind. Gleichzeitig muss morgens noch weniger mit Auswirkungen vorangegangener Dispositionsmaßnahmen umgegangen werden, da die Bahnen morgens möglichst planmäßig starten.

Zweitens, wie Abbildung 4.13 zeigt, ist die Nachfrage in den Morgenstunden höher als nachmittags. Dafür ist sie nachmittags über einen größeren Zeitraum verteilt. Dies gibt den Disponierenden mehr Möglichkeiten, einzugreifen. Sind die Fahrzeuge morgens voller und es befinden sich noch mehr Fahrgäste in einem Fahrzeug, wird dieses seltener früher gewendet. Die Auswirkungen für die Fahrgäste wären zu hoch. Wie bereits in Abbildung 4.13 dargestellt, zeigen auch die Beobachtungen in den Leitstellen, dass die Fahrzeuge nachmittags weniger Fahrgäste transportieren. Die Auswirkungen einer früheren Wende des Fahrzeugs sind damit geringer und diese Dispositionsmaßnahme kann häufiger genutzt werden.

Drittens, nachmittags werden die Fahrzeuge in die Reihenfolge gebracht, in der sie abends in die Betriebshöfe einfahren sollen. Innerhalb des Betriebshofs ist der Spielraum zur Sortierung der Fahrzeuge begrenzt. Die Fahrzeuge werden hintereinander auf mehreren Gleisen parallel abgestellt. Ein Fahrzeug, dass am nächsten Morgen als erstes ausfahren muss, muss dementsprechend vorne stehen. Wird es durch ein Fahrzeug blockiert, welches erst später ausfährt, kann es nicht wie geplant ausfahren. Es würde somit direkt mit einer Verspätung starten. Zusätzlich muss jedes Fahrzeug täglich zur Reinigung und regelmäßig zur Wartung. Während die Reinigung in beiden Betriebshöfen in Karlsruhe durchgeführt werden kann, findet eine Wartung nur im Betriebshof West statt. Die Disponierenden müssen daher auch darauf achten, dass die Fahrzeuge am Abend in den richtigen Betriebshof einfahren. Sie müssen daher nachmittags dafür sorgen, dass Fahrzeuge auf den richtigen Kurs wechseln und somit geplant in den richtigen Betriebshof einfahren.

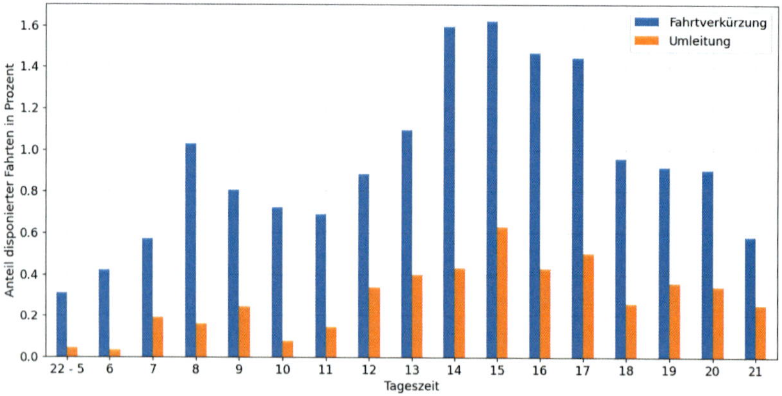

Abbildung 4.41: Dispositionsmaßnahmen pro Stunde

Dispositionen im Straßenbahnverkehr unterliegen den Einschränkungen der Infrastruktur. Jede Abweichung von der geplanten Strecke ist nur möglich, wenn es die Infrastruktur zulässt. Für Fahrtverkürzungen sind Wendeschleifen oder Weichen notwendig. Tabelle 4.13 zeigt die Dispositionsmaßnahmen je Haltestelle. An Haltestellen mit Wendeschleifen wird in diesen gewendet. An Haltestllen ohne Wendeschleife, wie z.B. dem Hauptfriedhof, können die Bahnen an einer Kreuzung auch in drei Zügen gewendet werden. Alternativ dienen Haltestellen, wie der Hauptfriedhof, auch als große Wendeschleifen innerhalb des Netzes. Durch eine Abzweigung in Richtung Tullastraße / VBK und weiter in Richtung Gottesauerplatz / BGV kann ein Fahrzeug mit allen Fahrgästen wenden und ab dem Durlacher Tor wieder auf der geplanten Linienroute verkehren. Beide Möglichkeiten stehen den Disponierenden zur Verfügung, benötigen allerdings unterschiedlich viel Zeit. Je nachdem wie viel Fahrplanabweichung abgebaut werden soll, kann eine der Varianten genutzt werden. Zusätzlich kann innerhalb eines Betriebshofs gewendet werden. Die Haltestelle Tullastraße / VBK als letzte Haltestelle vor dem Betriebshof dient damit der Wende.

Tabelle 4.13: Die zehn Haltestellen mit den meisten Fahrtverkürzungen

Haltestelle	**Fahrtverkürzungen**	**Wendeschleife**
Neureuter Straße	118	ja
Tullastraße / VBK	116	ja (Betriebshof)
Hauptfriedhof	94	nein
Sinsheimer Straße	87	nein
Europahalle/Europabad	79	drittes Gleis
Entenfang	74	nein
Waidweg	69	ja
Lameyplatz	66	nein
Zündhütle	46	nein
Hirtenweg/Technologiepark	42	ja

Fahrtverkürzungen werden hauptsächlich an den Haltestellen: Neureuter Straße, Tullastraße / VBK und Hauptfriedhof durchgeführt. Diese drei Haltestellen zeigen unterschiedliche Verteilungen, wann die Fahrtverkürzungen stattfinden, wie Abbildung 4.42 zeigt. Die Neureuter Straße folgt dem allgemeinen Trend von zwei Spitzen. Zunächst finden morgens und nachmittags in der Hauptverkehrszeit die meisten Kurzwenden statt. Da diese Haltestelle nur von der Linie 2 bedient wird, wird hier die in Kapitel 4.2.2.2 beschriebene Fahrplanabweichung korrigiert.

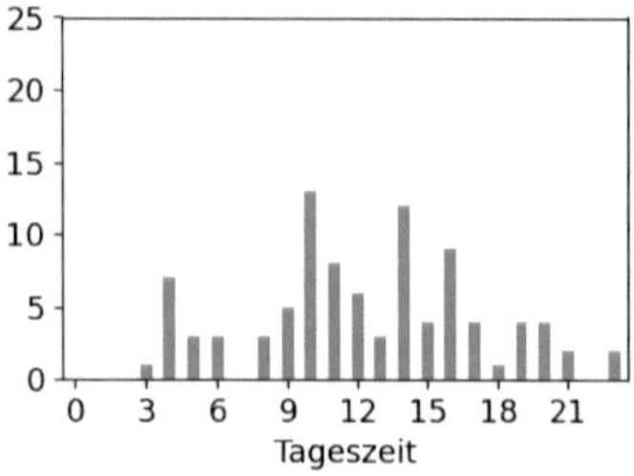

(a) Hauptfriedhof

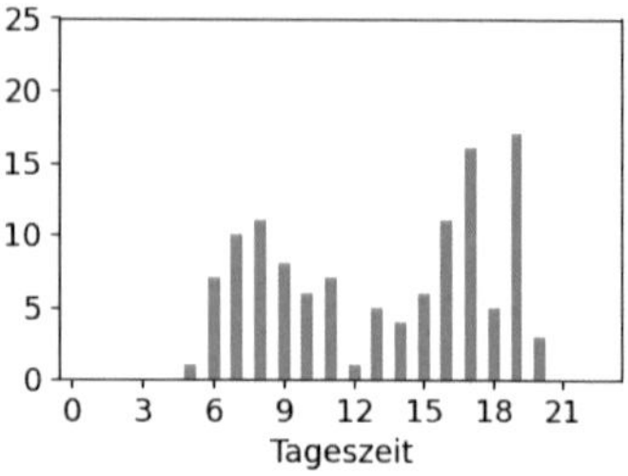

(b) Neureuter Straße

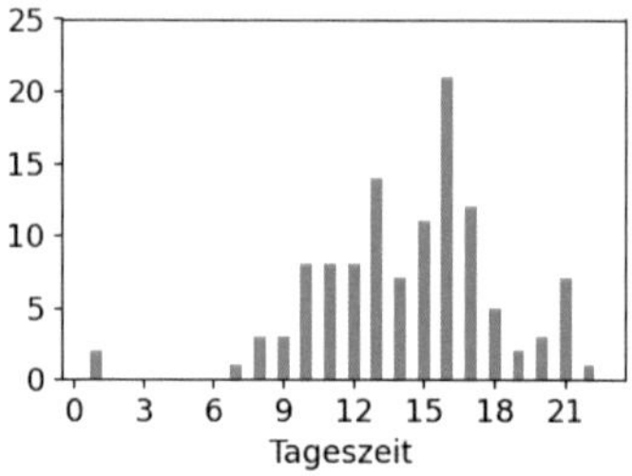

(c) Tullastraße / VBK

Abbildung 4.42: Dispositionsmaßnahmen pro Haltestelle pro Stunde. Dargestellt werden die drei Haltestellen mit den häufigsten Fahrtzeitverkürzungen.

Am Hauptfriedhof wird deutlich weniger in den Hauptverkehrszeiten gewendet. Hauptsächlich werden hier nach der Hauptverkehrszeit morgens um 10 und 11 Uhr und nach der Mittagsspitze um 14 Uhr Fahrten verkürzt oder neu gestartet. Dies deutet auf eine Berichtigung der in der Hauptverkehrszeit eingehandelten Fahrplanabweichung und neuen Reihenfolge der Fahrzeuge hin. Da eine Wende am Hauptfriedhof durch die fehlende Wendeschleife verkehrlich teuer ist, wird diese erst in weniger belasteten Zeiten durchgeführt.

> *" Es ist jetzt mal eine Linie S2. Die kommt von außerhalb herein und hat eine schwerwiegende Störung wie z.B. (...) dass die Bremse ständig anliegt und das Fahrzeug heiß läuft. Er muss dann das Fahrzeug notlösen und muss dann notgelöst hierherfahren. (. . .)*

> *Der Originalfahrer geht dann von hier erst wieder mit dem Fahrzeug auf die Strecke am Hauptfriedhof. "* (Disponent:in B)

Die Tullastraße zeigt die dritte mögliche Verteilung von Fahrverkürzungen. Während der Hauptverkehrszeit morgens werden hier nur wenige Dispositionsmaßnahmen durchgeführt. Danach und nachmittags werden jedoch deutlich mehr Fahrten verkürzt oder gestartet. Dies zeigt, dass der Betriebshof Gerwigstraße zur Korrektur der Fahrplanabweichungen dienen kann. Hierbei muss ein Fahrzeug in diesem nicht zwingend wenden, sondern es kann auch in den Betriebshof einfahren und ein anderes Fahrzeug übernimmt die weitere Fahrt.

> *" Ja, dass er auf dem Rückweg wieder planmäßig einsetzen kann. (...) Als Beispiel die Linie 1 – die keinen langen Fahrweg hat bis Durlach Turmberg – könnten wir jetzt hier durch den Betriebshof (Gerwigstraße) drehen. Hier kurz stoppen lassen (...) und zehn, fünfzehn Minuten später dann wieder rausschicken. Dann ist er hier wieder in seiner Zeit (...) in Richtung Stadt. "*
> (Disponent:in C)

Bei Umleitungen verlassen die Fahrzeuge so spät wie möglich die geplante Linienroute und fahren so früh wie möglich wieder auf diese zurück. Ist auf dem Streckenabschnitt zwischen Durlacher Tor und Tullastraße über den Gottesauerplatz eine Streckensperrung, so verlassen Fahrzeuge der Linien 1, 2, S4 und S5 erst am Durlacher Tor den Linienweg und fahren über den Hauptfriedhof zur Tullastraße. Ab dort verkehren sie wieder auf ihrer geplanten Linienroute. Dies sorgt somit für die geringste Abweichung an angefahrenen Haltestellen für die Fahrgäste. Die Linie 2 könnte ihre Linienroute allerdings bereits vor dem Rüppurrer Tor verlassen und dann auf einer direkteren Strecke zur Tullastraße fahren. Damit würde sie tendentiell mit weniger Verspätung an der Tullastraße ankommen. Allerdings würde sie dadurch auch zwei große Umsteigehaltestellen – Kronenplatz und Durlacher Tor – auslassen. Fahrgäste zu diesen beiden Haltestellen müssten dadurch bereits früher in andere Bahnen umsteigen. Um diesen Mehraufwand für die Fahrgäste zu reduzieren, wird die längere Strecke über den Hauptfriedhof in Kauf genommen. Hiermit bestätigt sich die Aussage der Disponierenden.

> *" Danach kommt die Umleitung. (. . .) Unser Leitfaden ist immer (. . .) so spät wie möglich die Fahrzeuge von den eigentlichen Linien weg herauszunehmen und so früh wie möglich wieder in den Linienweg zurück (. . .). "* (Disponent:in C)

4.2.4 Zusammenhang von Störungen und Dispositonen

Aus der Auswertung der Daten geht hervor, dass ein Fahrplan täglich Abweichungen unterliegt. Die Fahrplanabweichungen können, erstens, technisch bedingt sein, da die Fahrplangenauigkeit nicht zur Fahrzeit auf einem Streckenabschnitt passt. Zweitens, die Linienroute bzw. die auf einer Linie eingesetzten Fahrzeuge in Kombination mit den Eigenschaften eines Streckenabschnitts beeinflussen die Fahrplanabweichung. Drittens, die Tageszeit und damit die allgemeine Verkehrslage hat einen Einfluss auf die Fahrplanabweichung. Fahrplanabweichungen beinhalten dabei alle Störungen des Betriebsablaufs, bei denen die Fahrzeuge noch auf ihrem normalen Linienweg verbleiben. Im Stadtgebiet ist diese Grenze früher erreicht als außerhalb.

> *" Im Stadtgebiet können wir gar nicht stehen bleiben. Wenn Sie eine Störung haben, die 5-10 Minuten überschreitet, dann bricht das gesamte Liniennetz zusammen. (. . .) Also im Stadtgebiet ist ab 5 Minuten, bleibt ihnen Garnichts anderes übrig als die Fahrzeuge umzuleiten. "* (Disponent:in A)

Die Auswertung der Dispositionsmaßnahmen zeigt jedoch, dass verhältnismäßig selten disponiert werden muss. Lediglich 1,17% aller Fahrten sind entweder von einer Fahrtverkürzung oder einer Umleitung betroffen. Im Vergleich mit den Fahrplanabweichungen ist dies verschwindend gering. Betrachtet man nun noch, dass Fahrtverkürzungen in der Regel am Ende einer Linienroute mit weniger Nachfrage passieren, so ist der Einfluss auf die Fahrgäste nur begrenzt. Einzelne Fahrgäste, welche sich in diesem Fahrzeug befinden oder an einer der ausgelassenen Haltestellen warten, sind davon betroffen. Die große Mehrheit der Fahrgäste bekommt davon allerdings wenig bis nichts mit. Vergleichbar verhält es sich auch mit den Umleitungen. Wenn diese notwendig werden, werden sie auf eine möglichst kurze Strecke beschränkt. Fahrgäste, die an einer der betroffenen Haltestellen ein oder aussteigen wollen, bemerken dies. Alle anderen Fahrgäste haben lediglich eine andere Reisezeit. Somit ist die Auswirkung einer Dispositionsmaßnahme immer auf eine Gruppe von Passagieren begrenzt, während der Großteil der Passagiere diese lediglich als eine Abweichung von der Fahrplanzeit wahrnimmt.

Dispositionen sind somit ein Mittel, die Fahrplanabweichung möglichst gering zu halten. Während im Sommer die Menge der durchgeführten Dispositionsmaßnahmen deutlich abfällt, fällt die Fahrplanabweichung nicht so stark ab. Dies deutet darauf hin, dass mithilfe der Dispositionsmaßnahmen ein vergleichbares und akzeptables Level an Fahrplanabweichungen erreicht werden soll. Jegliche Form der Fahrplanabweichung zu vermeiden lässt sich nur mit deutlich höherem Aufwand erreichen und mag aus wirtschaftlicher Sicht nicht sinnvoll sein. Damit zeigt sich, dass eine Grundlast an Fahrgästen bzw. allgemeinem Verkehrsverhalten zu akzeptablen Fahrplanabweichungen führt. Darüberhinausgehendes wird dann durch Dispositionsmaßnahmen korrigiert, um wieder möglichst nahe an den Zustand der akzeptablen Fahrplanabweichungen zu gelangen.

4.2.5 Diskussion Dispositionsmaßnahmen

Während der Besichtigung der Leitstellen wurde ersichtlich, dass während der Hauptverkehrszeit hauptsächlich Dispositionsmaßnahmen durchgeführt werden, die den Betrieb aufrecht erhalten. Dies bestätigen auch die ITCS-Daten in Teilen. In der morgendlichen Hauptverkehrszeit werden weniger Dispositionsmaßnahmen durchgeführt als nachmittags. Nichts desto trotz müssen auch während der Hauptverkehrszeit am Nachmittag Dispositionen durchgeführt werden. Diese sind dann aber einfacher durchführbar, da allgemein mehr Spielraum im System ist.

Bei den Besichtigungen der Leitstellen wurde ebenfalls ersichtlich, dass mehrere Ebenen von Dispositionen existieren. Zur untersten Ebene (operative Ebene) zählen alle Maßnahmen, die ein Fahrender ohne Zutun der Leitstelle ergreift. Hierzu zählen z.B. schnelleres Fahren, um möglichst die Pausenzeit einhalten zu können oder pünktlich in den Feierabend zu starten. Dies ist vergleichbar mit dem operativen Fahrverhalten im MIV. Die Fahrenden entscheiden selbst, wie sie die Pünktlichkeit ihres Fahrzeugs einhalten. Dieses Verhalten spiegelt sich vollständig in der Schwankung der Fahrplanabweichung wieder. Eine Verschneidung mit den Dienstplänen könnte dieses Verhalten weiter bestätigen oder widerlegen. Dienstpläne liegen aber zum aktuellen Zeitpunkt nicht vor. Auch müssen bei der Auswertung der Dienstpläne Persönlichkeitsrechte der Fahrenden gewahrt werden.

Zur mittleren Ebene (taktische Ebene) zählen alle Dispositionsmaßnahmen, welche von der Leitstelle angeordnet werden. Diese können einzelne Fahrzeuge betreffen, z.B. die Fahrtverkürzung, oder mehrere Fahrzeuge oder Linien, z.B. die Umleitung. Diese Dispositionsmaßnahmen werden koordiniert innerhalb des Netzes durchgeführt. Im Falle von Umleitungen werden diese oftmals zusätzlich von weiteren Maßnahmen, wie dem Einsatz eines Schienenersatzverkehrs, begleitet. Dies ist vergleichbar mit dem taktischen Fahrverhalten im MIV. Die Fahrenden treffen in Abstimmung mit anderen Fahrenden und der Leitstelle eine Entscheidung. Im Falle des ÖPNV trifft diese Wahl die Leitstelle und gibt sie an die Fahrenden weiter.

Zur obersten Ebene (strategische Ebene) zählen Maßnahmen, die bereits im Vorfeld definiert werden und den Rahmen des Betriebs bzw. der Leitstelle und der Fahrenden definieren. Dazu zählen im Vorfeld geplante Umleitungen, die Anschlusssicherung wie auch die Bereitstellung einer Infrastruktur, auf der disponiert werden kann. Umleitungen, welche im Rahmen von Baumaßnahmen oder Großveranstaltungen, notwendig sind, werden im Vorfeld geplant und mit den Fahrgästen kommuniziert. Dadurch können sich alle Beteiligten darauf vorbereiten. Haltestellen mit Anschlusssicherung sind eine starke Einschränkung für Fahrende wie auch für Disponierende. Daher werden diese ebenfalls im Vorfeld geplant und auch dem Fahrgast vorher bekannt gegeben. Die Möglichkeiten der Leitstelle, gerade im schienengebundenen ÖPNV, sind durch die Infrastruktur begrenzt. Eine Weiche mehr mag aus wirtschaftlicher Sicht teuer erscheinen, für den Betrieb kann sie an der richtigen Stelle aber viele Freiräume schaffen.

Bei der Analyse der Dispositionsmaßnahmen und der Prozesse in der Leitstelle zeigt sich, dass Dispositionen während den Hauptverkehrszeiten weit häufiger vorkommen. Disponierende stehen in dieser Zeit unter großer Anspannung und viel Stress. Dies lässt sich hauptsächlich auf der taktischen und strategischen Ebene verbessern. Auf der strategischen Ebene kann mehr Schieneninfrastruktur für mehr Freiheiten beim Disponieren sorgen. Disponierende können dadurch einfacher auf Alternativen ausweichen. Auf der taktischen Ebene könnten weitere unterstützende Systeme das ITCS ergänzen. Informationen könnten damit z.B. automatisiert zum Fahrpersonal und den Fahrgästen gelangen. Die Disponierenden hätten dadurch mehr Zeit sich auf die Situation selbst zu konzentrieren.

In der Analyse der ITCS-Daten sind neben den Fahrplanabweichungen und Störungen ebenfalls bereits die Dispositionsmaßnahmen enthalten. Dabei zeigt sich, dass Dispositionsmaßnahmen hauptsächlich zur Stabilisierung der Fahrplanabweichung auf ein akzeptables Maß dienen. Es ist nicht das Ziel Fahrplanabweichungen komplett zu vermeiden. Dies wäre aus wirtschaftlichen Gesichtspunkten nicht umsetzbar. Fahrplanabweichungen beinhalten somit den größten Teil der Auswirkungen von Dispositionsmaßnahmen bereits.

5 Relevanz von Fahrplanabweichungen und Dispositionen für ein Verkehrsnachfragemodell

In Kapitel 4.2 werden sowohl die Abweichungen vom geplanten Fahrplan wie auch die Eingriffe durch die Leitstelle erläutert. Daraus geht hervor, dass Fahrplanabweichungen auf allen Linien und Streckenabschnitten vorkommen. Dispositionen kommen hingegen deutlich seltener vor und dies auch nur an ausgewählten Orten. Wie in Kapitel 4.2.5 beschrieben, beinhalten Fahrplanabweichungen bereits den größten Teil der Auswirkungen von Dispositionsmaßnahmen. Im folgenden wird daher beschrieben, wie Fahrplanabweichungen in ein Verkehrsnachfragemodell integriert werden können, um die Auswirkungen auf die Fahrgäste bewertbar zu machen.

5.1 Modellerweiterungen

mobiTopp, wie in Kapitel 3.2 beschrieben, implementiert eine eigene Routenwahl für den ÖV. Basierend auf einem gegebenen Fahrplan werden auf der einen Seite die Datenstrukturen für eine Routensuche der Fahrgäste erzeugt. Auf der anderen Seite werden die Fahrzeugbewegungen generiert. Dazu gehören die Abfahrts- und Ankunftszeiten an den Haltestellen sowie die Route eines Fahrzeugs.

Während in der bisherigen Modellierung, die Fahrzeit der vorgegebenen Zeit aus dem Fahrplan entsprach, wird diese nun während der Simulation dynamisch angepasst. Vor der Simulation werden nach wie vor die Fahr- und Haltezeiten für jedes Fahrzeug extrahiert. Fahrzeuge starten damit wie geplant an ihrer Starthaltestelle. Während der Simulation werden nun die aus dem Fahrplan extrahierten Fahr- und Haltezeiten mithilfe von Verteilungen angepasst. Die Verteilungen werden vor der Simulation aus den ITCS-Daten extrahiert und der Simulation als Eingabe bereitgestellt. Bei jeder Bewegung eines Fahrzeugs zwischen zwei Haltestellen wird ein neuer Wert für die Fahrplanabweichung aus einer Verteilung gezogen und mit der Fahrplanzeit verrechnet. Daraus ergibt sich die zu simulierende Fahrzeit. Dies wäre auch bereits vor der Simulation möglich. Eine Wahl während der Simulation ermöglicht allerdings, diese in Zukunft abhängig von der aktuellen Situation in der Simulation zu machen. Eine entsprechende Schnittstelle zum Austausch der Verteilungen durch andere Verfahren ist Teil der Modellerweiterung. Fahrzeuge verkehren damit nicht mehr nach Fahrplan, sondern entsprechend den vorgegebenen Abweichungen.

Die Anpassung der Fahrzeiten benötigt ebenfalls Anpassungen auf Seiten der Personen. Fahrgäste können nun früher oder später an ihrer nächsten Haltestelle ankommen als ursprünglich geplant. Die Reisezeit ist nicht vor Reiseantritt bekannt. Damit ist auch die Zeit bis zum nächsten Zustandswechsel nicht vor dem Weg bekannt. mobiTopp erwartet aber zu Beginn die Dauer einer Aktivität oder eines Wegs, um den nächsten Zustandswechsel durchführen zu können. Die grundlegende Verarbeitungsmechanik von mobiTopp musste daher angepasst werden.

Zusätzlich zum Standardvorgehen – Einfügen des nächsten Zustandswechsels zu Beginn einer Aktivität oder eines Wegs in die Warteschlange – werden Ereignisse eingefügt. Ereignisse werden nicht zeitgesteuert ausgelöst, sondern sind abhängig von Aktionen. Im öffentlichen Verkehr ist dies die Ankunft der Fahrzeuge an einer Haltestelle. Das Fahrzeug benachrichtigt bei seiner Ankunft alle mitfahrenden und wartenden Fahrgäste über die Ankunft. Jeder Fahrgast kann daraufhin über die Relevanz der Ankunft für ihn entscheiden. Möchte der Fahrgast ein- oder aussteigen, wird der nächste Zustandswechsel durchgeführt.

Der Paradigmenwechsel von einer rein zeitgesteuerten auf eine ereignisgesteuerte Modellierung ermöglicht neben der Modellierung von Verspätungen im ÖV auch neue Erweiterungen für mobiTopp. Für die Modellierung von Ride-Pooling, wie sie Wilkes u. a. (2019) beschreiben, ist eine ereignisgesteuerte Modellierung essentielle Voraussetzung. Ein effizientes Gruppieren der Personen zur Steigerung des Besetzungsgrads von Ride-Pooling-Fahrzeugen führt zu Umwegen für die Insassen. Dabei ist beim Zustieg der ersten Person noch nicht bekannt, welche weiteren Personen noch zusteigen werden. Eine Ankunftszeit am Ziel kann bei Fahrtantritt damit nicht genau bestimmt werden, sondern nur in einem Zeitkorridor anhand des maximalen Umwegfaktors.

Eine Abweichung der Fahrzeiten führt neben einer anderen Ankunftszeit im Verpästungsfall noch zu weiteren Komplikationen. Kommt ein Fahrgast zu spät an einer Haltestelle an, kann er seinen Umstieg verpassen. Dies kann ebenfalls der Fall sein, wenn der Fahrgast zwar pünktlich ankommt, das nachfolgende Fahrzeug aber zu früh abgefahren ist. Fahrgäste müssen daher beim Zustandswechsel während des Umstiegs reagieren. Dazu wird der Zustandsgraph eines Fahrgasts erweitert. Abbildung 5.1 zeigt den erweiterten Zustandsgraphen. Der Zustand *search vehicle* modelliert die Suche nach dem Fahrzeug. In diesem Zustand wird geprüft, ob das Fahrzeug bereits abgefahren ist oder aktuell an der Haltestelle steht. Ist das Fahrzeug bereits abgefahren, sucht der Fahrgast ausgehend von seiner aktuellen Position eine neue Route an sein Ziel. Steht das Fahrzeug an der Haltestelle, versucht der Fahrgast einzusteigen – *try boarding*. Steht das Fahrzeug noch nicht an der Haltestelle, wartet der Fahrgast auf die Ankunft des Fahrzeugs – *wait for vehicle*. Fahrgäste planen daher nach wie vor auf dem geplanten Fahrplan. Sollte nun aufgrund einer Fahrplanabweichung ein Anschluss nicht erreichbar sein, suchen Fahrgäste eine neue Route abhängig von ihrer aktuellen Position und der Simulationszeit.

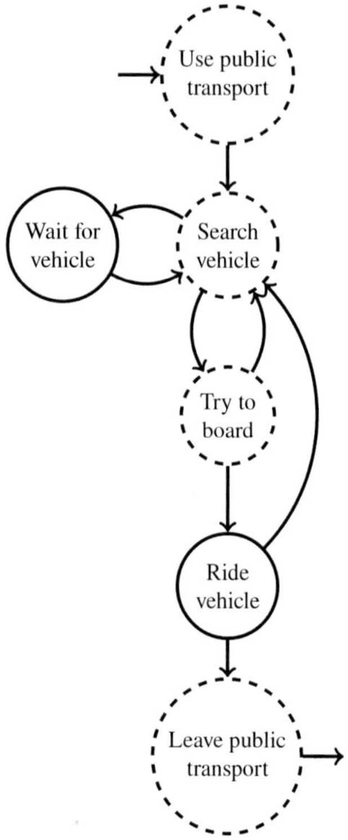

Abbildung 5.1: Zustandsgraph des Verhaltens von Fahrgästen unter Berücksichtigung von Verspätung.

5.2 Bewertung eines Fahrplans

Durch die Modellerweiterung lassen sich verschiedene Szenarien simulieren und bewerten. Als Basis wird dabei ein vergleichbares Verfahren wie im MIV verwendet. Im MIV wird das Nutzergleichgewicht nach Wardrop zugrunde gelegt. Dies besagt, dass Nutzer ihre Route wechseln, solange sie sich dadurch verbessern können. Die Wahl einer anderen Route sorgt auf dieser Route zu einer höheren Belastung und damit zu einer längeren Reisezeit. Sobald sich keine Nutzer mehr verbessern können, d.h. durch die Wahl einer anderen Route kann keine kürzere Reisezeit mehr erreicht werden, ist das Nutzergleichgewicht erreicht. Der errechnete Endzustand mit seinen Reisezeiten kann dann mithilfe der Relative-Gap bewertet werden. Diese beschreibt die Fahrzeitdifferenz der aktuell gewählten Route auf einer Quelle-Ziel-Beziehung zu der besten Route auf dieser Beziehung. Je kleiner die Relative-Gap ist, desto realistischer ist die Umlegung.

Auf den ÖV lässt sich diese Bewertung nicht direkt anwenden. Wie in Kapitel 4.2 beschrieben, existiert zwar ein Zusammenhang zwischen der Anzahl der Fahrgäste und der Fahr- bzw. Haltezeit der Fahrzeuge, viele weitere Faktoren beeinflussen die Reisezeit jedoch deutlich stärker, z.B. die Interaktion mit dem MIV. Unter Annahmen lässt sich dieses Bewertungsschema jedoch auf den ÖV adaptieren.

Während der Planung eines Fahrplans ist den Planenden die Verkehrssituation zu den einzelnen Tageszeiten bekannt. Sie kennen die Nachfrage im ÖV und unter Umständen im MIV und können damit die Reisezeiten auf den einzelnen Strecken an die Nachfrage anpassen. Ein Fahrplan kann und wird somit nachfrageorientiert geplant. Es kann daher damit gerechnet werden, dass der Fahrplan, so wie er geplant wurde, auch durchgeführt werden kann. Unter dieser Annahme ist ein Fahrplan ein Versprechen eines Verkehrsbetriebes an die Fahrgäste, diese zu einer gegebenen Abfahrtszeit zu einer vorher definierten Ankunftszeit an ihr Ziel zu bringen. Ein vergleichbares Versprechen existiert im MIV nicht, da hier alle Nutzer selbst verantwortlich sind, sich die Infrastruktur aber mit anderen teilen.

Neben dem ÖV-Betrieb sind auch die Fahrgäste selbst in diesem Prozess zu berücksichtigen. Aufbauend auf der zugrundeliegende Annahme des Nutzergleichgewichts nach Wardrop – Nutzer wechseln so lange die Route, bis sie ihre Reisezeit durch einen Wechsel nicht mehr verbessern können – kann daraus geschlossen werden, dass Personen ihre Zeit im Verkehr so weit wie möglich minimieren wollen. Sie wählen damit die schnellste mögliche Route. Im ÖV würde dies bedeuten, sie wählen die Route mit der frühsten Ankunftszeit.

Werden diese beiden Annahmen miteinander kombiniert, so ergibt sich eine leicht angepasst Definition der Relative-Gap für den ÖV, im Folgenden *Planning-Gap* genannt. Das Versprechen der Verkehrsbetriebe zeigt den Ideal- bzw. Referenzzustand an. Die gesamte Nachfrage kann mithilfe des Fahrplans transportiert werden. Gekoppelt mit der Routenwahl nach der frühesten Ankunftszeit ergibt sich somit die beste mögliche Route und damit die Referenzreisezeit für alle Fahrten im ÖV. Die Planning-Gap im ÖV ist somit definiert als das Verhältnis der Summe der Reisezeiten jeder Fahrt unter Berücksichtigung von Störungen und der Summe der Reisezeiten im Referenz bzw. Idealzustand. Hierbei ist zu berücksichtigen, dass lediglich die Routenwahl des Verkehrsnachfragemodells genutzt wird. Die verbleibenden Wahlmodelle bleiben unverändert. Dadurch werden sowohl in der Simulation mit Störungen wie auch im Referenzfall dieselben Fahrten mit dem ÖV durchgeführt.

Ein Fahrplan aus der Realität lässt sich damit mit dem geplanten oder einem in der Simulation gestörten Fahrplan vergleichen. Im Gegensatz zur Relative-Gap im MIV kann die Planning-Gap im ÖV auch negativ werden. Wie in Kapitel 4.2 beschrieben, passen reale Fahrzeiten nicht immer zu den geplanten Fahrzeiten. Kommt ein Fahrzeug daher immer leicht zu früh an einer Haltestelle an, kommen auch die Fahrgäste früher als geplant an der Haltestelle an. Ihre Reisezeit ist damit kürzer als geplant und weicht negativ von der Fahrplanzeit ab.

5.3 Anwendungsfall

In den Auswertungen in Kapitel 4.2 wird deutlich, dass die Fahrplanabweichungen sehr von den Eigenschaften der einzelnen Streckenabschnitte abhängen. Da die Daten aus dem Stadtgebiet von Karlsruhe stammen, wird im folgenden Anwendungsfall ein existierendes agentenbasiertes Verkehrsnachfragemodell der Region Karlsruhe verwendet. Die verwendeten Ziel- und Verkehrsmittelwahlmodelle wurden im Rahmen von Wörle u. a. (2021) kalibriert und hier übernommen. Für die Routenwahl gelten die Annahmen aus Kapitel 5.2. Simuliert werden alle Einwohner von Karlsruhe mit ihren Haushalten. Dies ergibt ca. 304.000 Agenten und ca. 170.000 Haushalte. Während das Stadtgebiet in ca. 490 Verkehrszellen unterteilt ist, stehen für die Zielwahl ca. 2.400 Verkehrszellen zur Verfügung. Dazu gehört die Region Mittlerer Oberrhein, Teile von Rheinland-Pfalz sowie des Elsasses und weiterentfernte Ziele in Deutschland und dem angrenzenden Ausland.

Die in Kapitel 4.2 beschriebenen Daten liegen nur für das Stadtgebiet von Karlsruhe vor. Aus diesem Grund werden Fahrplanabweichungen nur im Stadtgebiet modelliert. Die Auswertung der Ergebnisse beschränkt sich damit ebenfalls auf Fahrten, welche komplett innerhalb des Stadtgebiets stattfinden.

5.3.1 Szenarien

Zur Evaluierung des Fahrplans bzw. der Auswirkungen von Fahrplanabweichungen auf die Reisezeit im ÖV werden im folgenden zwei Vergleichsszenarien und zwei Modellierungsansätze für Fahrplanabweichungen definiert. Als Vergleichsszenarien dienen der *geplante Fahrplan* und der *gefahrene Fahrplan*. Beim geplanten Fahrplan wird, wie bisher bei der Modellierung, der Originalfahrplan, wie er von den Verkehrsbetrieben zur Verfügung gestellt wurde, genutzt. Als gefahrener Fahrplan wird von einem beliebigen Tag im Untersuchungszeitraum der Fahrplan basierend auf den realen Fahrzeiten extrahiert.

Für die Modellierung des gefahrenen Fahrplans können Fahrplanabweichungen auf unterschiedliche Weise modelliert werden. Zunächst liegt es nahe, wie bereits bei der Bewertung, die Modellierung in Anlehnung an den MIV zu gestalten. Im MIV kann eine Prognose der Belastung auf einem Streckenabschnitt mithilfe von Ganglinien modelliert werden. Eine solche Ganglinie beschreibt zu unterschiedlichen Tageszeiten die Belastung auf einem Streckenabschnitt. Die Ganglinie wird erstellt, indem über einen längeren Zeitraum die Belastung gemessen wird, sodass sich daraus der zeitliche Verlauf ergibt. Aus der Belastung auf einem Streckenabschnitt kann die Fahrzeit entsprechend abgeleitet werden.

Diese Art der Modellierung lässt sich auch auf den ÖV adaptieren. Hierzu werden die Fahrzeiten auf einem Streckenabschnitt zwischen zwei Haltestellen nach Tageszeit gruppiert und je Stunde und Streckenabschnitt eine Verteilung erzeugt. Hiermit wird bereits die Tageszeitabhängigkeit der Fahrplanabweichung, wie sie in Abbildung 4.12 dargestellt ist, bei der Modellierung berücksichtigt. Dies wird als Szenario *streckenbasierte Fahrplanabweichung* bezeichnet.

Im Gegensatz zum MIV zeigt sich bei der Auswertung in Kapitel 4.2 allerdings, dass Fahrzeuge verschiedener Linien unterschiedliche Fahrplanabweichungen auf dem selben Streckenabschnitt haben können, z.B. die Linien 1, 2, S4 und S5 auf dem Streckenabschnitt zwischen Untermühlstraße und Tullastraße / V B K in Abbildung 4.39. Daraus wird ersichtlich, dass neben der Tageszeit auch der räumliche Kontext einen Einfluss auf die Fahrplanabweichung hat. Insbesondere der Linienverlauf bzw. die auf den Linien eingesetzten Fahrzeuge haben einen Einfluss auf die Fahrplanabweichung. Aus diesem Grund wird eine zweite Modellierung gegenübergestellt, welche dies berücksichtigt. Hierbei werden die Verteilungen je Streckenabschnitt, Tageszeit und Linie erstellt. Somit erhält jede Linie für jeden Streckenabschnitt eigene Verteilungen. Dies wird als Szenario *linienbasierte Fahrplanabweichung* bezeichnet. Die beiden Szenarien werden dem tatsächlich gefahrenen und dem geplanten Fahrplan gegenüber gestellt.

5.3.2 Auswertung

Wie in Kapitel 5.2 beschrieben, wird zur Bewertung der Fahrpläne die Abweichung der Reisezeit zwischen den Szenarien betrachtet. In Tabelle 5.1 werden die kumulierten Reisezeiten der einzelnen Szenarien dargestellt. Als Vergleichswert für die Planning-Gap wird das Szenario mit dem geplanten Fahrplan genutzt. Dabei wird ersichtlich, dass zwischen dem geplanten Fahrplan und dem tatsächlich gefahrenen Fahrplan ein deutlicher Unterschied zu sehen ist. Die Planning-Gap des gefahrenen Fahrplans weicht dabei mit 1,4 deutlich vom geplanten Fahrplan ab. Dies entspricht einer zusätzlichen Reisezeit für alle Fahrgäste unter Nutzung des gefahrenen Fahrplans von ca. 40% im Vergleich zum geplanten Fahrplan.

Werden die beiden Modellierungsansätze für Fahrplanabweichungen im Vergleich dazu betrachet, so zeigt sich, dass die Modellierung der streckenbasierten

Fahrplanabweichung zu einfach ist. Es werden zu wenige Einflussfaktoren berücksichtigt. Die Planning-Gap ist mit 2,03 bzw. einer Reisezeitverdopplung deutlich vom geplanten wie auch vom gefahrenen Fahrplan entfernt. Die linienbasierte Fahrplanabweichung im Gegensatz dazu liegt mit einer Planning-Gap von 1,38 sehr nahe am gefahrenen Fahrplan.

Tabelle 5.1: Kumulierte Reisezeiten der einzelnen Szenarien

	Reisezeit	Planning-Gap
Geplanter Fahrplan	2879 Tage	1
Gefahrener Fahrplan	4034 Tage	1.4
Linienbasierte Fahrplanabweichung	3969 Tage	1.38
Streckenbasierte Fahrplanabweichung	5843 Tage	2.03

Ein Vergleich der MIV-Reisezeiten im unbelasteten Netz und während der Spitzenstunde zeigt eine vergleichbare Situation. Die Reisezeiten nehmen im Durchschnitt um 27% zu. Damit liegt die Steigerung der Reisezeiten im ÖPNV in der gleichen Größenordnung, wie in der MIV-Spitzenstunde. Im Gegensatz zum MIV kann eine Verspätung im ÖPNV allerdings nicht so schnell wieder abgebaut werden. Wie in Kapitel 4.2 beschrieben, fahren die überwiegende Mehrheit an Fahrzeugen pünktlich an ihrer Starthaltestelle los. Die Fahrzeuge bauen auf dem Linienweg nach und nach Verspätung auf, welche an der Endhaltestelle wieder abgebaut wird. Die Linien in Karlsruhe sind zwischen 30 und 60 Minuten lang. Dementsprechend lange kann es dauern, bis die Verspätung wieder abgebaut wird.

Werden die ÖV-Reisezeiten detaillierter als Reisezeitverteilungen betrachtet, wie in Abbildung 5.2 dargestellt, so bestätigt sich dieses Bild. Die Reisezeitverteilung des geplanten Fahrplans hat ihr Maximum bei 20 Minuten Reisezeit und fällt anschließend stark ab. Die Reisezeitverteilung unter Berücksichtigung des gefahrenen Fahrplans hat ihr Maximum bei 30 Minuten und fällt deutlich flacher ab. Wird weiter berücksichtigt, dass im Karlsruher Stadtgebiet im

Wesentlichen ein 10-Minuten-Takt gefahren wird, so entspricht die Verschiebung des Maximums gerade eines verpassten Fahrzeugs inklusive des Wartens auf das nächste Fahrzeug.

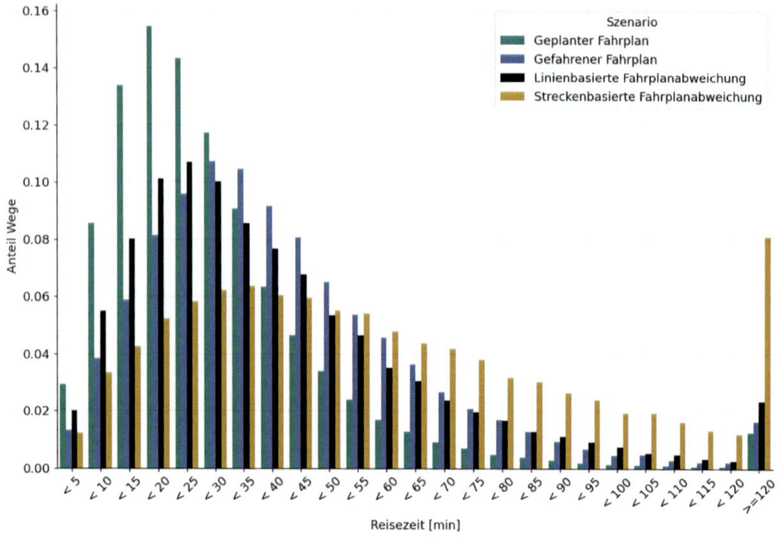

Abbildung 5.2: Reisezeitverteilung der einzelnen Szenarien

Werden die beiden Modellierungsansätze mit dem gefahrenen Fahrplan verglichen, so zeigt sich auch bei den beiden Szenarien unter Anwendung der Reisezeitverteilungen ein vergleichbares Bild. Das Maximum der streckenbasierten Fahrplanabweichung liegt mit 35 Minuten nur unwesentlich über dem Maximum des gefahrenen Fahrplans. Die Verteilung an sich verläuft aber deutlich flacher. Es ergeben sich damit deutlich mehr größere Reisezeiten als beim gefahrenen Fahrplan. Dies wird besonders sichtbar bei den Fahrten, welche über zwei Stunden dauern. Diese vervier- bis -fünffachen sich.

Die linienbasierte Fahrplanabweichung im Gegensatz dazu liegt deutlich näher am gefahrenen Fahrplan. Das Maximum liegt bei 25 Minuten und der Verlauf der Kurve ist vergleichbar mit dem des gefahrenen Fahrplans. In der Tendenz sind mehr kürzere Fahrten zu sehen als längere. Wie bei der streckenbasierten Fahrplanabweichung, liegt auch hier die Anzahl der Fahrten mit mehr als zwei Stunden über der Anzahl beim gefahrenen Fahrplan. Der Unterschied liegt aber bei lediglich ca. 30%.

Die Ähnlichkeit der linienbasierten Fahrplanabweichung zum gefahrenen Fahrplan ist nicht nur für einen einzelnen Tag gegeben. Ein Vergleich der Reisezeitverteilungen an unterschiedlichen gefahrenen Tagen zeigt, dass die Tage vergleichbar sind. Abbildung 5.3 stellt die Reisezeitverteilungen verschiedener gefahrener Tage dar. Dies deutet darauf hin, dass der gefahrene Fahrplan zwar vom geplanten abweicht, sich aber ein vergleichbarer Fahrplan an allen Tagen einstellt. Der Vergleich mit einem gefahrenen Tag als Stellvertreter ist somit ausreichend.

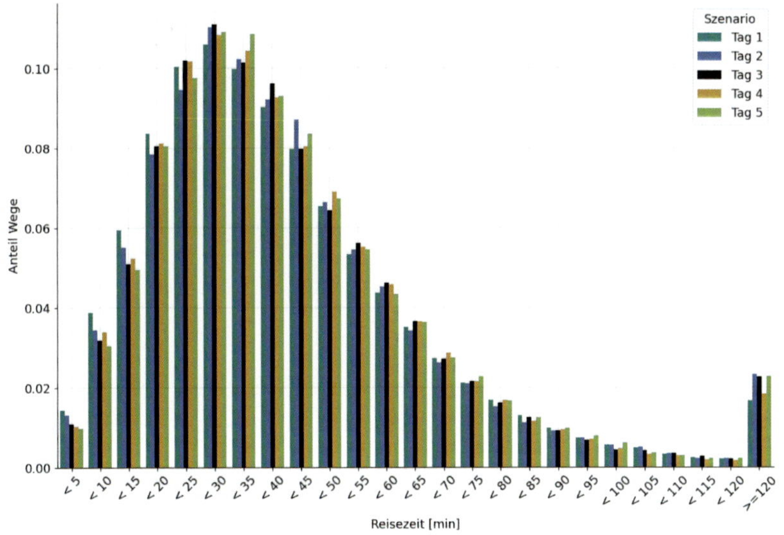

Abbildung 5.3: Reisezeitverteilung des Szenarien gefahrener Fahrplan mit unterschiedlichen Tagen als Basis

6 Diskussion

In Kapitel 4 werden Störungen sowie die Prozesse im Störungsmanagement aus unterschiedlichen Perspektiven untersucht. Neben der Erhebung in den Leitstellen werden auch die aufgezeichneten Fahrdaten der Fahrzeuge ausgewertet. Die daraus resultierenden Effekte werden anschließend in einem Verkehrsnachfragemodell abgebildet und in Kapitel 5 beschrieben. Im folgenden werden nun die wesentlichen Erkenntnisse daraus diskutiert.

6.1 Störungen und Dispositionen in der Realität

Der reale Ablauf im ÖPNV ist nur in Teilen vergleichbar mit dem MIV. Beim MIV entscheidet jeder Verkehrsteilnehmende eigenständig über seinen Fahrstil bzw. seine Route. Je nach Verkehrssituation kann ein Fahrender selbst die Route verlassen und auf eine der möglichen alternativen Strecken ausweichen. Es existieren dabei deutlich mehr alternative Strecken für den MIV als für den ÖPNV Verkehrssimulationen bilden dies daher mit unterschiedlichen Fahrverhalten ab. Der MIV ist damit ein dezentrales System. Im ÖPNV bestimmt eine Organisation den Verkehrsablauf und die Fahrgäste wählen lediglich ihre Route. Die Route selbst kann nur an vorher von der Organisation definierten Punkten geändert werden. Die Organisation ist damit für die Planung und den Betrieb des ÖPNV zuständig. Der ÖPNV ist ein zentrales System. Während im MIV jeder Fahrende selbst auf Störungen reagiert, reagieren im ÖPNV unterschiedliche Akteure.

Die Erhebungen in Kapitel 4 zeigen, dass das Störungsmanagement und der Dispositionsprozess sehr vielfältig sind. Werden Störungen betrachtet, so ist jede einzigartig und bedarf einer entsprechenden Behandlung. In vielen Situationen können Details entscheidend sein, ob eine Störung umfangreichere oder geringere Auswirkungen auf den Betrieb hat. Die Dispositionsmaßnahmen als Reaktion auf die Störungen sind dementsprechend ebenfalls sehr vielfältig. Der Katalog, wie er von (VDV 2015) definiert wird, liefert dabei prinzipielle Vorgehensweisen, welche aber in den einzelnen Situationen entsprechend adaptiert werden müssen.

Disponierende gehen dabei gemeinsam als Team vor und folgen einem einheitlichen Prozess. Einer der Disponierenden fungiert als Hauptansprechpartner, die anderen unterstüzen ihn bei seiner Arbeit, sofern die Auslastung dies ermöglicht. Dabei zeigt sich, dass ein Großteil der Kommunikation von der Leitstelle mit den Fahrenden über den Sprechfunk durchgeführt wird. Das ITCS dient dabei zur Unterstützung der Leitstelle, um die aktuelle Verkehrslage überwachen zu können und die Kommunikation mit den Fahrenden herzustellen.

Die Vielfältigkeit der Störungssituationen ist der wesentliche Punkt für die Sprachkommunikation. Stand heute kann die Beschreibung der aktuellen Störung nur effizient über die menschliche Sprache abgebildet werden. Eine mögliche Ergänzung dazu wären Kameras im und am Fahrzeug mit einer direkten Übertragungsfunktion an die Leitstelle. Dies ist zwar technisch möglich, aber aus Datenschutzgründen unerwünscht.

Die Sprachkommunikation ist dabei aber auch eines der größten Hindernisse zwischen den Fahrenden und der Leitstelle. Während den Beobachtungen wurde ersichtlich, dass trotz Sprachschulungen sowohl für Fahrende wie auch für Disponierende, die Kommunikation in Störungssituationen besser gelingt, wenn beide die gleiche Muttersprache sprechen. Eine Untersützung in Form einer automatisierten Übersetzung, wie sie bereits in (Briem u. a. 2022) erwähnt wird, könnte hier zu einer Verbesserung beitragen. Die Übersetzung muss allerdings sehr gut auf die Kommunikation im ÖPNV abgestimmt sein, um einen Mehrwert liefern zu können.

Bei der Bearbeitung einer Störung kommunizieren die Disponierenden nicht nur mit den Fahrenden per Funk, sondern auch mit anderen Rettungskräften und der Polizei. Diese können dann zur Rettung von Leben bzw. einer möglichst schnellen Abwicklung der Störung beitragen. Wie bereits bei der Kommunikation mit den Fahrenden ist auch hier die Weitergabe der Störungsbeschreibung, z.B. bei einem Unfallruf, entscheidend. Eine Integration der Leitstellen durch eine automatische Weitergabe der Standortinformationen und ein direktes Mithören durch Polizisten könnte auch hier den Ablauf vereinfachen. Damit könnte in der ersten Phase einer Störung, in der schnell reagiert werden muss, Last von den Disponierenden genommen werden. Den Disponierenden stünden dementsprechend zur Bearbeitung der Störung bzw. zur Kommunikation mit den Fahrenden weitere Resourcen bzw. mehr Zeit zur Verfügung.

Der Prozess des Störungsmanagements ist sehr vielfältig, da auch Details in den einzelnen Situationen eine große Rolle spielen. Bei der Erhebung wurde daher bewusst eine mehrstufige Methodik gewählt. Die hier gewählte Methodenkombination aus Interviews und Beobachtungen hat die Erfassung der notwendigen Detailtiefe ermöglicht. Die Interviews mit Vorgesetzten und Ausbildenden lieferten zunächst einen Überblick über die prinzipielle Vorgehensweise in der Leitstelle. Dies diente als Vorbereitung für die Beobachtungen in der Leitstelle selbst. Bei diesen konnten dann die notwendigen Details besser aufgenommen werden, da der generelle Ablauf bereits bekannt war.

Ähnlich gestaltet es sich mit den Interviews, die mit Disponierenden selbst geführt wurden. Interviews mit Disponierenden liefern zunächst Informationen zu einzelnen Störungssituationen und gleichzeitig aber auch zum generellen Ablauf in der Leitstelle. Sie liefern damit mehr Details als die Interviews mit Vorgesetzten und Ausbildenden. Der generelle Ablauf wird allerdings nicht so stark abstrahiert. Hier zeigt sich auch bereits die Relevanz der tägliche Erfahrung in der Leitstelle für das Wissen über Details des Dispositionsprozesses. Disponierende, welche nur noch als Ersatz einspringen, beschreiben deutlich weniger Details als Disponierende, welche täglich in der Leitstelle arbeiten.

Wie in Kapitel 4.2.3 beschrieben, kann nicht vorhergesagt werden, ob an einem Tag Störungen disponiert werden müssen oder nicht. Dies gilt insbesondere in kleineren Städten mit weniger Fahrzeugen. Die Wahrscheinlichkeit für eine Störung am Tag steigt mit der Anzahl der Fahrzeuge im Netz. Dementsprechend gibt es aber auch keine Garantie dafür, bei Besuchen in der Leitstelle tatsächlich Störungen und deren Bearbeitung beobachten zu können. Interviews mit Disponierenden bieten daher den Vorteil, dass auf jeden Fall Informationen in ausreichender Detailtiefe zur Verfügung stehen.

Der Prozess des Störungsmanagements wird in den einzelnen Leitstellen unterschiedlich stark dokumentiert. Dementsprechend kann nicht davon ausgegangen werden, dass eine Dokumentation vorhanden ist. Insbesondere in Zeiten, in denen durch Baustellen Einschränkungen im Netz vorhanden sind, ist der Aufwand eine umfassende Dokumentation zu erstellen zu hoch. Die Dokumentation diente in allen Leitstellen, in denen sie vorhanden war, nur zur Schulung der Disponierenden. Der Zeitdruck während der Bearbeitung von Störungen erlaubt es nicht, in der Dokumentation nachzuschlagen. Disponierende müssen schnell handeln, um die Auswirkungen der Störung gering halten zu können. In den Schulungsunterlagen sind daher meist Störungskonzepte enthalten, die im Einzelfall aber noch leicht durch die Disponierenden angepasst werden.

Wie in Kapitel 4.1 beschrieben, wurden in dieser Arbeit zunächst Interviews mit den Disponierenden geführt. Anschließend fanden Interviews mit den Vorgesetzten und Ausbildern statt und zu letzt wurden die Disponierenden bei ihrer Arbeit beobachtet. Diese Reihenfolge war allerdings nicht ganz optimal. Idealerweise beginnt man mit Interviews mit Vorgesetzten und Ausbildenden, um einen Überblick über den Prozess zu erhalten. Anschließend bieten sich vertiefende Interviews mit Disponierenden an, um weitere Details zu erfahren. Beobachtungen in der Leitstelle bieten dann die maximale Detailtiefe, sofern während des Beobachtes Störungen bearbeitet werden. Die Dokumentation kann zur Unterstützung dienen, falls diese vorhanden ist.

Betrachtet man die Analyse der Störungen so wird ersichtlich, dass Abweichungen der Fahrzeit von der Fahrplanzeit auf jeder Linie und jedem Streckenabschnitt vorkommen. Fahrplanabweichungen stellen damit die Anpassung des geplanten Fahrplans an die Realität dar. Wie in den einzelnen Auswertungen ersichtlich wird, sind dabei verschiedene Einflussfaktoren relevant. Neben den Fahrgästen beeinflussen die Interaktion mit dem MIV, der Linienverlauf bzw. -länge und die je nach Linie genutzten Fahrzeuge die Fahrzeit auf einzelnen Streckenabschnitten. Während die Fahrzeit im MIV hauptsächlich durch die Interaktion mit anderen Teilnehmern des MIV bestimmt wird, ist im ÖPNV sowohl die Nachfrage im ÖPNV wie auch die des MIV entscheidend.

Von einer Verspätung, welche auf einem Teilstück der Fahrt eines Fahrzeugs aufgebaut wird, sind auch alle Fahrgäste betroffen, die nach diesem Teilstück einsteigen. Die Fahrgäste sind dadurch verspätet, obwohl auf dem Teilstück, in welchem sie in dem Fahrzeug sitzen, keine weitere Verspätung aufgebaut wird. Im MIV gibt es diesen Zusammenhang nicht. Eine Verspätung betrifft nur Personen, die auf einem stark ausgelasteten Streckenabschnitt unterwegs sind. Personen, die erst nach dem Stau auf eine Straße fahren, bemerken deutlich weniger negative Auswirkungen der hohen Auslastung. Durch die Wechselwirkungen zwischen MIV und ÖPNV ist eine realistische Abbildung des ÖPNV nur in Zusammenhang mit einer realistischen Abbildung des MIV möglich. Lediglich ÖPNV-Systeme ohne Interaktion mit dem MIV könnten isoliert betrachtet werden. Hierzu gehören bspw. U-Bahnen. Die isolierte Betrachtung dieses Systems kann jedoch keine Nachfrageverlagerungen von mit dem MIV interagierenden ÖPNV-Fahrzeugen auf welche ohne Interaktion berücksichtigen. Fahrgäste, welche vom Bus oder der Straßenbahn bei einem Stau auf die U-Bahn umsteigen, würden nicht berücksichtigt werden.

Für Fahrgäste, welche nicht direkt an ihr Ziel fahren sondern umsteigen, kann eine Verspätung zu einem verpassten Anschluss führen. Verpasste Anschlüsse wiederum bedeuten in der Regel eine Wartezeit von einem Takt. In Karlsruhe sind das zehn Minuten. Bei Reisezeiten zwischen 20 und 40 Minuten kann dadurch eine Reisezeitzunahme von 25% bis 50% entstehen. Ein vergleichbares Szenario existiert im MIV nicht, da hier die komplette Strecke mit dem gleichen Fahrzeug zurückgelegt wird. Durch die diskreten Abfahrtszeitpunkte der Fahrzeuge wirken sich somit Störungen im ÖPNV stärker aus als im MIV.

Unabhängig der Ursachen der Fahrplanabweichung, kann diese bei der Planung eines Fahrplans unterschiedlich berücksichtigt werden. Bei der ersten Variante könnten die Fahrplanzeiten zu jeder Abfahrt den realen Fahrzeiten möglichst nahe sein. Dies würde zu unterschiedlichen Fahrplanzeiten innerhalb des Tages führen, z.B. stündlich unterschiedliche Fahrplanzeiten. Der geplante Fahrplan wäre damit sehr nahe an der Realität. Die Pünktlichkeit und die Zuverlässigkeit wären demnach vergleichbar hoch. Gleichzeitig lässt sich ein Fahrplan mit unterschiedlichen Fahrplanzeiten pro Tag allerdings nur schwer merken.

Bei der zweiten Variante könnten die Fahrplanzeiten für den gesamten Tag gleich sein, idealerweise sogar der gleiche Takt auf allen Linien. Ein Systemtakt, wie er in Karlsruhe genutzt wird, mit gleichen Abfahrtsminuten an den Haltestellen, sorgt für eine sehr leichte Merkbarkeit. Fahrgäste wissen dadurch z.B. dass die Linie S5 alle zehn Minuten zur Minute null am Durlacher Tor in Richtung Durlach abfahrt, d.h. 14:00. 14:10, 14:20 usw. Vielfahrende kommen daher oft ohne Fahrplan aus. Sie kennen die Umsteigepunkte der für sie relevanten Linien und auch die Abfahrtszeiten an den für sie relevanten Haltestellen. Ein Systemtakt sorgt aber gleichzeitig dafür, dass die Pünktlichkeit und die Zuverlässigkeit unterschiedlich hoch sind. Die Pünktlichkeit nimmt ab, da Fahrzeuge von ihrem Fahrplan abweichen. Die Zuverlässigkeit bleibt aber vergleichbar hoch.

In der Regel wird die zweite Variante genutzt, da die Merkbarkeit für Fahrgäste und auch die dadurch entstehende Vereinfachung bei der manuellen Planung die Reduzierung der Pünktlichkeit überwiegen. Für Vielfahrende sind beide Varianten gleich, da diese auf dem erwarteten Fahrplan planen. Fahrgäste, die seltener den ÖPNV nutzen haben keine Erfahrung zur Fahrplanabweichung. Sie müssen sich daher auf den Fahrplan verlassen und nehmen den Unterschied dadurch deutlicher wahr. Betriebsgesellschaften von ÖPNV-Systemen können ihre Fahrgäste daher mit einer verlässlichen Fahrgastinformation unterstützen. Können sich die Fahrgäste auf die aktuellen Abfahrtszeiten verlassen, so ist die Erfahrung im System weniger relevant. Die Attraktivität des Systems könnte dadurch steigen. Dies zeigt auch eine erste Arbeit von (Frey 2020). Wenngleich in dieser Erhebung ein Bias durch die Gestaltung des Experiments entstanden ist, ist der Mehrwert einer verlässlichen Fahrplanauskunft trotzdem gegeben.

Diese Abhängigkeit des ÖPNV vom MIV wird von den Betriebsgesellschaften unter anderem durch eine Leitstelle kompensiert. Diese sorgt mithilfe verschiedener Dispositionsmaßnahmen für eine Stabilisierung des Betriebs. Ziel der Leitstelle ist dabei nicht, die exakte Einhaltung der Fahrzeiten wie sie im Fahrplan definiert sind. Die Aufgabe der Leitstelle ist es, die Fahrplanabweichung auf ein für die Fahrgäste erträgliches Maß zu reduzieren. Wie hoch die Fahrplanabweichung am Ende ist, hängt von verschiedenen Entscheidungen vor und während der Planung ab.

Eine Möglichkeit den Fahrplan exakt einzuhalten, wäre an jeder Haltestelle genügend Puffer einzuplanen, um die gesamte oder den überwiegenden Teil einer Verspätung wieder abbauen zu können. Dies würde jedoch zu langen Wartezeiten für pünktliche Fahrzeuge führen und damit die Leistungsfähigkeit des Systems verringern. Das System wäre zwar pünktlich, aber nicht sehr attraktiv für die Fahrgäste, da die Fahrzeiten deutlich länger wären.

Eine andere Möglichkeit wäre durch bauliche Maßnahmen, die Beeinflussung des ÖPNV durch andere Verkehrsmittel zu eliminieren. Dies würde dazu führen, dass der ÖPNV komplett auf unabhängigen Bahnkörpern fahren würde. Innerstädtisch wäre das nur im Untergrund möglich. Die Verkehrsbetriebe hätten anschließend allerdings alle wesentlichen äußeren Einflussfaktoren selbst in der Hand. Mit entsprechend kurzen Wartungsintervallen und Redundanzen ließe sich damit ein System bauen, welches sich im Betrieb so verhält, wie es der Fahrplan vorgibt. Aber auch dieses System ist wirtschaftlich und ökologisch nicht tragbar.

Die Reduzierung der Fahrplanabweichung auf ein erträgliches Maß, wie sie heute von den Leitstellen betrieben wird, bleibt damit die wirtschaftlichste Alternative. Bei der Planung bzw. der Nachfragemodellierung sollte daher die reale Fahrplanabweichung mit berücksichtigt werden. Dispositionsmaßnahmen sind dabei bereits zum überwiegenden Teil in den Fahrplanabweichungen enthalten. Maßnahmen zur Reduzierung der Fahrplanabweichung ließen sich damit bereits in der Planung evaluieren. Eine Berücksichtigung dieser Maßnahmen im Rahmen der Standardisierten Bewertung würde es darüber hinaus erlauben, den Nutzen von Maßnahmen für ein verlässliches System zu bestimmen. Somit würde nicht nur der Neubau von Infrastruktur für eine Nachfrageverlagerung sorgen, sondern auch eine verlässlichere Infrastruktur könnte mit einem positiven Nutzen in die Bewertung eingehen. Eine Förderung dieser Maßnahmen könnte damit erleichtert werden.

Insbesondere im schienengebundenen ÖPNV, wie er in dieser Arbeit untersucht wird, ist die Infrastruktur maßgeblich für die Möglichkeiten zur Reduzierung der Fahrplanabweichung verantwortlich. Die häufigsten Dispositionsmaßnahmen – Fahrtverkürzung und Umleitung – lassen sich nur mit einer entsprechenden Infrastruktur realisieren. Zusätzliche Wendeschleifen oder Weichen erhöhen somit die Freiheiten und Möglichkeiten der Disponierenden in der Leitstelle. Eine Wendeschleife oder Weiche muss allerdings auch gebaut und instandgehalten werden. Die Kosten und der Nutzen einer Wendeschleife oder einer Weiche könnten daher mit einem Verkehrsnachfragemodell, welches die Verlässlichkeit berücksichtigt, bewertet werden. Bei entsprechend positivem Nutzen könnte die Investition somit gegenüber der Bevölkerung bzw. den Fahrgästen gerechtfertigt werden.

6.2 Abbildung von Störungen im Modell

Die Analyse der Fahrplanabweichungen zeigt, dass verschiedene Einflussfaktoren für die Fahrplanabweichung auf einem Streckenabschnitt relevant sind. Basierend auf der gegebenen Datenbasis werden Fahrplanabweichungen auf zwei Arten modelliert. Dabei zeigt sich, dass sowohl Eigenschaften der Linie, des Streckenabschnitts wie auch der Tageszeit relevant sind, um eine möglichst realistische Abbildung von Fahrplanabweichungen zu modellieren. Die Ergebnisse liegen dabei nahe bei einer Simulation mit dem real gefahrenen Fahrplan.

Die Abhängigkeit der Verteilungen von den räumlichen Gegebenheiten deutet darauf hin, dass eine Übertragung auf andere Regionen nur schwer möglich ist. Die Zusammenhänge zwischen allen Beteiligten, welche in Summe zu einer Verteilung der Fahrplanabweichung auf einem Streckenabschnitt führen, sind räumlich stark auf ihren Ursprung bezogen. Ein Grund dafür könnte sein, dass Linie, Streckenabschnitt und Tageszeit als Stellvertreter für andere Größen fungieren. Diese könnten bspw. das Fahrgastaufkommen oder die Belastung eines Knotenpunkts sein. Für eine genauere Analyse sollten dazu weitere Daten erhoben und ausgewertet werden, insbesondere zur Interaktion mit dem MIV an unterschiedlichen Knotenpunkten.

Umsteigebeziehungen scheitern in der Realität oft an zu wenig Pufferzeit beim Umstieg. Der hier gewählte Ansatz kann dabei bereits helfen, Umsteigebeziehungen zu analysieren und falls gewünscht zu verbessern. Eine Verschiebung der Abfahrtsminute kann evtl. zu einer Verbesserung beitragen. Die entsprechenden Verteilungen der Fahrzeit bzw. der Fahrplanabweichung sollten sich dadurch nicht nennenswert ändern.

Weiterhin ist es denkbar, die genutzten Verteilungen in begrenztem Maß auch für neue Streckenabschnitte zu nutzen. Dabei kann allerdings der Zusammenhang zur Linie bzw. der bis dahin befahrenen Linienlänge verloren gehen. Als erste Näherung könnte dieser Ansatz jedoch trotzdem verwendbar sein. Mit einer Rückkopplung zur aktuellen Situation in der Simulation ließe sich dieser Ansatz entsprechend weiterentwickeln.

Neben der Modellierung der Fahrplanabweichung wird ein Vergleich zwischen dem geplanten und dem real gefahrenen Fahrplan durchgeführt. Dabei zeigt sich, dass die Reisezeiten unter Verwendung des gefahrenen Fahrplans deutlich von den Reisezeiten mit dem geplanten Fahrplan abweichen. Vergleicht man Simulationen mit verschiedenen gefahrenen Tagen als Grundlage miteinander, zeigt sich allerdings, dass die Reisezeitverteilungen an allen Tagen vergleichbar sind. Damit verhalten sich die Tage in der Simulation vergleichbar zur Realität. Wie in Kapitel 4.2.2.1 beschrieben, ist der Unterschied der Fahrplanabweichung zwischen den Wochentagen Montag bis Freitag nur sehr gering. Fahrgäste können sich daher mit der Zeit an die Fahrplanabweichung gewöhnen und diese in ihre Planung mit einbeziehen. Die Fahrplanabweichung wird dadurch *vorhersehbar* bzw. planbar. Dies betrifft insbesondere Vielfahrende bzw. Pendelnde, welche den Hauptanteil der Fahrgäste in den Spitzenstunden ausmachen. Pendelnde kennen zwar den geplanten Fahrplan. Sie kennen aber auch die Fahrplanabweichungen. Damit haben auch sie wieder einen *stabilen* bzw. erwartbaren Fahrplan auf dem sie ihre Fahrten planen.

Dies zeigt auch der Unterschied zwischen der Zuverlässigkeit und der Pünktlichkeit eines Verkehrssystems bzw. insbesondere des ÖPNV. Pünktlichkeit wird definiert als die Abweichung vom Fahrplan (DIN 2002, Jensen 2021). Die Zuverlässigkeit hingegen beschreibt die erwartete Reisezeit (Jeekel 2010, Jensen 2021). Im MIV bedeutet dies, dass während der Hauptverkehrszeit längere Reisezeiten zu erwarten sind. Das gleiche gilt für den ÖPNV wie es die Auswertungen in Kapitel 4.2 zeigen.

6.3 Potential der Modellierung bei der Bewertung des ÖV mit Störungen und Dispositionen

Verkehrsnachfragemodelle sind essentieller Bestandteil bei der Bewertung und Beurteilung von verkehrlichen Maßnahmen. Sie helfen die Auswirkungen verstehen zu können, bevor teure Infrastrukturmaßnahmen umgesetzt werden. Sie sind dabei allerdings nur ein Modell der Realität und können diese nicht in Gänze abbilden. Sie müssen die Realität aber auch nur soweit abbilden, um die Auswirkungen von Maßnahmen geeignet bewerten zu können. Für den ÖPNV wird hierbei häufig der Fahrplan als geeignete Abstraktion angesehen. Dieser sollte die Fahrzeiten entsprechend der Realität abbilden. Eine Analyse der ITCS-Daten zeigt, dass dabei teilweise deutliche Abweichungen zu erkennen sind. Einer der Hauptgründe hierfür dürfte der Kompromiss zwischen realen Fahrzeiten innerhalb des Tages und einem einfach merkbaren Fahrplan für die Fahrgäste sein. Die Fahrplanzeit zwischen zwei Haltestellen wird so über einen längeren Zeitraum konstant gehalten, während die Fahrzeit unterschiedlich ist. Dies gilt insbesondere für Zeiten mit unterschiedlich starker Nachfrage bzw. Interaktion mit anderen Verkehrsteilnehmenden.

Die Analyse des Betriebsablaufs zeigt, dass die Abweichungen ohne Leitstelle deutlich größer wären. Die Leitstelle eines Verkehrsbetriebs sorgt dafür, die Abweichungen vom Fahrplan auf ein erträgliches Maß zu reduzieren. Die Fahrgäste sollen ein möglichst zuverlässiges System vorfinden. Zuverlässig ist hierbei nicht zwangsläufig mit pünktlich gleich zu setzen. Die Disponierenden der Leitstelle folgen dabei einem einheitlichen Prozess. Sie passen diesen aber immer auf die jeweilige Situation an.

Zur Untersuchung des realen Betriebsablaufs in einem Verkehrsnachfragemodell wurden verschiedene Fahrpläne in der Simulation evaluiert. Der geplante Fahrplan, der gefahrene Fahrplan und Fahrpläne bei denen die Fahrplanabweichungen mithilfe von Verteilungen modelliert werden. Die Auswirkungen auf die Fahrgäste können damit bereits bestimmt werden. Hierbei zeigen sich ebenfalls deutliche Unterschiede zwischen dem geplanten Fahrplan und dem realen Fahrplan. Die Modellierung mithilfe von Verteilungen zeigt dabei bereits eine gute Übereinstimmung mit dem realen Fahrplan. Für die Bewertung wurde die Routensuche der Fahrgäste mit der frühesten Ankunftszeit als Kriterium gewählt. Dieses folgt der Annahme, dass ein Fahrplan als Versprechen an die Fahrgäste zu sehen ist, diese in einer vordefinierten Zeit zwischen zwei Haltestellen zu transportieren. Diese Annahme ist allerdings zu minimalistisch. Fahrgäste wählen unterschiedliche Kriterien zur Routensuche. Agentenbasierte Verkehrsnachfragemodelle sind hierfür sehr gut geeignet. Eine mögliche Ergänzung für die Zukunft könnte daher die Wahl unterschiedlicher Routensuchkriterien je nach Soziodemographie eines Agenten sein.

Das Bewertungsschema, wie es in Kapitel 5.2 beschrieben wird, legt den Fokus auf die Fahrgäste. Sie sind die Nutzer des Systems. Nur wenn sie das System akzeptieren und nutzen, wird es erfolgreich. Durch die Modellierung mithilfe von Verteilungen, können zum einen reale Verteilungen in der Simulation getestet werden, aber auch die Auswirkungen von angepassten Verteilungen evaluiert werden. Soll die Auswirkung zusätzlicher Pufferzeit evaluiert werden, so kann diese bei der Erstellung der Verteilungen der Fahrplanabweichung an einer Haltestelle und deren Nachfolgern berücksichtigt werden. In der Simulation kann anschließend die Auswirkung auf die Reisezeit der Fahrgäste beziffert werden.

Ob diese Pufferzeit dann eingeplant wird oder nicht hängt allerdings nicht alleine von der Auswirkung auf die Reisezeit ab. Die entsprechenden wirtschaftlichen Folgen sind ebenfalls zu berücksichtigen. Zusätzliche Pufferzeit verlängert den Umlauf. Ein längerer Umlauf kann dazu führen, dass weitere Fahrzeuge oder Fahrende notwendig werden. Es ermöglicht aber letztendlich eine Aussage über die Kosten einer Reisezeitverkürzung treffen zu können. Analog dazu ließe sich auch die Wirtschaftlichkeit einer zusätzlichen Wendeschleife evaluieren. Eine Wendeschleife kann von Disponierenden dazu genutzt werden, zu hohe Fahrplanabweichungen abzubauen. Die daraus resultierenden Effekte auf die Reisezeit können mit der aktuellen Modellierung teilweise ausgewertet werden. Die Auswirkung auf die wieder pünktlicher verkehrende Rückrichtung des Fahrzeugs lässt sich modellieren. Der Ausfall des Fahrzeugs ab der Wendehalte stelle allerdings nur durch eine Anpassung des Fahrplans vor der Simulation.

Eine Integration von Störungen und Dispositionen über Verteilungen hinaus ist aktuell noch nicht möglich. So ist z.B. die Implementierung einer Kurzwende bzw. einer Umleitung aktuell noch nicht möglich. Durch die Umstellung der Simulation von einer zeit- zu einer ereignisbasierten Verarbeitung können in Zukunft allerdings weitere Ereignisse wie z.B. *Haltestelle wird nicht bedient* implementiert werden. Wie in Kapitel 4.2.5 beschrieben, beinhalten die Verteilungen bereits die Auswirkungen der Dispositionsmaßnahmen. Die Modellierung wurde jedoch durch eine Schnittstelle soweit abstrahiert, dass zeitliche Auswirkungen auf die Fahrzeuge durch eine andere Modellierung ersetzt werden können. Ein einfaches Halten oder Verspäten der Fahrzeuge an einer Haltestelle für einen gewissen Zeitraum, wie es bspw. Friedrich u. a. (2017) in Robustheitstests vorschlagen, ist mit diesem Ansatz bereits möglich.

Bei der Definition des Bewertungsschemas werden zwei Annahmen getroffen. Erstens, ein Fahrplan kann so betrieben werden, wie er geplant wurde. Zweitens, Fahrgäste minimieren ihre Zeit im Verkehr und wählen die Route mit der frühesten Ankunft. Diese bilden eine vereinfachte Realität ab. Fahrgäste nutzen unterschiedliche Strategien bzw. Suchkriterien bei der Wahl ihrer Route. Das Sitzenbleiben in einem Fahrzeug kann für einen Fahrgast attraktiver sein, als einen Umstieg in Kauf zu nehmen. Der Umstieg könnte bedeuten, ein anderes

Fahrzeug zu verpassen und damit eine deutlich längere Reisezeit in Kauf zu nehmen. Die Definition der Planning-Gap im ÖV beschränkt sich allerdings nicht nur auf die früheste Ankunftszeit als Suchkriterium, sondern kann auch mit allen anderen Suchkriterien genutzt werden. Wichtig dabei ist lediglich, die gleichen Suchkriterien in allen Szenarien zu nutzen, um vergleichbar zu bleiben.

7 Fazit

Die Wende in der Klimapolitik ist ein gesellschaftliches und politisches Ziel der aktuellen Zeit. Um die Wende zu schaffen, sind Umstellungen in allen Lebensbereichen notwendig. Dazu gehört auch der Verkehr bzw. die Mobilität im Gesamten. Eine Reduktion der Treibhausgase im Verkehr ist hierbei über effizientere Antriebstechnologien oder eine Verlagerung zum Umweltverbund, bestehend aus Fuß, Fahrrad und ÖV, möglich. Eine Verlagerung kann hierbei über Restriktionen für Verkehrsmittel, welche sich stärker negativ auf das Klima auswirken, erfolgen oder über eine Steigerung der Attraktivität klimafreundlicherer Verkehrsmittel. Restriktionen erzeugen hierbei immer Widerstand in der Bevölkerung. Ein attraktiveres Angebot verringert jedoch den Widerstand ein Verkehrsmittel zu nutzen. Es sorgt somit für einen Anreiz zu wechseln. Während auf kurzen Distanzen Fuß und Fahrrad eine klimafreundliche Alternative darstellen, ist auf mittlerer und langer Distanz der ÖV eine Alternative. Mögliche Einflussfaktoren für einen Wechsel hin zum ÖV sind z.B. die Reisezeit oder die Zuverlässigkeit einer Verbindung zwischen zwei Orten.

Die Zuverlässigkeit im MIV bestimmt sich im Wesentlichen über Angebot und Nachfrage. Fahrende im MIV beeinflussen den Verkehrsablauf und können selbst wählen, welche Route für sie ideal ist, selbst im Störungs- bzw. Staufall. Im ÖV sind ebenfalls die Wechselwirkungen zwischen Angebot und Nachfrage für die Reisezeiten und damit die Zuverlässigkeit von Verbindungen und Umstiegen relevant. So sorgt ein ungeplantes erhöhtes Fahrgastaufkommen für längere Haltezeiten und damit für Verspätungen. Teilt sich der ÖV die Infrastruktur zusätzlich mit anderen Verkehrsmitteln, so ist er nicht mehr nur von seiner eigenen Nachfrage abhängig, sondern auch von der Nachfrage der anderen Verkehrsmittel. Eine gemeinsame Betrachtung ist daher notwendig. Kommt es zu Störungen oder Verspätungen, können im ÖV sowohl die Fahrgäste wie auch die Betriebsgesellschaft darauf reagieren. Fahrgäste können alternative Routen wählen. Betriebsgesellschaften können das Angebot an die aktuelle Situation anpassen und über ihre Leitstelle dispositiv in den Betrieb eingreifen. Die Interaktion mit anderen Verkehrsmitteln sorgt allerdings auch dafür, dass bspw. die aktuelle Lage im MIV die realen Reisezeiten und damit auch die Zuverlässigkeit im ÖV beeinflusst. Fahrzeiten im ÖV sind somit nicht statisch, sondern dynamisch. Planende berücksichtigen dies bei der Erstellung des Soll-Fahrplans. In Verkehrsnachfragemodellen wird daher in der Regel davon ausgegangen, dass ein Fahrplan so betrieben werden kann, wie er geplant wurde. Eine Veränderung der Zuverlässigkeit lässt sich somit mit aktuellen Verkehrsnachfragemodellen gar nicht oder nur begrenzt bewerten.

Diese Arbeit untersucht aus unterschiedlichen Sichten, den Ablauf und den Einfluss von Störungen und dispositiven Eingriffen auf den Betriebsablauf im ÖPNV. Hierzu werden in der ersten Erhebung leitfadengestützte Interviews zum Dispositionsprozess mit Disponierenden eines Verkehrsbetriebes durchgeführt. Basierend auf diesen Interviews werden in der zweiten Erhebung Vorgesetzte und Ausbildende mehrerer Verkehrsbetriebe weltweit interviewt. Die Interviews dienen hierbei als Vorbereitung auf die darauf anschließenden Beobachtungen der Disponierenden in der Leitstelle. Hierbei werden die Disponierenden bei ihrer Arbeit beobachtet und, wenn möglich, zur aktuellen Situation befragt. Aus allen Interviews und Beobachtungen werden im Anschluss die Prozesse in der Leitstelle abgeleitet. Anschließend werden die Fahrzeugdaten eines Verkehrsbetriebes ausgewertet, mit den Aussagen der Disponierenden verglichen und eine mögliche Abbildung in Verkehrsnachfragemodellen abgeleitet. Untersucht werden die Abweichungen vom Fahrplan auf den einzelnen Streckenabschnitten, die Interaktion mit dem MIV, die Fahrgastzahlen an den entsprechenden Haltestellen und die dispositiven Eingriffe der Leitstelle. Die anschließende Untersuchung in einem Verkehrsnachfragemodell zeigt, dass Unterschiede in der Reisezeit zwischen dem geplanten Fahrplan und dem gefahrenen Fahrplan existieren. Die Modellierung der Fahrplanabweichung mithilfe von Verteilungen erreicht dabei ein ähnliches Ergebnis wie die Simulationen mit dem gefahrenen Fahrplan.

Die Erhebung der Prozesse in den Leitstellen hat gezeigt, dass die Disposition von Störungen sehr vielseitig ist. Einfache Störungskonzepte sind für die Disposition immer nur ein Startpunkt. Jede Störung hat ihre Eigenheiten, welche zu berücksichtigen sind. Sowohl die Erhebung der allgemeinen Prozesse mittels Interviews wie auch die Beobachtungen in den Leitstellen tragen wesentlich zum Verständnis bei. Es zeigt sich daher, dass die Kombination verschiedener Methodiken zur Erhebung der Prozesse sinnvoll ist.

Die Auswertung der Fahrzeugdaten eines ITCS zeigt, dass Dispositionen weit seltener vorkommen als Störungen. Nicht bei jeder Störung reagieren die Disponierenden einer Leitstelle mit Dispositionsmaßnahmen. Die Disponierenden wägen dabei die Interessen der Fahrgäste, des Betriebs und die aktuell verfügbaren Möglichkeiten ab. Sie reduzieren die Fahrplanabweichung damit auf ein für die Fahrgäste erträgliches und gleichzeitig wirtschaftlich betreibbares Maß. Die Fahrplanabweichungen, wie sie in den Fahrzeugdaten eines ITCS enthalten sind, beinhalten daher schon die wesentlichen Auswirkungen von Störungen und Dispositionsmaßnahmen.

Die Modellierung der Fahrplanabweichung mithilfe von Verteilungen bildet das Ergebnis des Zusammenspiels zwischen Störungen und Disposition ab. Zur Beurteilung eines aktuellen Fahrplans ist dies ausreichend. Werden ebenfalls nur die Abfahrtszeiten innerhalb des Fahrplans angepasst, kann dieser Ansatz nach wie vor zur Beurteilung genutzt werden. Hierbei sollten die Fahrzeiten aus den realen Daten mit den neuen Fahrplanzeiten abgeglichen werden. Zur weiterführenden Evaluierungen bspw. zu unterschiedlichen Dispositionsstrategien oder einer Reduzierung der Störanfälligkeit eines Streckenabschnitts durch Infrastrukturmaßnahmen, ist eine detailliertere Modellierung notwendig. Hierzu sollten die Zusammenhänge zwischen den Fahrplanabweichungen und der Nachfrage und insbesondere der Interaktion mit dem MIV näher erhoben werden. Für die Modellierung dieser Zusammenhänge in mobiTopp legt diese

Arbeit die Grundlage durch die Umstellung der Zustandswechsel von einer zeitbasierten auf eine ereignisbasierte Verarbeitung.

Eine Stärkung des ÖPNV in Zukunft wird nicht nur durch die Einrichtung von neuen Verbindungen ermöglicht. Auch das Image und damit insbesondere die Zuverlässigkeit des ÖPNV müssen gestärkt werden. Eine Verbesserung der Zuverlässigkeit ist aber heute noch schwer zu beurteilen. Die hier gezeigte Modellierung ermöglicht es, bereits bestehende Fahrpläne zu evaluieren. Sie gibt Planenden damit eine Möglichkeit, Schwachstellen im Netz zu untersuchen. Das Entscheidungsverhalten von Personen wurde jedoch in dieser Arbeit nicht betrachtet. Weitere Erhebungen sollten daher die Einflüsse der Zuverlässigkeit auf verschiedene Entscheidungen von Personen klären. Diese können dann in einem Verkehrsnachfragemodell abgebildet werden. Hierbei sollte neben der Zuverlässigkeit auch die Reaktion auf Störungen betrachtet werden. Es zeigt sich, dass für eine ganzheitliche Abbildung des ÖPNV in Verkehrsnachfragemodellen noch ein erheblicher Forschungsbedarf besteht.

A Fragebogen Interviews mit Disponenten der VBK

A.1 Leitfaden für das Experteninterview

A.1.1 Einleitung

1. Vielen Dank für Ihre Teilnahme und die Zeit die Sie sich für uns genommen haben
2. Unser Forschungsprojekt beschäftigt sich mit Störungsmanagement im ÖPNV
3. Ziel ist einen genaueren Einblick auf die einzelnen Prozesse der Disposition zu erhalten, dabei ist uns besonders wichtig Ihren Handlungsspielraum zu erfassen sowie mögliche Einflussgrößen kennen zu lernen
4. Wir würden das Gespräche zur besseren Auswertung gerne Aufzeichnen. Diese Aufzeichnungen werden nicht veröffentlicht und nur im Rahmen des Forschungsprojekts genutzt.
5. Die inhaltlichen Fragen drehen sich um Dispositionsmaßnahmen und -möglichkeiten Wenn es Fragen gibt, die sie nicht beantworten können oder wollen, gerne sagen.
6. Reihenfolge beachten

A.1.2 Teil 1: Person

1. Wie viel Berufserfahrung haben Sie?
   a) als Fahrer
   b) als Disponent
2. Wie alt sind sie?
3. Welche Linien / Strecken fahren Sie regelmäßig?
4. Wie sind sie zu dem Beruf Disponent gekommen?

A.1.3 Konkrete Situation

Würden Sie uns die Arbeitsprozesse eines Disponenten anhand einer kürzlich aufgetretenen Störungssituation beschreiben?

Hier interessiert uns vor allem der Prozess wie Sie eine Dispositionsmaßnahme auswählen

1. Wie häufig tritt diese Störung auf?
2. Wie haben Sie die Dispositionsmaßnahme gewählt
   a) Welche Einflussgrößen haben Sie hierbei berücksichtigt?
   b) Wie wurde ihre Entscheidung beeinflusst?
3. Wurden mögliche Alternativen mitberücksichtigt?
   a) in welcher Detailgenauigkeit?
   b) was sprach gegen diese Alternative?
   c) Warum haben Sie diese nicht gewählt?

4. Welche Einflussgrößen wurden bei der Abwägung der Wahl der Dispositionsmaßnahme berücksichtigt?
    a) Häufigkeit des Auftretens der Störung
    b) Position der Störung im Netz
    c) Art und Schwere der Störung
    d) Takt / Tageszeit
    e) Art des Verkehrsmittel (Bus, Bahn, S-Bahn)

A.1.4 Allgemeiner Prozess

Würden Sie uns zunächst etwas über Ihre einzelnen Aufgabenbereiche als Disponent erzählen sowie die verschiedenen Dispositionsmaßnahmen?

Hier interessiert uns vor allem Ihr Handlungsspielraum, mögliche Einschränkungen, sowie Einflussgrößen welche Ihr Handeln beeinflussen.

1. Welche Aufgabenbereiche haben Sie als Disponent?
2. Was sind ihre täglichen Herausforderungen?
3. Welche Dispositionsmaßnahmen nutzen Sie häufig und warum?
4. Gibt es Absprachen zwischen den einzelnen Disponenten über Dispositionsmaßnahmen?
    a) Wann? Welche? In wieweit?
5. Wie lange Dauert eine Störungsbehebung?
    a) Welche Einflussgrößen beeinflussen die Dauer bis der reguläre Betriebsablauf wieder möglich ist?
6. Wie viel Varianz und Entscheidungsfreiheit haben Sie bei der Wahl einer Dispositionsmaßnahme?

a) Einflussgrößen / in wieweit gewollt? / Wovon abhängig?

A.1.5 Zusammenhänge

Wie beeinflusst die Art der Störung Ihre Wahl der Dispositionsmaßnahme?

1. Welche Störungen treten im Netz häufig auf?
2. Welche Streckenabschnitte sind besonders Anfällig für Störungen in Karlsruhe?
3. Welche Einflussgrößen beeinflussen Sie hier?
   a) Position im Netz
   b) Schwere der Störung
   c) Anfälligkeit des Netzabschnittes auf Störungen
4. Haben Sie für einzelne Störungen vordefinierte Dispositionsmaßnahmen?
   a) Für welche?
   b) Wie ist die Charakteristik der Störung hierbei?

A.1.6 Fähigkeiten

Welche Fähigkeiten braucht man Ihrer Meinung nach als Disponent?

1. Wie sieht eine Kommunikation zwischen dem Fahrer und Ihnen (Disponenten) aus?
   a) Was muss alles genannt werden?
   b) Welche Informationen sind besonders wichtig für Sie? Warum?

A.1.7 Abschluss inhaltlicher Teil

Haben Sie noch weitere Anmerkungen oder Fragen

A.1.8 Weitere Themen

Wie ist Ihr Eindruck des Interviews?

1. Welche Aspekte Ihrer Arbeit wurden nicht berücksichtigt?
2. Welche Verbesserungsvorschläge haben Sie?

A.1.9 Abschluss

Vielen Dank für das Interview

B Fragebogen Interviews mit Vorgesetzten und Ausbildern von Disponenten

B.1 Leitfaden Interview

Einleitung der Forschungs- und Promotionsprojekte

Generelle Idee: Wie sieht ein gewöhnlicher Tag für einen Disponenten aus?

1. Wie sieht das Vorgehen der Leitstelle / eines Disponenten im Falle einer Störung Schritt für Schritt aus?
   a) Welche Programme und Werkzeuge stehen Ihnen für Ihre Arbeit zur Verfügung?
   b) Wie viele Disponenten arbeiten parallel an einer Störung?
   c) Welche Aufgaben werden von welchem Disponenten durchgeführt?
   d) Wie kommunizieren die Disponenten miteinander?
2. Wie ist eine Störung definiert?
   a) Woher kommen diese Informationen?
   b) Welche Informationen bekommen Sie über eine Störung?
   c) Welche Informationen werden davon tatsächlich benötigt?

d) Welche Informationen wären zusätzlich hilfreich, auch wenn sie nicht zur Verfügung stehen?

e) In welcher Form kommen die Informationen in der Leitzentrale an?

f) Wie läuft die Kommunikation zwischen Disponenten und Fahrern ab?

g) Wie viel Zeit liegt zwischen Störungseintreten und Störungsmitteilung?

3. Was sind häufig auftretende Störungen?

a) Wie wird gewöhnlich auf diese reagiert?

b) Wie wird entschieden, welche Maßnahmen möglich sind und ausgeführt werden?

c) Wie wird entschieden, in welcher Reihenfolge dispositive Maßnahmen durchgeführt werden?

d) Wie viel Zeit liegt gewöhnlich zwischen der Störungsmitteilung und der ersten dispositiven Maßnahme?

e) Was sind eher selten auftretende Störungen?

f) Wie wird auf diese reagiert?

g) Wie wird entschieden, welche Maßnahmen möglich sind und ausgeführt werden?

h) Wie wird entschieden, in welcher Reihenfolge dispositive Maßnahmen durchgeführt werden?

i) Wie viel Zeit liegt bei seltenen Störungen zwischen Mitteilung und der ersten dispositiven Maßnahme?

j) Stehen ihnen Verkehrsprognosen und Simulationstools zur Verfügung zur Abschätzung der Folgen Ihrer Dispositionsentscheidungen?

k) Welche zusätzlichen Informationen stehen Ihnen über die Lage im Netz zur Verfügung (z.B. Netzbeschaffenheit, Verkehrsaufkommen?)

l) Welche verwenden Sie davon?

m) Wie verwenden Sie diese Informationen?

n) Stehen ihnen Informationen über das Passagieraufkommen zur Verfügung?

o) Gibt es nach dem Auftreten einer Störung eine Nachbesprechung, Berichterstattung oder Archivierung über Zeit, Ort, Art, Dauer, Dispositionsmaßnahme und Verlauf?

   i. Werden Dispositionen bewertet?

   ii. Was ist eine gute bzw. schlechte Disposition?

p) Werden die Ursachen für die Störung im Nachhinein ermittelt, protokolliert oder ausgewertet?

q) Werden Dispositionen durchgeführt, ohne die Ursache für die Störung zu kennen?

r) Werden Maßnahmen ergriffen, um häufige Störungen für die Zukunft zu unterbinden oder immer gleich zu disponieren?

s) Findet eine Absprache mit der Planung statt, um die Auswirkungen oder Ursachen von häufigen Störungen zu vermindern?

4. Wie groß ist der Handlungsraum für Dispositionsmaßnahmen?

   a) Wie stark kann zu verschiedenen Zeiten in den operativen Betrieb eingegriffen werden (Hauptverkehrszeit, tagsüber, nachts)?

   b) Welche Dispositionsmaßnahmen stehen ihnen generell zur Verfügung?

   c) Welche Dispositionsmaßnahmen werden nicht genutzt?

   d) Warum werden diese nicht genutzt?

   e) Welche Dispositionsmaßnahmen wären zusätzlich hilfreich?

   f) Wer entscheidet, ob ein Anschluss gesichert werden muss oder nicht?

   g) Welche Zeiten müssen berücksichtigt werden?

5. Gibt es einen Kommunikationskanal mit Passagieren? Falls ja:

   a) Wie sieht der genau aus?

   b) Welche Informationen bekommt der Fahrgast über eine Störung mitgeteilt?

   c) Wie gezielt läuft die Informationsweitergabe ab?

      i. Gibt es unterschiedliche Ebenen der Informationsweitergabe? (Haltestelle, App, Fahrzeug, ...)

      ii. Gibt es eine Art Entscheidungshilfe für Fahrgäste in diesen Situationen?

   d) Falls Sie die Möglichkeit hätten direkt mit den betroffenen Fahrgästen zu kommunizieren, was würden Sie diesen mitteilen?

6. Werden Dispositionsmaßnahmen strukturiert bzw. kategorisiert?

   a) Gibt es automatisierte Vorgänge im Störungsmanagement? Falls ja:

      i. Welche Aufgabe verfolgen diese?

      ii. Wie sehen diese Vorgänge genau aus?

   b) Gibt es vorgefertigte Maßnahmenkataloge für bestimmte auftretende Störungssituationen?

      i. In wieweit wird ein Maßnahmenkatalog bei der Disposition genutzt?

         A. (Leitfaden, Nutzungspflicht, . . .)

ii. Wer erstellt den Katalog?

A. Planung, Disponenten, ITCS Hersteller

iii. Was beinhaltet der Maßnahmenkatalog

iv. In wieweit werden Abweichungen vom Maßnahmenkatalog akzeptiert?

v. Welche zusätzlichen Aufgaben sind notwendig, wenn ein Disponent vom Maßnahmenkatalog abweicht?

7. Wie sehen die Absprachen und Koordination zwischen verschiedenen Betreibern im geteilten ÖPNV-Netz aus?

8. Wie sieht der Einsatz von Ersatzverkehrsmitteln genau aus?

a) Eigenfahrzeuge?

b) Fahrzeuge anderer Betreiber?

c) Umleitung auf andere Verkehrsmodi?

d) Werden an bestimmten Orten/Stationen/Haltestellen Fahrzeuge vorgehalten?

i. Warum an diesen Stellen?

ii. Wie viele Fahrzeuge?

9. Gibt es etwas, das Sie, als Disponent ändern würden an der heutigen Art und Weise der Reaktion auf Störungen?

10. Gibt es Informationen, ein Werkzeug oder etwas anderes, dass die Disponenten bei der Reaktion auf Störungen vermissen?

11. Würde es Ihnen helfen die betroffenen Quelle-Ziel Beziehungen zu wissen? Falls ja:

   a) Was würden Sie gerne zusätzlich über diese wissen? (z.B. Stärke, Routenwahl, ...)

12. Könnten Sie sich vorstellen, dass eine Umleitung von Fahrgästen in manchen Fällen hilfreich wäre? Falls ja:

   a) Bei welcher Art von Störung?

   b) Welche entscheidenden Punkte fallen Ihnen zu diesem Thema ein („Brainstorming“)?

13. Wie werden Disponenten ausgebildet?

   a) Wie findet die Erstausbildung statt?

   b) Wie werden Disponenten weitergebildet?

C Liniennetzplan KVV

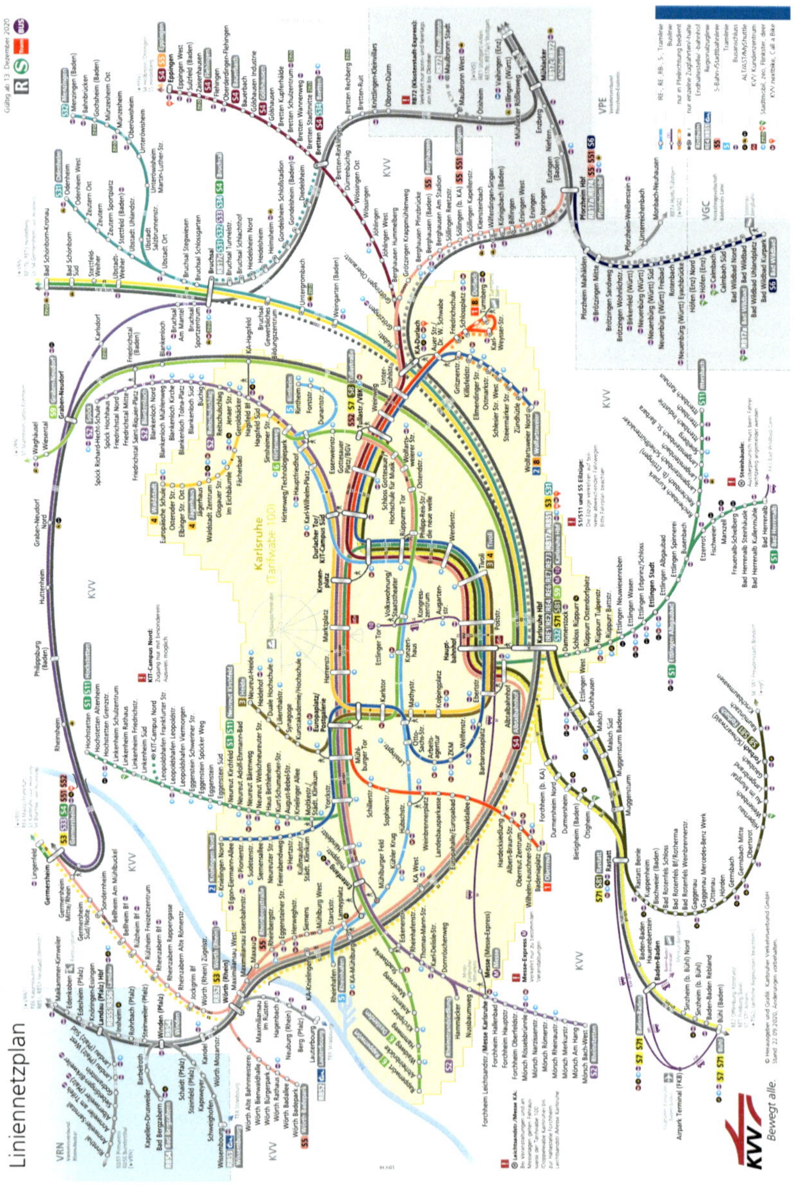
Liniennetzplan
Karlsruhe (Tarifwabe 100)
KVV
Bewegt alle.

Abbildungsverzeichnis

Tabellenverzeichnis

Abkürzungsverzeichnis

AVL	automatisches Ortungssystem
AFZS	automatisches Fahrgastzählsystem
AVG	Albtalverkehrsgesellschaft
CR	Capacity Restraint
EG	Europäische Gemeinschaft
GPS	Global Positioning System
ITCS	Intermodal Transport Control System
KVV	Karlsruher Verkehrsverbundes
LSA	Lichtsignalanlage
MIV	motorisierte Individualverkehr
OD	Quelle-Ziel (Origin-Destination)
ÖPNV	öffentlichen Personennahverkehr
ÖV	öffentlichem Verkehr
PBefG	Personenbeförderungsgesetz
VBK	Verkehrsbetriebe Karlsruhe

Literaturverzeichnis

[Abkowitz u. a. 1986] Abkowitz, Mark ; Eiger, Amir ; Engelstein, Israel: Optimal control of headway variation on transit routes. In: *Journal of Advanced Transportation* 20 (1986), Nr. 1, S. 73–88

[Abkowitz u. Engelstein 1984] Abkowitz, Mark ; Engelstein, Israel: Methods for maintaining transit service regularity. In: *Transportation Research Record* 961 (1984), S. 1–8

[Abkowitz u. Tozzi 1987] Abkowitz, Mark ; Tozzi, John: Research contributions to managing transit service reliability. In: *Journal of advanced transportation* 21 (1987), Nr. 1, S. 47–65

[Abkowitz u. Engelstein 1983a] Abkowitz, Mark D. ; Engelstein, Israel: Factors affecting running time on transit routes. In: *Transportation Research Part A: General* 17 (1983), Nr. 2, 107 - 113. `http://dx.doi.org/https://doi.org/10.1016/0191-2607(83)90064-X`. – DOI https://doi.org/10.1016/0191–2607(83)90064–X. – ISSN 0191–2607

[Abkowitz u. Engelstein 1983b] Abkowitz, Mark D. ; Engelstein, Israel: Factors affecting running time on transit routes. In: *Transportation Research Part A: General* 17 (1983), Nr. 2, S. 107–113

[Abkowitz u. Lepofsky 1990] Abkowitz, Mark D. ; Lepofsky, Mark: Implementing headway-based reliability control on transit routes. In: *Journal of Transportation Engineering* 116 (1990), Nr. 1, S. 49–63

[Abkowitz u. a. 1978] Abkowitz, MD ; Slavin, H ; Waksman, R ; Englisher, L ; Wilson, N: Transit Service Reliability. Cambridge, MA: USDOT Transportation Systems Center and Multisystems. In: *Inc.(NTIS No. UMTA/MA-06-0049-78-1)* (1978)

[Al-Deek u. Emam 2006] Al-Deek, Haitham ; Emam, Emam B.: New methodology for estimating reliability in transportation networks with degraded link capacities. In: *Journal of intelligent transportation systems* 10 (2006), Nr. 3, S. 117–129

[Barnett 1974] Barnett, Arnold: On controlling randomness in transit operations. In: *Transportation Science* 8 (1974), Nr. 2, S. 102–116

[Barnett u. Kleitman 1973] Barnett, Arnold ; Kleitman, Daniel J.: Optimal scheduling policies for some simple transportation systems. In: *Transportation Science* 7 (1973), Nr. 1, S. 85–99

[Bates u. a. 2001] Bates, John ; Polak, John ; Jones, Peter ; Cook, Andrew: The valuation of reliability for personal travel. In: *Transportation Research Part E: Logistics and Transportation Review* 37 (2001), Nr. 2, 191 - 229. `http://dx.doi.org/https://doi.org/10.1016/S1366-5545(00)00011-9`. – DOI https://doi.org/10.1016/S1366–5545(00)00011–9. – ISSN 1366–5545. – Advances in the Valuation of Travel Time Savings

[Bell 2000] Bell, Michael G.: A game theory approach to measuring the performance reliability of transport networks. In: *Transportation Research Part B: Methodological* 34 (2000), Nr. 6, S. 533–545

[Berdica 2002] Berdica, Katja: An introduction to road vulnerability: what has been done, is done and should be done. In: *Transport Policy* 9 (2002), Nr. 2, 117-127. `http://dx.doi.org/https://doi.org/10.1016/S0967-070X(02)00011-2`. – DOI https://doi.org/10.1016/S0967–070X(02)00011–2. – ISSN 0967–070X

[Berkow u. a. 2009] Berkow, Mathew ; El-Geneidy, Ahmed M. ; Bertini, Robert L. ; Crout, David: Beyond Generating Transit Performance Measures:

Visualizations and Statistical Analysis with Historical Data. In: *Transportation Research Record* 2111 (2009), Nr. 1, 158-168. http://dx.doi.org/10.3141/2111-18. – DOI 10.3141/2111–18

[Bertini u. El-Geneidy 2003] Bertini, Robert L. ; El-Geneidy, Ahmed: Generating Transit Performance Measures with Archived Data. In: *Transportation Research Record* 1841 (2003), Nr. 1, 109-119. http://dx.doi.org/10.3141/1841-12. – DOI 10.3141/1841–12

[Board u. of Sciences, Engineering, and Medicine 2013] Board, Transportation R. ; Sciences, Engineering, and Medicine, National A.: *Transit Capacity and Quality of Service Manual, Third Edition.* Washington, DC : The National Academies Press, 2013. http://dx.doi.org/10.17226/24766. http://dx.doi.org/10.17226/24766

[Bonabeau 2002] Bonabeau, Eric: Agent-based modeling: Methods and techniques for simulating human systems. In: *Proceedings of the national academy of sciences* 99 (2002), Nr. suppl 3, S. 7280–7287

[Bowman u. Turnquist 1981] Bowman, Larry A. ; Turnquist, Mark A.: Service frequency, schedule reliability and passenger wait times at transit stops. In: *Transportation Research Part A: General* 15 (1981), Nr. 6, S. 465–471

[Briem u. a. 2022] Briem, Lars ; Bachmann, Frederik R. ; Busch, Fritz ; Vortisch, Peter: Dynamics and Processes in Operations Control Centers in Urban Public Transport: Potentials for Improvement. In: *IEEE Transactions on Intelligent Transportation Systems* (2022), S. 1–16. http://dx.doi.org/10.1109/TITS.2022.3158821. – DOI 10.1109/TITS.2022.3158821

[Briem u. a. 2020a] Briem, Lars ; Buck, H S. ; Magdolen, Miriam ; Lange, Laura ; Vortisch, Peter: Incident management in public transport - surveying dipatchers actions. In: *European Transport Conference 2020* Bd. 2020, 2020

[Briem u. a. 2017] Briem, Lars ; Buck, H. S. ; Mallig, Nicolai ; Vortisch, Peter ; Strasser, Ben ; Wagner, Dorothea ; Zündorf, Tobias: Integrating public transport into mobiTopp. In: *Procedia Computer Science* 109 (2017),

S. 855–860. http://dx.doi.org/10.1016/j.procs.2017.05.401. – DOI 10.1016/j.procs.2017.05.401. – ISSN 18770509

[Briem u. a. 2020b] Briem, Lars ; Buck, H. S. ; Mallig, Nicolai ; Vortisch, Peter ; Strasser, Ben ; Wagner, Dorothea ; Zündorf, Tobias: Integrating public transport into mobiTopp. In: *Future Generation Computer Systems* (2020), Nr. Volume 107, S. 1089–1096. http://dx.doi.org/10.1016/j.future.2017.12.051. – DOI 10.1016/j.future.2017.12.051. – ISSN 0167739X

[Briem u. a. 2019] Briem, Lars ; Mallig, Nicolai ; Vortisch, Peter: Creating an integrated agent-based travel demand model by combining mobiTopp and MATSim. In: *Procedia Computer Science* 151 (2019), S. 776–781

[Bunschoten u. a. 2013] Bunschoten, Tim ; Molin, Eric ; Nes, Rob van: Tram or bus; does the tram bonus exist. In: *European transport conference*, 2013

[Carey 1999] Carey, Malachy: Ex ante heuristic measures of schedule reliability. In: *Transportation Research Part B: Methodological* 33 (1999), Nr. 7, S. 473–494

[Carrel u. a. 2010] Carrel, André ; Mishalani, Rabi G. ; Wilson, Nigel H. ; Attanucci, John P. ; Rahbee, Adam B.: Decision factors in service control on high-frequency metro line: importance in service delivery. In: *Transportation research record* 2146 (2010), Nr. 1, S. 52–59

[Cats u. a. 2010] Cats, Oded ; Burghout, Wilco ; Toledo, Tomer ; Koutsopoulos, Haris N.: Mesoscopic modeling of bus public transportation. In: *Transportation Research Record* 2188 (2010), Nr. 1, S. 9–18

[Cats u. Jenelius 2014] Cats, Oded ; Jenelius, Erik: Dynamic vulnerability analysis of public transport networks: mitigation effects of real-time information. In: *Networks and Spatial Economics* 14 (2014), Nr. 3-4, S. 435–463

[Cham 2006] Cham, Laura: Understanding bus service reliability : a practical framework using AVL/APC data, 2006

[Chang u. Stopher 1981] Chang, Yong B. ; Stopher, Peter R.: Defining the perceived attributes of travel modes for urban work trips. In: *Transportation Planning and Technology* 7 (1981), Nr. 1, 55-65. `http://dx.doi.org/10.1080/03081068108717205`. – DOI 10.1080/03081068108717205

[De-Los-Santos u. a. 2012] De-Los-Santos, Alicia ; Laporte, Gilbert ; Mesa, Juan A. ; Perea, Federico: Evaluating passenger robustness in a rail transit network. In: *Transportation Research Part C: Emerging Technologies* 20 (2012), Nr. 1, 34 - 46. `http://dx.doi.org/https://doi.org/10.1016/j.trc.2010.09.002`. – DOI https://doi.org/10.1016/j.trc.2010.09.002. – ISSN 0968–090X. – Special issue on Optimization in Public Transport+ISTT2011

[Dibbelt u. a. 2013] Dibbelt, Julian ; Pajor, Thomas ; Strasser, Ben ; Wagner, Dorothea: *Intriguingly Simple and Fast Transit Routing.* 2013

[DIN 2002] DIN, EN: 13816: Transport–Logistik und Dienstleistungen; öffentlicher Personenverkehr–Definition. In: *Festlegungen von Leistungszielen und Messung der Servicequalität* (2002)

[El-Geneidy u. a. 2011] El-Geneidy, Ahmed M. ; Horning, Jessica ; Krizek, Kevin J.: Analyzing transit service reliability using detailed data from automatic vehicular locator systems. In: *Journal of Advanced Transportation* 45 (2011), Nr. 1, 66-79. `http://dx.doi.org/10.1002/atr.134`. – DOI 10.1002/atr.134

[Feng u. Figliozzi 2012] Feng, Wei ; Figliozzi, Miguel A.: Developing a bus service reliability evaluation and visualization framework using archived AVL / APC data, 2012

[Figliozzi u. a. 2011] Figliozzi, Miguel A. ; Hostetler, Kristina ; Price, S.: Techniques to Visualize and Monitor Transit Fleet Operations Performance in Urban Areas, 2011

[Flick u. a. 2015] Flick, Uwe ; Von Kardorff, Ernst ; Steinke, Ines: Qualitative Forschung: ein Handbuch. 11. In: *Aufl. ed. Reinbek bei Hamburg: Rowohlt-Taschenbuch-Verl* (2015)

[Frey 2020] Frey, Felix: Periodizität im öffentlichen Verkehr. (2020)

[Friedrich u. a. 2017] Friedrich, Markus ; Müller-Hannemann, Matthias ; Rückert, Ralf ; Schiewe, Alexander ; Schöbel, Anita: Robustness tests for public transport planning. In: *17th Workshop on Algorithmic Approaches for Transportation Modelling, Optimization, and Systems (ATMOS 2017)* Schloss Dagstuhl-Leibniz-Zentrum fuer Informatik, 2017

[Goerigk u. Schöbel 2010] Goerigk, Marc ; Schöbel, Anita: An empirical analysis of robustness concepts for timetabling. In: *OASIcs* (2010), S. 100–113

[Hadas u. Ceder 2010] Hadas, Yuval ; Ceder, Avishai (.: Optimal coordination of public-transit vehicles using operational tactics examined by simulation. In: *Transportation Research Part C: Emerging Technologies* 18 (2010), Nr. 6, 879 - 895. `http://dx.doi.org/http://dx.doi.org/10.1016/j.trc.2010.04.002`. – DOI http://dx.doi.org/10.1016/j.trc.2010.04.002. – ISSN 0968–090X. – Special issue on Transportation Simulation Advances in Air Transportation Research

[Heggie 1978] Heggie, Ian G.: Putting behaviour into behavioural models of travel choice. In: *Journal of the Operational Research Society* 29 (1978), Nr. 6, S. 541–550

[Heilig u. a. 2015] Heilig, Michael ; Mallig, Nicolai ; Schroeder, Ole ; Kagerbauer, Martin ; Vortisch, Peter: Multiple-day Agent-based Modeling Approach of Station-based and Free-floating Carsharing. In: Transportation Research Board (Hrsg.): *TRB 94th Annual Meeting Compendium of Papers*, 2015

[Heilig u. a. 2018] Heilig, Michael ; Mallig, Nicolai ; Schroeder, Ole ; Kagerbauer, Martin ; Vortisch, Peter: Implementation of free-floating and station-based carsharing in an agent-based travel demand model. In: *Travel Behaviour and Society* (2018). `http://dx.doi.org/10.1016/j.tbs.2017.02.002`. – DOI 10.1016/j.tbs.2017.02.002. – ISSN 2214367X

[Hilgert u. a. 2017] Hilgert, Tim ; Heilig, Michael ; Kagerbauer, Martin ; Vortisch, Peter: Modeling week activity schedules for travel demand models.

In: *Transportation Research Record* 2666 (2017), Nr. 1, S. 69–77. http://dx.doi.org/10.3141/2666-08. – DOI 10.3141/2666–08

[Horbury 1999] Horbury, Antoneta X.: Using non-real-time Automatic Vehicle Location data to improve bus services. In: *Transportation Research Part B: Methodological* 33 (1999), Nr. 8, 559-579. http://dx.doi.org/https://doi.org/10.1016/S0191-2615(99)00006-5. – DOI https://doi.org/10.1016/S0191–2615(99)00006–5. – ISSN 0191–2615

[Horni u. a. 2016] Horni, Andreas (Hrsg.) ; Nagel, Kai (Hrsg.) ; Axhausen, Kay W. (Hrsg.): *The Multi-Agent Transport Simulation MATSim*. Ubiquity Press, 2016. http://dx.doi.org/10.5334/baw. http://dx.doi.org/10.5334/baw. – ISBN 9781909188754

[Hundenski 1998] Hundenski, RJ: *A matter of time: Cultural values and the"problemöf schedules*. Transportation Research Board, 1998

[Iida u. Wakabayashi 1989] Iida, Y ; Wakabayashi, H: An approximation method of terminal reliability of road network using partial minimal path and cut sets. In: *Transport policy, management & technology towards 2001: selected proceedings of the fifth world conference on transport research* Bd. 4, 1989

[Intraplan Consult GmbH 2016] Intraplan Consult GmbH: *Standardisierte Bewertung von Verkehrswegeinvestitionen im schienengebundenen ÖPNV*. Version 2016. München : Intraplan Consult GmbH, 2016

[Jeekel 2010] Jeekel, JF: *Improving reliability on surface transport networks*. Joint Transport Research Centre of OECD and ITF, 2010

[Jensen 2021] Jensen, Annmarie: Berücksichtigung von Zuverlässigkeit im ÖPNV in Verkehrsnachfragemodellen. (2021)

[Kemp 1973] Kemp, Michael A.: Some evidence of transit demand elasticities. In: *Transportation* 2 (1973), Nr. 1, S. 25–52

[Khasnabis u. a. 1999] Khasnabis, Snehamay ; Rudraraju, Rama K. ; Baig, Mirza F.: Economic evaluation of signal preemption projects. In: *Journal of transportation engineering* 125 (1999), Nr. 2, S. 160–167

[Kimpel 2007] Kimpel, Thomas J.: Data visualization as a tool for improved decision making within transit agencies, 2007

[Kimpel u. a. 2008] Kimpel, Thomas J. ; Strathman, James G. ; Callas, Steve: Improving Scheduling Through Performance Monitoring. In: *Computer-Aided Systems in Public Transport*, 2008, S. 253–280

[Koenig 1980] Koenig, Jean-Gerard: Indicators of urban accessibility: theory and application. In: *Transportation* 9 (1980), Nr. 2, S. 145–172

[Koffman 1977] Koffman, David: A simulation study of alternative real-time bus headway control strategies. In: *Joint Automatic Control Conference*, 1977 (14), S. 441–446

[Kommission 2022] Kommission, Europäische: *Der Grüne Deal: Neue Vorschläge, um nachhaltige Produkte zur Norm zu machen und Europas Ressourcenunabhängigkeit zu stärken.* 2022

[König u. Axhausen 2002] König, Arnd ; Axhausen, Kay W.: The reliability of the transportation system and its influence on the choice behaviour. In: *Proceedings of the 2nd Swiss Transportation Research Conference*, 2002

[Kuckartz 2014] Kuckartz, Udo: *Qualitative Inhaltsanalyse. Methoden, Praxis, Computerunterstützung; 2. Auflage; Beltz Juventa.* 2014

[Lago u. a. 1981] Lago, Armando M. ; Mayworm, Patrick ; McEnroe, J M.: Transit service elasticities: evidence from demonstrations and demand models. In: *Journal of Transport Economics and Policy* (1981), S. 99–119

[Lange 2019] Lange, Laura: Dispositionen im ÖPNV - Erhebung und Anlayse. (2019)

[Levinson 1991] Levinson, Herbert S.: *Supervision strategies for improved reliability of bus routes.* 1991 (15)

[Luckner u. Karwowski 2017] Luckner, Marcin ; Karwowski, Jan: Estimation of Delays for Individual Trams to Monitor Issues in Public Transport Infrastructure. In: Nguyen, Ngoc T. (Hrsg.) ; Papadopoulos, George A. (Hrsg.) ;

Jędrzejowicz, Piotr (Hrsg.) ; Trawiński, Bogdan (Hrsg.) ; Vossen, Gottfried (Hrsg.): *Computational Collective Intelligence: 9th International Conference, ICCCI 2017, Nicosia, Cyprus, September 27-29, 2017, Proceedings, Part I*. Cham : Springer International Publishing, 2017. – ISBN 978–3–319–67074–4, S. 518–527

[Mahamassani u. Chang 1986] Mahamassani, HS ; Chang, GL: Specification and Estimation of a Dynamic Departure Time Acceptability Model in Urban Commuting. In: *Transportation Research Board* (1986)

[Mahmassani u. Chang 1986] Mahmassani, Hani S. ; Chang, Gang-Len: Experiments with departure time choice dynamics of urban commuters. In: *Transportation Research Part B: Methodological* 20 (1986), Nr. 4, 297-320. `http://dx.doi.org/https://doi.org/10.1016/0191-2615(86)90045-7`. – DOI https://doi.org/10.1016/0191–2615(86)90045–7. – ISSN 0191–2615

[Mallig 2019] Mallig, Nicolai: *Modellierung der Stabilität bei der Verkehrsmittelwahl in einem mikroskopischen Verkehrsnachfragemodell*, Karlsruher Institut für Technologie (KIT), Diss., 2019. `http://dx.doi.org/10.5445/IR/1000091993`. – DOI 10.5445/IR/1000091993

[Mallig u. a. 2015] Mallig, Nicolai ; Heilig, Michael ; Weiss, Christine ; Chlond, Bastian ; Vortisch, Peter: Modelling the Weekly Electricity Demand Caused by Electric Cars. In: *Procedia Computer Science* 52 (2015), S. 444–451. `http://dx.doi.org/10.1016/j.procs.2015.05.012`. – DOI 10.1016/j.procs.2015.05.012. – ISSN 18770509

[Mallig u. a. 2013] Mallig, Nicolai ; Kagerbauer, Martin ; Vortisch, Peter: mobitopp–a modular agent-based travel demand modelling framework. In: *Procedia Computer Science* 19 (2013), S. 854–859

[Mallig u. Vortisch 2015] Mallig, Nicolai ; Vortisch, Peter: Modeling Car Passenger Trips in mobiTopp. In: *Procedia Computer Science* 52 (2015), 938–943. `http://dx.doi.org/10.1016/j.procs.2015.05.169`. – DOI 10.1016/j.procs.2015.05.169. – ISSN 18770509

[Mallig u. Vortisch 2017] Mallig, Nicolai ; Vortisch, Peter: Modeling travel demand over a period of one week: The mobiTopp model. In: *arXiv preprint arXiv:1707.05050* (2017)

[Manual 2010] Manual, Highway C.: HCM2010. In: *Transportation Research Board, National Research Council, Washington, DC* 1207 (2010)

[Mazloumi u. a. 2008] Mazloumi, E ; Currie, G ; Sarvi, M: Assessing measures of transit travel time variability and reliability using AVL data. In: *Transportation Research Board 87th Annual MeetingTransportation Research Board*, 2008

[McNally 2000] McNally, Michael G.: The Four-step Model. In: Hensher, D.A. (Hrsg.) ; Button, K.J. (Hrsg.): *Handbook of Transport Modelling*. Pergamon, 2000, Kapitel 3

[Milakis u. a. 2015] Milakis, Dimitris ; Cervero, Robert ; van Wee, Bert ; Maat, Kees: Do people consider an acceptable travel time? Evidence from Berkeley, CA. In: *Journal of Transport Geography* 44 (2015), 76-86. `http://dx.doi.org/https://doi.org/10.1016/j.jtrangeo.2015.03.008`. – DOI https://doi.org/10.1016/j.jtrangeo.2015.03.008. – ISSN 0966–6923

[Mohring u. a. 1987] Mohring, Herbert ; Schroeter, John ; Wiboonchutikula, Paitoon: The values of waiting time, travel time, and a seat on a bus. In: *The RAND Journal of Economics* (1987), S. 40–56

[Muller u. Furth 2000] Muller, Theo H. J. ; Furth, Peter G.: INTEGRATING BUS SERVICE PLANNING WITH ANALYSIS, OPERATIONAL CONTROL AND PERFORMANCE MONITORING, 2000

[Muller u. Furth 2001] Muller, Theo H. J. ; Furth, Peter G.: Trip Time Analyzers: Key to Transit Service Quality. In: *Transportation Research Record* 1760 (2001), S. 10 – 19. `http://dx.doi.org/10.3141/1760-02`. – DOI 10.3141/1760–02

[Murray u. Wu 2003] Murray, Alan T. ; Wu, Xiaolan: Accessibility tradeoffs in public transit planning. In: *Journal of Geographical Systems* 5 (2003), Nr. 1, S. 93–107

[Neumann u. Nagel 2010] Neumann, A. ; Nagel, K.: Avoiding bus bunching phenomena from spreading: A dynamic approach using a multi-agent simulation framework / TU Berlin, Transport Systems Planning and Transport Telematics. Version: 2010. `https://svn.vsp.tu-berlin.de/repos/public-svn/publications/vspwp/2010/10-08`. 2010 (10-08). – VSP Working Paper. – See `http://www.vsp.tu-berlin.de/publications`

[de Oliveira u. a. 2016] Oliveira, Eduardo L. ; Silva Portugal, Licínio da ; Porto Junior, Walter: Indicators of reliability and vulnerability: Similarities and differences in ranking links of a complex road system. In: *Transportation Research Part A: Policy and Practice* 88 (2016), 195-208. `http://dx.doi.org/https://doi.org/10.1016/j.tra.2016.04.004`. – DOI https://doi.org/10.1016/j.tra.2016.04.004. – ISSN 0965–8564

[Osuna u. Newell 1972] Osuna, Edgar E. ; Newell, Gordon F.: Control strategies for an idealized public transportation system. In: *Transportation Science* 6 (1972), Nr. 1, S. 52–72

[Poeck u. Zumkeller 1976] Poeck, M ; Zumkeller, D: Die Anwendung einer massnahmenempfindlichen Prognosemethode am Beispiel des Grossraums Nürnberg, presentation. In: *Workshop Policy Sensitive Models, Deutsche Verkehrswissenschaftliche Gesellschaft (DVWG), Giessen*, 1976

[Puhe u. a. 2020] Puhe, Maike ; Briem, Lars ; Vortisch, Peter: Understanding social processes of shopping destination choice-An approach to model stability and variability. In: *Transportation Research Interdisciplinary Perspectives* 7 (2020), S. 100183

[Reiffer u. a. 2021a] Reiffer, Anna ; Kübler, Jelle ; Briem, Lars ; Kagerbauer, Martin ; Vortisch, Peter: Integrating Urban Last-Mile Package Deliveries into an Agent-Based Travel Demand Model. In: *Procedia Computer Science* 184 (2021), S. 178–185

[Reiffer u. a. 2021b] Reiffer, Anna ; Kübler, Jelle ; Briem, Lars ; Kagerbauer, Martin ; Vortisch, Peter: An integrated agent-based model of travel demand and package deliveries. In: *International Journal of Traffic and Transportation*

Management 3 (2021), Nr. 2, S. 17–24. http://dx.doi.org/10.5383/JTTM.03.02.003. – DOI 10.5383/JTTM.03.02.003. – ISSN 2371–5782, 2371–5782

[Rieser 2016] Rieser, Marcel: Modeling Public Transport with MATSim. Version: 2016. http://dx.doi.org/10.5334/baw.16. In: Horni, Andreas (Hrsg.) ; Nagel, Kai (Hrsg.) ; Axhausen, Kay W. (Hrsg.): *The Multi-Agent Transport Simulation MATSim.* Ubiquity Press, 2016. – DOI 10.5334/baw.16. – ISBN 9781909188754, S. 105–110

[Schlaich u. a. 2011] Schlaich, Johannes ; Heidl, Udo ; Pohlner, Regine: *Verkehrsmodellierung für die Region Stuttgart – Schlussbericht.* 2011

[Schreiber 2018] Schreiber, Svenja: Einfluss von Störungen im ÖPNV auf das Entscheidungsverhalten von Fahrgästen. (2018)

[Stopher u. a. 1996] Stopher, Peter R. ; Hartgen, David T. ; Li, Yuanjun: SMART: simulation model for activities, resources and travel. In: *Transportation* 23 (1996), Nr. 3, S. 293–312

[Strathman u. Hopper 1993] Strathman, James G. ; Hopper, Janet R.: Empirical analysis of bus transit on-time performance. In: *Transportation Research Part A: Policy and Practice* 27 (1993), Nr. 2, 93-100. http://dx.doi.org/https://doi.org/10.1016/0965-8564(93)90065-S. – DOI https://doi.org/10.1016/0965–8564(93)90065–S. – ISSN 0965–8564

[Strathman u. a. 2000] Strathman, James G. ; Kimpel, Thomas J. ; Dueker, Kenneth: Bus transit operations control: Review and an experiment involving Tri-Met's automated Bus Dispatching system. (2000)

[Tahmasseby u. a. 2008] Tahmasseby, S. ; Oort, N. van ; Nes, R. van: The role of infrastructures on public transport service reliability. In: *2008 First International Conference on Infrastructure Systems and Services: Building Networks for a Brighter Future (INFRA)*, 2008, S. 1–5

[Turnquist 1978] Turnquist, Mark A.: A model for investigating the effects of service frequency and reliability on bus passenger waiting times. In: *Transportation Research Record* 663 (1978), S. 70–73

[Turnquist 1982] Turnquist, Mark A.: Strategies for improving bus transit service reliability. 1982. – Forschungsbericht

[Turnquist u. a. 1980] Turnquist, Mark A. ; Blume, Steven W. u. a.: Evaluating potential effectiveness of headway control strategies for transit systems. In: *Transportation Research Record* 746 (1980), Nr. 1, S. 25–29

[Ulrich u. a. 2022] Ulrich, Janna ; Wilkes, Gabriel ; Kostorz, Nadine ; Briem, Lars ; Kagerbauer, Martin ; Vortisch Peter: Modeling Private and Business Travelers in an Agent-Based Travel Demand Model. In: *101st Transportation Research Board Annual Meeting, Washington D.C., January 9-13, 2022*, 2022

[VDV 2015] VDV: *VDV-Schrift*. Bd. 722: *Strukturiertes Störungsmanagement: Disposition - Information - Dokumentation : Empfehlungen zur Bewältigung von Betriebsstörungen im Bus- und Bahnbetrieb*. [Ausgabe] 12/2015. Köln : Verband Deutscher Verkehrsunternehmen e.V, 2015

[Weiss u. a. 2017] Weiss, Christine ; Heilig, Michael ; Mallig, Nicolai ; Chlond, Bastian ; Franke, Thomas ; Schneidereit, Tina ; Vortisch, Peter: Assessing the effects of a growing electric vehicle fleet using a microscopic travel demand model. In: *European Journal of Transport and Infrastructure Research EJTIR* 17 (2017), Nr. 3, S. 330–345. `http://dx.doi.org/10.18757/ejtir.2017.17.3.3200`. – DOI 10.18757/ejtir.2017.17.3.3200

[Welding 1957] Welding, PI: The instability of a close-interval service. In: *Journal of the operational research society* 8 (1957), Nr. 3, S. 133–142

[Wile 2003] Wile, Erik S.: Use of automatically collected data to improve transit line performance, 2003

[Wilkes u. a. 2019] Wilkes, Gabriel ; Briem, Lars ; Heilig, Michael ; Hilgert, Tim ; Kagerbauer, Martin ; Vortisch, Peter: Identifying service provider and transport system related effects of different ridesourcing service schemes through simulation within the travel demand model mobiTopp. In: *ICoMaaS – 2nd International Conference on Mobility as a Service % This file was created with Citavi 6.7.0.0*, 2019

[Wilson u. a. 1992] Wilson, Nigel H. ; Macchi, Richard A. ; Fellows, Robert E. ; Deckoff, Anthony A.: Improving service on the MBTA green line through better operations control. In: *Transportation research record* (1992), Nr. 1361

[Wilson u. a. 2009] Wilson, Nigel H. ; Zhao, Jinhua ; Rahbee, Adam: *The potential impact of automated data collection systems on urban public transport planning.* Boston, MA : Springer US, 2009. – 1–25 S. http://dx.doi.org/10.1007/978-0-387-84812-9_5. http://dx.doi.org/10.1007/978-0-387-84812-9_5. – ISBN 978–0–387–84812–9

[Woodhull 1987] Woodhull, J: Issues in on-time performance of bus systems. In: *Unpublished manuscript. Los Angeles, CA: Southern California Rapid Transit District* (1987)

[Wörle u. a. 2021] Wörle, Tim ; Briem, Lars ; Heilig, Michael ; Kagerbauer, Martin ; Vortisch, Peter: Modeling intermodal travel behavior in an agent-based travel demand model. In: *Procedia Computer Science* 184 (2021), S. 202–209

[Yan u. a. 2016] Yan, Yadan ; Liu, Zhiyuan ; Bie, Yiming: Performance Evaluation of Bus Routes Using Automatic Vehicle Location Data. In: *Journal of Transportation Engineering* 142 (2016), Nr. 8, S. 04016029. http://dx.doi.org/10.1061/(ASCE)TE.1943-5436.0000857. – DOI 10.1061/(ASCE)TE.1943–5436.0000857

[Yap u. a. 2018a] Yap, M. D. ; Oort, N. van ; Nes, R. van ; Arem, B. van: Identification and quantification of link vulnerability in multi-level public transport networks: a passenger perspective. In: *Transportation* (2018), May. http://dx.doi.org/10.1007/s11116-018-9892-5. – DOI 10.1007/s11116–018–9892–5. – ISSN 1572–9435

[Yap u. a. 2018b] Yap, MD ; Nijënstein, S ; Oort, N van: Improving predictions of public transport usage during disturbances based on smart card data. In: *Transport Policy* 61 (2018), S. 84–95

[Yeung u. a. 2017] Yeung, Jian S. ; Lee, Jason B. P. ; Wee, Yun H. ; Mak, Keng S.: Commuter-Centric Resilience Index for Rapid Transit System Networks. In: *Transportation Research Record: Journal of the Transportation Research Board* 2648 (2017), S. 111–116. http://dx.doi.org/10.3141/2648-13. – DOI 10.3141/2648–13

[Ziegler 2021] Ziegler, Dominic: Störungsanalyse im öffentlichen Verkehr. (2021)

Schriftenreihe des Instituts für Verkehrswesen

ISSN 0341-5503

Die Hefte 1 bis 68 der Schriftenreihe können über das Institut für Verkehrswesen zum Preis von 11,00 Euro sowie über den Buchhandel bestellt werden (https://www.ifv.kit.edu/schriftenreihe.php).

Mit * gekennzeichnete Hefte sind leider vergriffen.

Heft 1* **Paul Stephan Baron**
Weglängen als Kriterium zur Beurteilung von Fluggast-Empfangsanlagen.

Heft 2* **Karl Eugen Stoffers**
Berechnung von optimalen Signalzeitenplänen.

Heft 3* **Reinhard Köhler**
Verkehrsablauf auf Binnenwasserstraßen - Untersuchungen zur Leistungsfähigkeitsberechnung und Reisezeitverkürzung.

Heft 4* **Rolf Böttger**
Die numerische Behandlung des Verkehrsablaufs an signalgesteuerten Straßenkreuzungen.

Heft 5 **Manfred Droste**
Stochastische Methoden der Erfassung und Beschreibung des ruhenden Verkehrs.

Heft 6* 10 JAHRE INSTITUT FÜR VERKEHRSWESEN.

Heft 7* **Ingward Bey**
Simulationstechnische Analyse der Luftfrachtabfertigung.

Heft 8* Rainer Wiedemann
Simulation des Straßenverkehrsflusses.

Heft 9* Uwe Köhler
Stabilität von Fahrzeugkolonnen.

Heft 10 Wolf Thomas
Sensitivitätsanalyse eines Verkehrs¬planungsmodells.

Heft 11 Peter Pape
Weglängen-Reduzierung in Fluggast-Empfangsanlagen durch flexible Vorfeldpositionierung.

Heft 12 Theo Koffler
Vorausschätzung des Verkehrsablaufs über den Weg.

Heft 13* Walter Hänicke
Der Einfluß von Verflechtungen in einem bedarfsorientierten Nahverkehrssystem auf die Reisegeschwindigkeit.

Heft 14* Gerd Bahm
Kabinengröße und Betriebsablauf neuer Nahverkehrssysteme.

Heft 15 Wolf Laubert
Betriebsablauf und Leistungsfähigkeit von Kleinkabinenbahnstationen.

Heft 16* Bernd-Michael Sahling
Verkehrsablauf in Netzen ein graphentheoretisches Optimierungsverfahren.

Heft 17* Erich Michael Zahn
Berechnung gesamtkostenminimaler außerbetrieblicher Transportnetze.

Heft 18* Wolfgang Handschmann
Sicherheit und Leistungsfähigkeit städtischer Straßenkreuzungen unter dem Aspekt der Informationsverarbeitung des Kraftfahrzeugführers.

Die Hefte 1 bis 68 der Schriftenreihe können über das Institut für Verkehrswesen bestellt werden.

Heft 19* **Gottfried Willmann**
Zustandsformen des Verkehrsablaufs auf Autobahnen.

Heft 20* **Udo Sparmann**
ORIENT – Ein verhaltensorientiertes Simulationsmodell zur Verkehrsprognose.

Heft 21* **Richard E. Allsop**
Festzeitsteuerung von Lichtsignalanlagen. (1980)

Heft 22* **Udo-Michael Adolph**
Systemsimulation des Güterschwerverkehrs auf Straßen.

Heft 23* **Claus-Dieter Jahnke**
Kolonnenverhalten von Fahrzeugen mit autarken Abstandswarnsystemen.

Heft 24* **Wilhelm Leutzbach**
Verkehr auf Binnenwasserstraßen.

Heft 25* 20 JAHRE INSTITUT FÜR VERKEHRSWESEN – Ein Institut stellt sich vor.

Heft 26* **Hans Hubschneider**
Mikroskopisches Simulationssystem für Individualverkehr und Öffentlichen Personennahverkehr.

Heft 27* **Peter Mott**
Signalsteuerungsverfahren zur Priorisierung des Öffentlichen Personennahverkehrs.

Heft 28 **Adolf D. May**
Traffic Management Research at the University of California.

Heft 29 **Michael Haas**
LAERM – Mikroskopisches Modell zur Berechnung des Straßenverkehrslärms.

Die Hefte 1 bis 68 der Schriftenreihe können über das Institut für Verkehrswesen bestellt werden.

Heft 30 **Dietmar Bosserhoff**
Statistische Verfahren zur Ermittlung von Quelle-Ziel-Matrizen im Öffentlichen Personennahverkehr – Ein Vergleich.

Heft 31* **Karsten Baass**
Ermittlung eines optimalen Grünbandes auf Hauptverkehrsstraßen.

Heft 32 **Thomas Benz**
Mikroskopische Simulation von Energieverbrauch und Abgasemission im Straßenverkehr (MISEVA).

Heft 33 **Gerd Stucke**
Bestimmung der städtischen Fahrtenmatrix durch Verkehrszählungen.

Heft 34 **William Young**
Modelling the Circulation of Parking Vehicles – A Feasibility Study.

Heft 35 **Peter G. Gipps**
Simulation of Pedestrian Traffic in Buildings.

Heft 36* 25 JAHRE INSTITUT FÜR VERKEHRSWESEN.

Heft 37* **Klaus Möller**
Signalgruppenorientiertes Modell zur Optimierung von Festzeitprogrammen an Einzelknotenpunkten.

Heft 38 **Wolfgang G. Bleher**
Messung des Verkehrsablaufs aus einem fahrenden Fahrzeug – Beurteilung der statistischen Genauigkeit mittels Simulation.)

Heft 39 **Walter Maier**
Bemessungsverfahren für Befragungszählstellen mit Hilfe eines Warteschlangenmodells.

Die Hefte 1 bis 68 der Schriftenreihe können über das Institut für Verkehrswesen bestellt werden.

Heft 40 **Kay W. Axhausen**
Eine ereignisorientierte Simulation von Aktivitätenketten zur Parkstandswahl.

Heft 41 **Udo J. Becker**
Beobachtung des Straßenverkehrs vom Flugzeug aus: Eigenschaften, Berechnung und Verwendung von Verkehrsgrößen.

Heft 42 **Dirk Heidemann**
Ein mathematisches Modell des Verkehrsflusses.

Heft 43 **Mostafa Sabry Aly**
Headway Distribution Model and Interrelationship between Headway and Fundamental Traffic Flow Characteristics.

Heft 44 **Jürgen Zoellmer**
Ein Planungsverfahren für den ÖPNV in der Fläche.

Heft 45 **Stephan Schnittger**
Einfluß von Sicherheitsanforderungen auf die Leistungsfähigkeit von Schnellstraßen.

Heft 46 **Tien-Pen Hsu**
Optimierung der Detektorlage bei verkehrsabhängiger Lichtsignalsteuerung.

Heft 47 **Reiner Grigo**
Zur Addition spektraler Anteile des Verkehrslärms.

Heft 48 30 JAHRE INSTITUT FÜR VERKEHRSWESEN.

Heft 49 **Yuntong Liu**
Eine auf FUZZY basierende Methode zur mehrdimensionalen Beurteilung der Straßenverkehrssicherheit.

Heft 50 **Frank Höfler**
Leistungsfähigkeit von Ortsdurchfahrten bei unterschiedlichen Geschwindigkeitsbeschränkungen – untersucht mit Hilfe der Simulation.

Die Hefte 1 bis 68 der Schriftenreihe können über das Institut für Verkehrswesen bestellt werden.

Heft 51 **Andreas Rekersbrink**
Verkehrsflußsimulation mit Hilfe der Fuzzy-Logic und einem Konzept potentieller Kollisionszeiten.

Heft 52 **Frank Nickel**
Stationsmanagement von Luftverkehrsgesellschaften – Eine systemanalytische Betrachtung und empirische Untersuchung der Stationsmanagement-Systeme internationaler Luftverkehrsgesellschaften.

Heft 53 **Uwe Reiter**
Simulation des Verkehrsablaufs mit individuellen Fahrbeeinflussungssystemen.

Heft 54 **Rainer Schwarzmann**
Der Einfluß von Nutzerinformationssystemen auf die Verkehrsnachfrage.

Heft 55 **Bastian Chlond**
Zeitverwendung und Verkehrsgeschehen – Zur Abschätzung des Verkehrsumfangs bei Änderungen der Freizeitdauer.

Heft 56 **Susanne Kickner**
Kognition, Einstellung und Verhalten – Eine Untersuchung des individuellen Verkehrsverhaltens in Karlsruhe.

Heft 57 **Seonha Lee**
Wechselwirkungen zwischen Verkehr und Telekommunikation in einer asiatischen Stadtumgebung.

Heft 58* **Oliver Lipps**
Modellierung der individuellen Verhaltensvariationen bei der Verkehrsentstehung.

Heft 59 **Timothy Oketch**
A Model for Heterogeneous Traffic Containing Non-Motorised Vehicles.

Die Hefte 1 bis 68 der Schriftenreihe können über das Institut für Verkehrswesen bestellt werden.

Heft 60 **Volker Waßmuth**
Modellierung der Wirkungen verkehrsreduzierender Siedlungskonzepte.

Heft 61 **Olaf Eberhard**
Wirkungsanalyse individuell-dynamischer Zielführungssysteme im Straßenverkehr.

Heft 62 **Wilko Manz**
Mikroskopische längsschnittorientierte Abbildung des Personenverkehrs.

Heft 63 **Torsten Heine-Nims**
Einbeziehung kurzfristiger Verhaltensänderungen bei der Modellierung der Verkehrsnachfrage.

Heft 64 **Peter Vortisch**
Modellunterstützte Messwertpropagierung zur Verkehrslageschätzung in Stadtstraßennetzen.

Heft 65 **Jörg Last**
Barrieren und Potenziale intermodaler Angebotskonzepte im Personenfernverkehr.

Heft 66 **Tobias Kuhnimhof**
Längsschnittmodellierung der Verkehrsnachfrage zur Abbildung multimodalen Verhaltens.

Heft 67 **Stefan Geweke**
Wirksamkeit von Verkehrsinformationen und belastungsabhängigen Preisen zur Nutzung von Kapazitätsreserven im Straßennetz.

Heft 68 **Dirk Wittowsky**
Dynamische Informationen im ÖPNV – Nutzerakzeptanz und Modellierung.

Die Hefte 1 bis 68 der Schriftenreihe können über das Institut für Verkehrswesen bestellt werden.

Ab Band 69 erscheint die Reihe bei KIT Scientific Publishing.

Band 69 **Peter Ottmann**
Abbildung demographischer Prozesse in Verkehrsentstehungsmodellen mit Hilfe von Längsschnittdaten.
ISBN 978-3-86644-555-0

Band 70 **Martin Kagerbauer**
Mikroskopische Modellierung des Außenverkehrs eines Planungsraums.
ISBN 978-3-86644-553-6

Band 71 **Matthias Wirtz**
Flexible Tarife in elektronischen Fahrgeldmanagementsystemen und ihre Wirkung auf das Mobilitätsverhalten.
ISBN 978-3-7315-0206-7

Band 72 **Ulrike Leyn**
Einfluss von Instationarität auf die Wartezeit an Knotenpunkten mit und ohne Lichtsignalanlage.
ISBN 978-3-7315-0675-1

Band 73 **Martin Hartmann**
Modellunterstützte Beurteilung der Verkehrsqualität auf Netzabschnitten von Bundesautobahnen.
ISBN 978-3-7315-0868-7

Band 74 **Christine Eisenmann**
Mikroskopische Abbildung von Pkw-Nutzungsprofilen im Längsschnitt.
ISBN 978-3-7315-0841-0

Band 75 **Tim Hilgert**
Erstellung von Wochenaktivitätenplänen für Verkehrsnachfragemodelle.
ISBN 978-3-7315-0973-8

Band 76 **Sven-Eric Molzahn**
Verkehrsphasenbasierte Datenanalyse von zeitlich-räumlichen Strukturen der Staufronten.
ISBN 978-3-7315-1116-8

Band 77 **Martin Kagerbauer**
Integration von neuen Mobilitätsformen in Verkehrserhebungen und Verkehrsmodellierung.
ISBN 978-3-7315-1179-3

Band 78 **Sascha von Behren**
Das Mobilitätsskelett – ein integrativer Ansatz zur mehrdimensionalen Betrachtung von urbaner Mobilität.
ISBN 978-3-7315-1233-2

Band 79 **Maike Puhe**
Stabilität und Variabilität mobilitätsbezogener Alltagshandlungen – eine qualitative soziale Netzwerkanalyse.
ISBN 978-3-7315-1317-9

Band 80 **Lars Briem**
Analyse von Störungen und Dispositionen im ÖPNV.
ISBN 978-3-7315-1359-9

FSC
www.fsc.org
MIX
Papier | Fördert
gute Waldnutzung
FSC® C083411

Kolibri 360 GmbH
Ferdinand-Jühlke-Straße 7
99095 Erfurt, Deutschland
produktsicherheit@kolibri360.de